教育部高等学校电子信息类专业教学指导委员会规划教材
高等学校电子信息类专业系列教材

Modern Multimedia Communication Technology

现代多媒体通信技术

阮秀凯 崔桂华 张有光 韦文生 蔡启博 编著
Ruan Xiukai Cui Guihua Zhang Youguang Wei Wensheng Cai Qibo

清华大学出版社
北京

内容简介

多媒体通信技术是现代信息与通信技术的一个重要分支。本书系统地讲述了多媒体通信技术的关键技术。本书共分10章，首先从人类的生理特性出发，介绍了人的听觉感知和视觉感知特性，并讲解相关的音视频信号概念、颜色和多媒体色彩管理；接着在多媒体信息处理方面介绍了数据压缩基本原理、音频压缩编码，并以最新的HEVC标准为例详细介绍了视频压缩编码；在多媒体信息传输方面主要介绍了流媒体传输、控制、同步机制；并针对目前网络体系等的复杂性介绍了异构网络环境中视频处理与传输方法，最后介绍了立体视觉与三维电视技术的相关知识。

本书适合作为高等院校电子与通信类各专业高年级本科教材，也可作为低年级研究生的教学参考书，还可供从事多媒体通信的工程技术人员参考。

图书在版编目(CIP)数据

现代多媒体通信技术/阮秀凯等编著. —北京：清华大学出版社，2018(2025.2重印)
(高等学校电子信息类专业系列教材)
ISBN 978-7-302-49219-1

Ⅰ.①现… Ⅱ.①阮… Ⅲ.①多媒体通信－通信技术－高等学校－教材 Ⅳ.①TN919.85

中国版本图书馆CIP数据核字(2017)第331789号

责任编辑：曾　珊
封面设计：李召霞
责任校对：梁　毅
责任印制：宋　林

出版发行：清华大学出版社
网　　址：https://www.tup.com.cn，https://www.wqxuetang.com
地　　址：北京清华大学学研大厦A座　　**邮　　编**：100084
社 总 机：010-83470000　　**邮　　购**：010-62786544
投稿与读者服务：010-62776969，c-service@tup.tsinghua.edu.cn
质量反馈：010-62772015，zhiliang@tup.tsinghua.edu.cn
课件下载：https://www.tup.com.cn，010-62795954
印 装 者：北京建宏印刷有限公司
经　　销：全国新华书店
开　　本：185mm×260mm　　**印　　张**：14　　**字　　数**：340千字
版　　次：2018年6月第1版　　**印　　次**：2025年2月第7次印刷
定　　价：39.00元

产品编号：074008-01

高等学校电子信息类专业系列教材

序
FOREWORD

我国电子信息产业销售收入总规模在2013年已经突破12万亿元，行业收入占工业总体比重已经超过9%。电子信息产业在工业经济中的支撑作用凸显，更加促进了信息化和工业化的高层次深度融合。随着移动互联网、云计算、物联网、大数据和石墨烯等新兴产业的爆发式增长，电子信息产业的发展呈现了新的特点，电子信息产业的人才培养面临着新的挑战。

(1) 随着控制、通信、人机交互和网络互联等新兴电子信息技术的不断发展，传统工业设备融合了大量最新的电子信息技术，它们一起构成了庞大而复杂的系统，派生出大量新兴的电子信息技术应用需求。这些“系统级”的应用需求，迫切要求具有系统级设计能力的电子信息技术人才。

(2) 电子信息系统设备的功能越来越复杂，系统的集成度越来越高。因此，要求未来的设计者应该具备更扎实的理论基础知识和更宽广的专业视野。未来电子信息系统的设计越来越要求软件和硬件的协同规划、协同设计和协同调试。

(3) 新兴电子信息技术的发展依赖于半导体产业的不断推动，半导体厂商为设计者提供了越来越丰富的生态资源，系统集成厂商的全方位配合又加速了这种生态资源的进一步完善。半导体厂商和系统集成厂商所建立的这种生态系统，为未来的设计者提供了更加便捷却又必须依赖的设计资源。

教育部2012年颁布了新版《高等学校本科专业目录》，将电子信息类专业进行了整合，为各高校建立系统化的人才培养体系，培养具有扎实理论基础和宽广专业技能的、兼顾“基础”和“系统”的高层次电子信息人才给出了指引。

传统的电子信息学科专业课程体系呈现“自底向上”的特点，这种课程体系偏重对底层元器件的分析与设计，较少涉及系统级的集成与设计。近年来，国内很多高校对电子信息类专业课程体系进行了大力度的改革，这些改革顺应时代潮流，从系统集成的角度，更加科学合理地构建了课程体系。

为了进一步提高普通高校电子信息类专业教育与教学质量，贯彻落实《国家中长期教育改革和发展规划纲要(2010—2020年)》和《教育部关于全面提高高等教育质量若干意见》(教高【2012】4号)的精神，教育部高等学校电子信息类专业教学指导委员会开展了“高等学校电子信息类专业课程体系”的立项研究工作，并于2014年5月启动了《高等学校电子信息类专业系列教材》(教育部高等学校电子信息类专业教学指导委员会规划教材)的建设工作。其目的是为推进高等教育内涵式发展，提高教学水平，满足高等学校对电子信息类专业人才培养、教学改革与课程改革的需要。

本系列教材定位于高等学校电子信息类专业的专业课程，适用于电子信息类的电子信息工程、电子科学与技术、通信工程、微电子科学与工程、光电信息科学与工程、信息工程及其相近专业。经过编审委员会与众多高校多次沟通，初步拟定分批次(2014—2017年)建设约100门课程教材。本系列教材将力求在保证基础的前提下，突出技术的先进性和科学的前沿性，体现创新教学和工程实践教学；将重视系统集成思想在教学中的体现，鼓励推陈出新，采用"自顶向下"的方法编写教材；将注重反映优秀的教学改革成果，推广优秀的教学经验与理念。

为了保证本系列教材的科学性、系统性及编写质量，本系列教材设立顾问委员会及编审委员会。顾问委员会由教指委高级顾问、特约高级顾问和国家级教学名师担任，编审委员会由教育部高等学校电子信息类专业教学指导委员会委员和一线教学名师组成。同时，清华大学出版社为本系列教材配置优秀的编辑团队，力求高水准出版。本系列教材的建设，不仅有众多高校教师参与，也有大量知名的电子信息类企业支持。在此，谨向参与本系列教材策划、组织、编写与出版的广大教师、企业代表及出版人员致以诚挚的感谢，并殷切希望本系列教材在我国高等学校电子信息类专业人才培养与课程体系建设中发挥切实的作用。

吕志伟 教授

前言

PREFACE

数据压缩和网络通信传输技术的飞速发展，使得多媒体通信技术日趋成熟，并已深入到人们日常生活的方方面面，被广泛应用到视频点播、视频监控、即时通信、网络会议、远程教育等领域，并且随着需求的变化而不断发展。多媒体通信作为音视频处理技术与通信技术的结合，已成为现代多媒体技术及通信技术的一个重要研究方向。随着该技术的成熟和发展，它还将对我们的生活产生更加深远的影响。

作者在多年的教学和研究工作中发现，由于多媒体通信涉及众多学科，需要广泛的信号处理、通信技术、网络协议等相关知识，使得多媒体通信的学习有所困难。本书以人类感知为出发点、形成一条“多媒体信息感知—处理—传输控制—接收”为主线的论述体系，系统地从音视频压缩技术、同步技术、传输协议等诸多方面论述多媒体通信技术的相关知识，力求对多媒体通信技术进行详细的介绍。为了便于教学和读者自学，每章后面都附有习题。

本书共10章，遵照循序渐进的教学规律，系统地组织教学内容。第1章主要介绍多媒体的基本概念、发展历程以及多媒体通信的特点与所涉及的技术，然后介绍了多媒体通信的应用领域。第2章介绍了人的听觉系统、听觉特性、听觉效应等，然后介绍各种声音信号和声音质量评价标准。第3章从人的视觉特性出发，分别介绍了人的视觉特性和视频信号以及电视信号基本原理。第4章主要介绍了颜色与多媒体色彩管理。第5章介绍了语音与音频编码技术、主流音频压缩标准。第6章以HEVC标准为例，介绍了视频编码中的帧内预测、运动估计与补偿、变换与量化、去方块滤波等后处理技术等。第7章介绍了包括流媒体传输控制协议和基于拥塞控制及其流媒体复接技术。第8章介绍了多媒体同步标准、同步参考模型、同步的影响因素和解决方法，并介绍了缓冲区容量设置方法和自适应带宽技术。第9章针对多媒体数据在现代异构化和复杂化的网络传输系统的处理和传输方法，介绍了视频可伸缩编码、流媒体视频质量自适应技术以及视频转码技术。第10章介绍了立体视觉和三维电视及广播技术。

本书作者阮秀凯编写了第1、2、6、7、10章，并负责全书的统稿工作；崔桂华编写了第3、4章；张有光编写了第5、8章；韦文生编写了第9章；蔡启博负责全书的图片及校对工作。

本书以通俗易懂、形象生动的语言和丰富的图表强化概念描述，适用于具有一定信号处理和通信理论基础的初学者。本书适合作为高等院校电子与通信类各专业高年级本科教材，也可作为低年级研究生的教学参考书，还可供从事多媒体通信的工程技术人员参考。

由于作者水平和时间所限，书中的不足在所难免，敬请广大读者不吝提供宝贵意见。

作　者

于浙江大罗山麓

2018年3月

学 习 建 议

本课程的授课对象为计算机、电子、信息、通信工程类专业的本科生，属于电子通信类课程。参考学时为64学时，包括课程理论教学环节48课时和实验教学16课时环节。

课程理论教学环节主要包括课堂讲授和研究性教学。课程以课堂教学为主，部分内容可以通过学生自学加以理解和掌握。研究性教学针对课程内容进行扩展和探讨，要求学生根据教师布置的题目撰写论文提交报告，并在课内讨论讲评。

实验教学环节包括常用的MATLAB、Visual C++、Adobe Audition、流媒体服务器软件和工具的应用，可根据学时灵活安排，主要由学生课后自学完成。

本课程的主要内容、重点、难点及课时分配见下表。

章次	知识单元(章节)	知 识 点	要求	推荐学时
1	多媒体通信技术概论	多媒体的基本概念	掌握	2
		多媒体技术的发展历程	了解	
		多媒体通信与通信终端的特点	掌握	
		多媒体通信中的关键技术	理解	
		流媒体技术	掌握	
		多媒体通信的应用	了解	
2	人的听觉感知与声音信号	人的听觉系统的构成与特性	掌握	4
		声强级和响度的关系	理解	
		听觉韦伯定理	掌握	
		人耳的隐蔽效应	掌握	
		声音信号与人声信号	了解	
		声音的评价标准	了解	
3	人的视觉感知与视频信号	人的视觉系统的构成与特性	了解	6
		人眼视觉特性(包括亮度、光敏等)	理解	
		空间与时间掩模的概念	理解	
		视觉掩蔽效应和视觉暂留闪烁	掌握	
		各类视频信号的基础知识	掌握	
		三种电视制式	掌握	
		电视信号扫描原理	理解	
		电视信号频谱原理	理解	
4	色彩与多媒体颜色管理	色彩的形成原理和描述方法	掌握	4
		色序与色度系统的基础知识	了解	
		多媒体色彩输入输出设备	了解	
		设备呈色原理、颜色空间与色域	掌握	
		色彩校准的方法	掌握	
		色彩转换和色域映射	掌握	
		色度再现	了解	

续表

序号	知识单元(章节)	知　识　点	要求	推荐学时
5	语音与音频压缩编码	语音与音频编码技术概况	理解	6
		语音与音频压缩的区别	了解	
		音频压缩的几种常用方法	掌握	
		音频时域编码方法	理解	
		音频频域编码方法	理解	
		音频压缩编码标准(重点 MPEG2)	掌握	
6	视频压缩编码：以 HEVC 为例	视频压缩编码概述与基础知识	掌握	8
		HEVC 中的图像分割方式	理解	
		图像编码单元	掌握	
		帧内预测	掌握	
		运动估计的基本原理	理解	
		运动补偿的基本原理	理解	
		影响运动估计的因素和搜索策略	掌握	
		二维数据变换与量化	理解	
		HEVC 的后处理技术	掌握	
		熵编码	掌握	
		码率控制	了解	
7	流媒体传输与控制	流传输基础、流媒体播放方式及架构	掌握	4
		流媒体传输和控制协议	理解	
		基于 RTCP 反馈的拥塞控制	了解	
		流媒体码流复接方法与流程	掌握	
8	流媒体同步机制	多媒体同步的标准	了解	4
		多媒体同步的参考模型	掌握	
		同步模型	理解	
		网络环境下的流媒体同步	理解	
		影响流媒体同步的因素及解决方案	掌握	
		缓冲区容量设置及自适应带宽技术	掌握	
9	异构网络环境中视频处理与传输	视频质量自适应方法	掌握	4
		视频可伸缩编码	掌握	
		流媒体视频质量自适应技术	理解	
		视频转码技术	掌握	
10	立体视觉与三维电视技术	三维电视的发展现状	了解	4
		立体视觉原理	理解	
		单目视觉与双目视觉的区别	掌握	
		多视点裸眼 3D 显示技术	掌握	
		三维电视与广播技术	掌握	
		3DTV 视频编码方法	掌握	

目录
CONTENTS

第1章 多媒体通信技术概论

CHAPTER 1

近年来，随着宽带通信的普及和移动互联网的快速发展，网络用户规模不断扩大。根据艾媒咨询(iiMedia Research)数据显示，早在2013年中国手机网民规模已突破5亿大关。在智能化大潮下，中国手机网民用户规模已经逐渐逼近PC网民规模。手机、平板电脑等移动终端除了处理语音通话、收发短信、存储及处理个人数据等业务，还可通过接入互联网，实现查阅电子邮件、浏览网络新闻、视频通话、影视点播、电视直播等功能。移动终端的内容传输已由原来简单的文本、语音、图片等单一数据类型，逐渐转变为包含文本、音频、视频的多媒体数据类型，越来越多的用户希望能通过移动终端，随时随地获得网络中更直观、更多样化的应用业务。其中，以流媒体业务为核心的音视频等增值服务获得了广阔的发展空间。调查结果表明，未来全球的移动互联网流量中2/3以上将是视频流量，而包含视频内容在内的数据流量将超过总流量的90%。

多媒体通信(Multimedia Communication)是多媒体技术与通信技术的有机结合，突破了计算机、通信、电视等产业间相对独立发展的界限，是计算机、通信和电视领域的一次重大革命。多媒体通信系统的出现大大缩短了计算机、通信和电视之间的距离，将计算机的交互性、通信的分布性和电视的真实性完美地结合在一起，向人们提供全新的信息服务。

1.1 多媒体的基本概念

随着计算机技术、通信技术的快速发展，人类获得信息的途径越来越多，获得信息的形式越来越丰富，信息的获得也越来越方便与快捷。人们对于“多媒体”这个名词越来越熟悉。在日常生活中，人们认为媒体主要有两个含义：一个是信息的载体，例如声音、图像、动画、文字等；另一个是信息的存储实体，例如磁带、磁盘、光盘等。但是，人们在说到多媒体技术、多媒体计算机时，指的都是第一种含义。

1.1.1 多媒体及多媒体技术

国际标准化组织(International Standard Organization，ISO)对数据的定义如下：“**数据是对事实、概念或指令的一种特殊表达形式，这种特殊的表达形式可以用人工的方式或用自动化的装置进行通信、翻译转换或进行加工处理。**”数据可分为数值型和非数值型(如图形、图形、声音、动画、视频等)。

ISO 对信息的理解如下:"**信息**是对人有用的数据,这些数据将可能影响到人们的行为与决策,信息处理的目的是获得有用的信息。"

数据与信息的区别在于:数据是客观存在的事实、概念或指令的一种,可供加工处理的特殊表达形式。信息强调的则是对人有影响的数据。

所谓**媒体**是信息表示和传播的载体。媒体又称媒介、媒质,从广义上说,指的是用于分发信息和展现信息的手段、方法、工具、设备或装置。在计算机领域中,能够表示信息的文字、图形、图像、声音、动画等都可称为媒体。

国际电信联盟(International Telecommunication Union,ITU)电信标准部对多媒体进行了定义,并制定了 ITU-TI. 374 建议,将日常生活中媒体的第一个含义定义为感觉媒体,第二个含义定义为存储媒体。在 ITU-TI. 374 建议中,把媒体分为以下五大类。

(1) 感觉媒体(Perception Medium):指能够直接刺激人的感觉器官,使人产生直观感觉的各种媒体。或者说,人类感觉器官能够感觉到的所有刺激都是感觉媒体。例如:人的耳朵能够听到的语音、音乐、噪声等各种声音;人的眼睛能够感受到的光线、颜色、文字、图片、图像等各种有形有色的物体等。感觉媒体包罗万象,存在于人类能感觉到的整个世界。

(2) 展示媒体(Representation Medium):指感觉媒体与电磁信号之间的转换媒体。显示媒体分为输入显示媒体和输出显示媒体。输入显示媒体主要负责将感觉媒体转换成电磁信号,例如:话筒、键盘、光笔、扫描仪、摄像机和成千上万种传感器等。输出显示媒体主要负责将电磁信号转换成感觉媒体,例如:显示器、打印机、投影仪、音响等。

(3) 表示媒体(Presentation Medium):对感觉媒体的抽象描述形成表示媒体。例如声音编码、图像编码等。通过表示媒体,人类的感觉媒体转换成能够利用计算机进行处理、保存、传输的信息载体形式。因此,对于表示媒体的研究是多媒体技术的重要内容。

(4) 存储媒体(Storage Medium):指存储表示媒体的物理设备,例如磁盘、光盘、磁带等。

(5) 传输媒体(Transmission Medium):指传输表示媒体的物理介质,例如电缆、光缆、电磁波、光波等都是传输媒体。

ITU-TI. 374 建议将感觉媒体传播存储的各种形式都定义成媒体,人类获得和传递信息的过程就是各种媒体转换的过程。以语音通信为例,甲方要将表达的意愿通过电话网传递给乙方,首先甲方将自己的思想以声音这种感觉媒体表达出来,然后通过输入显示媒体将语音转换成电磁信号,程控交换机通过量化、抽样、编码,将电磁信号转换成表示媒体。表示媒体通过传输媒体传到乙方,然后再经过相反的过程,通过输出显示媒体还原成语音这种感觉媒体。通过各种媒体的有序转换,甲方的语音传到了乙方的耳朵里,完成了信息的传递。一般信息传递的过程如图 1-1 所示。

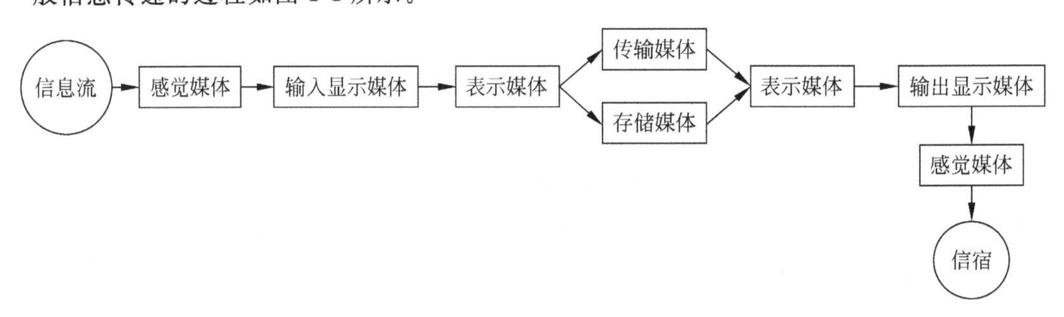

图 1-1 一般信息传递过程图

“多媒体”一词译自英文 Multimedia，该词是由 multiple 和 media 复合而成的，即表示多媒体是融合两种以上媒体的人机交互式信息交流和传播媒体。媒体技术从不同的角度有着不同的定义。总之，多媒体技术，即是计算机交互式综合处理多媒体信息（文本、图形、图像和声音等），使多种信息建立逻辑连接，集成为一个具有交互性的系统。简言之，多媒体技术就是采用计算机技术把文本、声音、图形、图形和动画、视频等多媒体综合一体化，使之建立起逻辑连接，并能对它们进行获取、压缩、编码、编辑、处理、存储、传输和展示。

通常意义的多媒体一般指多种感觉媒体的组合，例如声音、图像、文字、动画等各种感觉媒体的组合。多媒体技术就是利用计算机对多种媒体进行显示表示、存储和传输的技术。其中，对多媒体的显示表示就是对多媒体的处理和加工的过程。因此，多媒体技术主要包括多媒体信息处理技术、多媒体存储技术和多媒体通信技术。

1.1.2 多媒体技术的特点

多媒体技术是利用计算机对声音、图像、文字等多媒体合成一体进行处理加工、存储和传输的技术。它具有以下主要特点。

1) 交互性

交互性是多媒体技术的关键特征。它可以更有效地控制和使用信息，增加对信息的理解。众所周知，一般的电视机是声像一体化的、把多种媒体集成在一起的设备；但它不具备交互性，因为用户只能使用信息，而不能自由地控制和处理信息。例如，在一般的电视机中，不能将用户介入进去，不能使屏幕上的图像根据用户需要配上不同的语言解说或增加文字说明，或者对图像进行缩放、冻结等加工处理，不能随时看到想看的电视节目等。

引入多媒体技术后，借助交互性，用户可以获得更多的信息。例如，在多媒体通信系统中，收发两端可以相互控制对方，发送方可按照广播方式发送多媒体信息，而另一方又可以按照接收方的要求向接收端发送所需要的多媒体信息，接收方可随时要求发送方传送所需的某种形式的多媒体信息。在多媒体远程计算机辅助教学系统中，学习者可以人为地改变教学过程，研究感兴趣的问题，从而得到新的知识，激发学习者的主动性、自觉性和积极性。再如，在多媒体远程信息检索系统中，初级交互性可帮助用户找出想读的书，快速跳过不感兴趣的部分，从数据库中检录声音、图像或文字材料等。中级交互性则可使用户介入到信息的提取和处理过程中，如对关心的内容进行编排、插入文字说明及解说等。当采用虚拟现实或灵境技术时，多媒体系统可提供高级的交互性。

2) 复合性

信息媒体的复合性是相对于计算机而言的，也可称为媒体的多样化或多维化，它把计算机所能处理的信息媒体的种类或范围扩大，不仅仅局限于原来的数据、文本或单一的语音、图像。众所周知，人类具有五大感觉，即视、听、嗅、味与触觉。前三种感觉占了总信息量的95%以上，而计算机远没有达到人类处理复合信息媒体的水平。计算机一般只能按单一方式处理信息。信息的复合化或多样化不仅是指输入信息，称为信息的获取（Capture），而且还指信息的输出，称为表现（Presentation）。

输入和输出并不一定相同，若输入与输出相同，就称为记录或重放。如果对输入进行加工、组合与变换，则称为创作（Authoring）。创作可以更好地表现信息，丰富其表现力，使用户更准确、更生动地接收信息。这种形式过去在影视制作过程中大量采用，在多媒体技术中也采用这种方法。

3）集成性

多媒体的集成性包括两方面，一方面是多媒体信息媒体的集成；另一方面是处理这些媒体的设备和系统的集成。在多媒体系统中，各种信息媒体不是像过去那样，采用单一方式进行采集与处理，而是多通道同时统一采集、存储与加工处理，更加强调各种媒体之间的协同关系及利用它所包含的大量信息。此外，多媒体系统应该包括能处理多媒体信息的高速及并行的 CPU、多通道的输入/输出接口及外设、宽带通信网络接口与大容量的存储器，并将这些硬件设备集成为统一的系统。在软件方面，则应有多媒体操作系统，满足多媒体信息管理的软件系统、高效的多媒体应用软件和创作软件等。在网络的支持下，这些多媒体系统的硬件和软件被集成为处理各种复合信息媒体的信息系统。

4）实时性

由于多媒体系统需要处理各种复合的信息媒体，决定了多媒体技术必然要支持实时处理。接收到的各种信息媒体在时间上必须是同步的，例如语音和活动的视频图像必须严格同步，因此要求实时性，甚至是"强实时"（Hard Real Time）。例如，电视会议系统的声音和图像不允许存在停顿，必须严格同步，包括"唇音同步"，否则传输的声音和图像就失去意义。

1.2 多媒体技术的发展历程

多媒体技术初露端倪肯定是 X86 时代的事情，如果真的要从硬件上来印证多媒体技术全面发展的时间的话，准确地说应该是在 PC 上第一块声卡出现之后。早在没有声卡之前，显卡就已经出现了，至少显示芯片已经出现了。显示芯片的出现自然标志着计算机已经初具处理图像的能力，但是这不能说明当时的计算机可以发展多媒体技术，20 世纪 80 年代声卡的出现，不仅标志着计算机具备了音频处理能力，也标志着计算机的发展终于开始进入了一个崭新的阶段：多媒体技术发展阶段。1988 年，运动图像专家小组（Moving Picture Expert Group，MPEG）的建立又对多媒体技术的发展起到了推动作用。自 20 世纪 80 年代之后，多媒体技术发展之速可谓是让人惊叹不已。进入 20 世纪 90 年代，随着硬件技术的提高，自 80486 以后，多媒体时代终于到来。

不过，无论在技术上多么复杂，在发展上多么混乱，似乎有两条主线可循：一条是视频技术的发展；另一条是音频技术的发展。从 AVI 出现开始，视频技术进入蓬勃发展时期。这个时期内的三次高潮主导者分别是 AVI、Stream（流格式）以及 MPEG。AVI 的出现无异于为计算机视频存储奠定了一个标准，而 Stream 使得网络传播视频成为了非常轻松的事情，那么 MPEG 则是将计算机视频应用进行了最大化的普及。而音频技术的发展大致经历了两个阶段，一个是以单机为主的 WAV 和 MIDI，另一个就是随后出现的形形色色的网络音乐压缩技术的发展。

1.3 多媒体通信的特点

多媒体应用分为单机多媒体应用系统和分布式多媒体应用系统两大类。像多媒体邮件系统、协同工作系统、分布式虚拟现实应用系统等都需要具有高传输速率的网络作为信息传送的通道。有些网络具有较高的带宽和较低的错误率，它们对多媒体信息的传输具有强有力的支撑功能，例如光纤分布式数据接口(Fiber Distributed Data Interface，FDDI)、宽带以太网和异步传输模式(Asynchronous Transfer Mode，ATM)等。

1.3.1　多媒体通信的特点

多媒体应用有许多共同特征，但对其他应用来说，这些特征又是多媒体应用所特有的。

- 需要实时传输连续媒体的信息。
- 要交换的数量比较大，因而连续媒体信息需要编码。
- 应用是面向分布的。

1.3.2　多媒体通信终端的特点

多媒体通信终端具有集成性、交互性、同步性和实时性等特点，一般由三部分构成。

(1) 交互式检索和解码输出。交互式检索包括输入方法、菜单选取等输入方式。多媒体信息经过解码、A/D 转换输出人们需要的表示信息。

(2) 同步。通过这一部分完成各种媒体同步的功能，用户可以得到一个完整的声、文、图一体化的信息。同步是多媒体通信终端中的核心部分。

(3) 编辑和执行。编辑功能指剪辑、编辑和创作，执行部分则由网络和各种接口组成。多媒体终端要用到接口协议、同步协议以及应用协议。多媒体通信终端的核心部分是调制解调器(Modem)主机，它可以是一台 PC 或工作站，且具有处理、存储、控制和复用功能。此外，还需包括必要的外设，例如多媒体信息输入、输出与显示单元，有时还需要各种专门的处理/控制的海量存储单元。多媒体通信终端将电话、传真和通信的功能合为一体。

ITU-T 成立了视听多媒体业务联合协调组(JCG/AVMMS)，已提出了在公用电信网上视听多媒体业务的标准框架草案。这一草案包括多媒体业务的定义、系统和终端、基础结构以及呼叫控制、一致性和互操作测试等。H.320 终端已用来提供会议电视系统的音频和视频压缩信号，它是多媒体通信的一种终端。

1.4　多媒体通信中的关键技术

1.4.1　音视频编解码技术

多媒体元素的形式如上面所述，有声音、图像、动画、视频等，它们也被称为基本信息类型。信息的表示主要分为两种方式，即模拟方式和数字方式。在多媒体计算技术中都采用数字方式。鉴于数字化多媒体信息量的巨大，必须对多媒体数据进行压缩。目前存在多种图像信息和声音信息的压缩标准，在多媒体技术领域通常采用 JPEG 和 MPEG 两种标准。前者用于静止图像的压缩标准，有失真的压缩比可达 50∶1，后者用于视频图像及其伴音，在允许噪声存在的前提下，其压缩比也可达 50∶1。若用于比特率为 27Mb/s 的 640×480×24 的动态图像，则可压缩到 550kb/s。

1.4.2　多媒体网络通信技术

多媒体数据的分布性以及计算机支持的协同工作(Computer Supported Collaborative

Work,CSCW)等应用领域均要求在计算机网络上传输大量的数据。这里,传输速率不是问题的本质,因为无论是以太网,还是光纤网都可以满足550kb/s的带宽。现有局域网传输声像数据所遇到的问题是多媒体数据在时间上的连续性,因此要求不间断地传输。在CSCW应用中,对同时在网络上传输多路双向声音和图像的要求更高,因为在一个会议室里可以有多台摄像机、监视器和话筒同时发送和接收声像数据。现有局域网络是基于各节点可共享网络带宽的思想设计的,它假设各节点间传送的数据在时间上是相互独立的,从而可以把数据打成包,分别传送。因此,从这个观点来看,现有局域网技术不符合多媒体通信的要求。除了带宽问题外,多媒体通信技术中仍有许多特殊问题需要解决,例如,相关数据类型的同步、多媒体设计的控制、不同终端和网络服务器的动态适应、多媒体信息的实时性要求、可变视频数据流的处理、网络频谱及信道分配、高性能和高可靠性以及网络和工作站的连接结构等。

1.4.3 多媒体存储技术

随着计算机数据量以成倍的速率增长,虽然硬盘的容量越来越大,但依然满足不了用户的需求。尤其是随着多媒体技术的日益普及,硬盘已难以容纳下多媒体程序运行时所需要的图形、图像、声音和音乐等庞大的数据文件。数字化的多媒体对存储技术提出了两方面的要求:

- 大容量存储技术。
- 足够的数据传送带宽和支持多媒体的实时处理功能。

1.4.4 多媒体数据库

多媒体数据类型不同,表示方式也各不相同。当应用数据库技术来支持多媒体应用时,需要将多媒体数据对象的各种固有特性(如是否采用编码形式或结构形式等)映射到相应的表示形式,如正文文件、图像参数文件、图像数据文件、图形结构等。多媒体数据库应能处理数据对象的上述各种表示方式,包括很多复杂数据对象是由异构的子对象组成的情况,例如在图形上叠加图像等。

不同对象表示形式、存取方式、绘制方法等各不相同,因此,多媒体数据库还应包括处理不同对象的相关方法库。多媒体数据库与方法库应紧密关联,以便进行数据对象的组合、分解和变换等操作。另外,为了方便管理数据对象,应建立数据对象的说明,以便于定义数据对象的二级属性。因此,数据对象、数据对象的说明以及与对象相关联的方法是多媒体数据库的三个组成成分。除了管理的数据类型复杂外,多媒体数据库的另一特点是存在时间上的限制,这主要是指实时性和同步要求都很严格。

1.5 流媒体技术

随着互联网的发展,流媒体业务逐渐增多,图1-2给出了现代流媒体系统架构。传统的流媒体服务大都是客户/服务器(C/S)模式,即用户从流媒体服务器点击观看节目,然后流媒体服务器以单播方式将媒体流推送给用户。随着用户数量大幅度增加,这种方式的缺陷便显现出来,如流媒体服务器带宽占用大,流媒体服务器处理能力要求高,造成链路拥塞等。

P2P(Peer to Peer,点对点)技术的引进,为流媒体开辟了新的发展空间。P2P又称为对等连接或对等网络,是一种在IP网络之上的应用层分布式网络,网络的参与者即对等节点(peer)共享它们所拥有的一部分资源,这些共享资源能被其他对等节点直接访问,而无须经过中间实体。在P2P网络中的对等节点既是资源提供者,又是资源获取者。

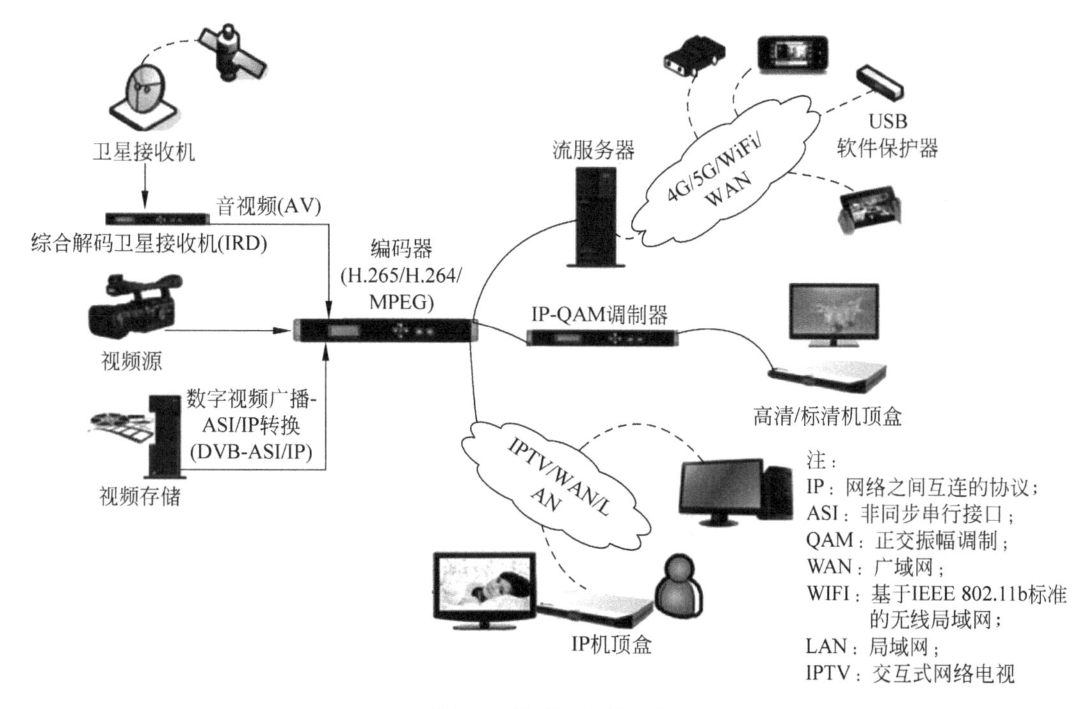

图1-2　流媒体系统框架

P2P技术最早起源于互联网,由于自身的优点已被广泛应用于流媒体系统,例如PPLive、PPStream、AnySee等。对于P2P流媒体系统来说,如何为客户端提供当前环境下适配的视频质量,保证良好的观看体验是非常重要的。如图1-3所示,P2P网络打破了传统的C/S模式,没有中心化服务器,不存在系统瓶颈,每个节点在网络中都是对等的。本身具有可扩展性、健壮性、高性价比等优点,因此P2P技术广泛应用于流媒体系统中。

目前主要的P2P流媒体系统架构可分为三类:树形(Tree)结构、网状(Mesh)结构和混合型结构。其中Mesh型P2P流媒体系统具有易于维护,健壮性好,网络资源利用率高等优点,因此得到广泛应用,如参考文献[6]给出了Skypilot公司开发的Skypilot System以及MeshNetworks公司的产品MEA都是基于Mesh架构的应用。

图1-4给出了一个简单的Mesh-based型系统架构,Mesh-based型系统中不存在中心服务器,各节点地位相等,下载资源的同时也可上传该资源。Tracker服务器中记录了每个加入节点拥有的资源、IP地址以及端口号等信息。当新节点请求资源时,首先连接Tracker服务器,获取多个活跃邻居节点地址列表和资源信息,并上报自身的属性信息。从服务器获取地址列表后,根据列表向相应节点发出连接请求,实现流媒体数据的P2P下载。当邻居节点离开系统时,下载节点通过访问Tracker服务器获取更新后的邻居节点列表,与新的邻居节点建立连接,保证视频下载的稳定性。在Mesh-based型系统中,通过Tracker服务器对

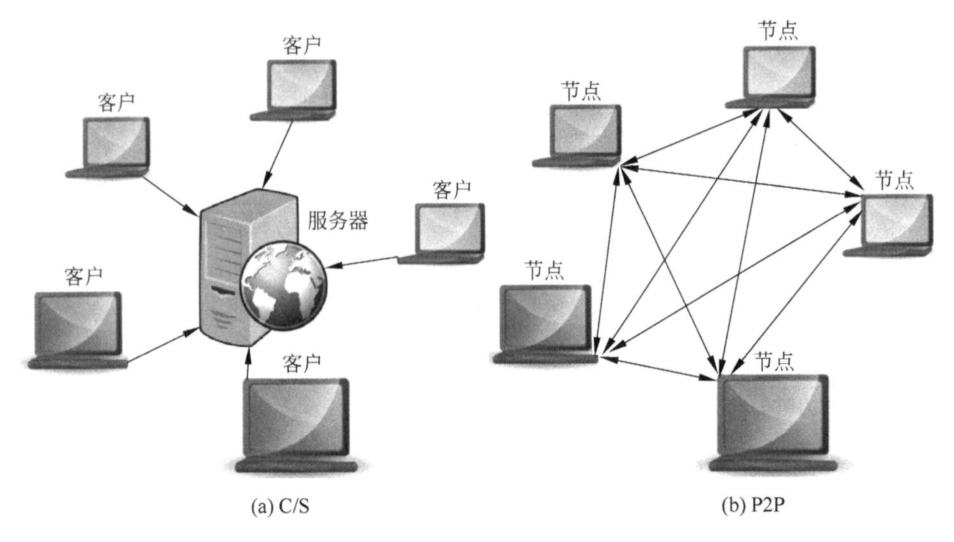

图 1-3　C/S 模型与 P2P 网络模型比较

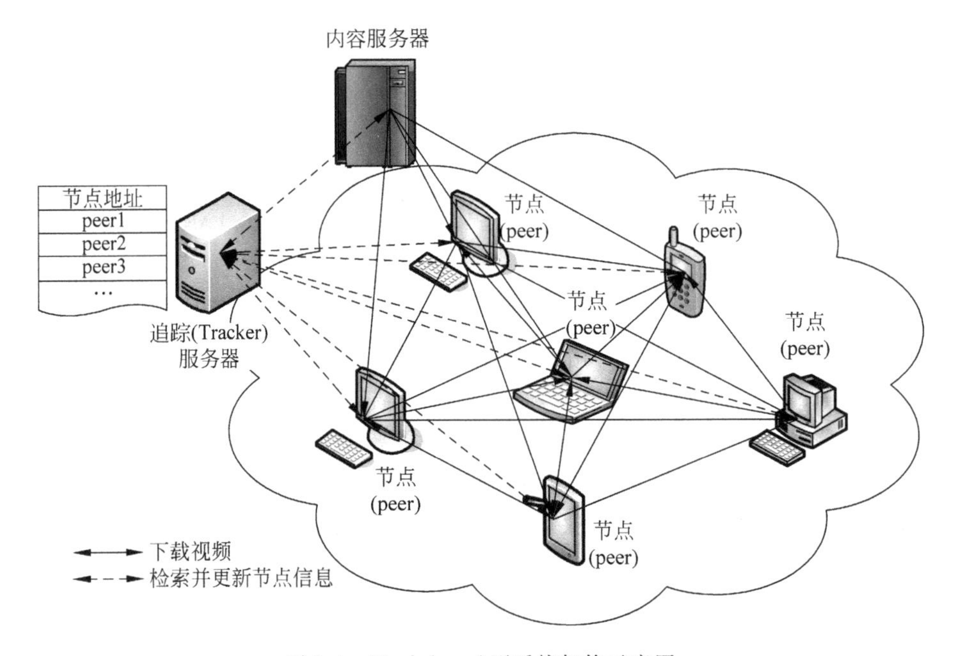

图 1-4　Mesh-based 型系统架构示意图

系统节点进行管理，节点的加入和离开，对系统的影响较小。由于 P2P 流媒体系统中每个节点都参与系统服务，因此加入的节点数越多，视频的传输质量会越好，用户观看越流畅。

1.6　多媒体通信的应用领域

多媒体通信和分布式多媒体技术涉及：计算机支持的协同工作(CSCW)、视频会议、视频点播(VOD)等。

1. 计算机支持的协同工作系统

CSCW系统具有非常广泛的应用领域，它可以应用到远程医疗诊断系统、远程教育系统、远程协同编著系统、远程协同设计制造系统以及军事应用中的指挥和协同训练系统等。

2. 多媒体会议系统

多媒体会议系统是一种实时的分布式多媒体软件应用的实例，如图1-5所示。它参与实时音频和视频这种现场感的连续媒体，可以实现点对点通信，也可以实现多点对多点的通信，而且还充分利用其他媒体信息，如图形标注、静态图像、文本等计算数据信息进行交流。对数字化的视频、音频及文本、数据等多媒体进行实时传输，利用计算机系统提供的良好的交互功能和管理功能，实现人与人之间的"面对面"的虚拟会议环境。它集计算机交互性、通信的分布性以及电视的真实性为一体，具有明显的优越性，是一种快速高效、日益增长、广泛应用的新的通信业务。

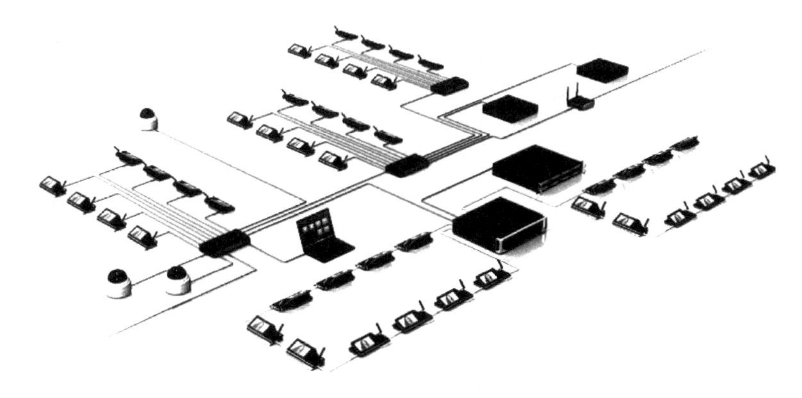

图1-5 多媒体网络会议系统

3. 即时通信

即时通信也是联系的重要方式，优点如下：

(1) 实效性好，人们可以在发出消息很短的时间内得到对方的回应，满足同步的需求。

(2) 形式多样，除了图片、文件的传输之外，还可以传输语音、视频。与电子邮件相比，即时通信更加及时、方便、高效，维护成本也相对比较低。

(3) 易用性强，简单易用。图1-6给出了一些目前常用的即时通信方式。

图1-6 即时通信

4. 视频点播(Video On Demand，VOD)和交互电视(ITV)系统

它是根据用户要求播放节目的视频点播系统，具有提供给单个用户对大范围的影片、视频节目、游戏、信息等进行几乎同时访问的能力。对于用户而言，只需配备响应的多媒体计算机终端或者一台电视机和机顶盒，一个视频点播遥控器，“想看什么就看什么，想什么时候看就什么时候看”，用户和被访问的资料之间高度的交互性使它区别于传统的视频节目的接收方式。它使用了多媒体数据压缩解压技术，综合了计算机、通信和电视等技术。

在这些 VOD 应用技术的支持和推动下，网络在线视频、在线音乐、网上直播为主要项目的网上休闲娱乐、新闻传播等服务得到了迅猛发展，各大电视台、广播媒体和娱乐业公司纷纷推出其网上节目，受到了越来越多用户的青睐。图 1-7 为 DVBC＋IP＋STB 模式的 VOD 点播系统。

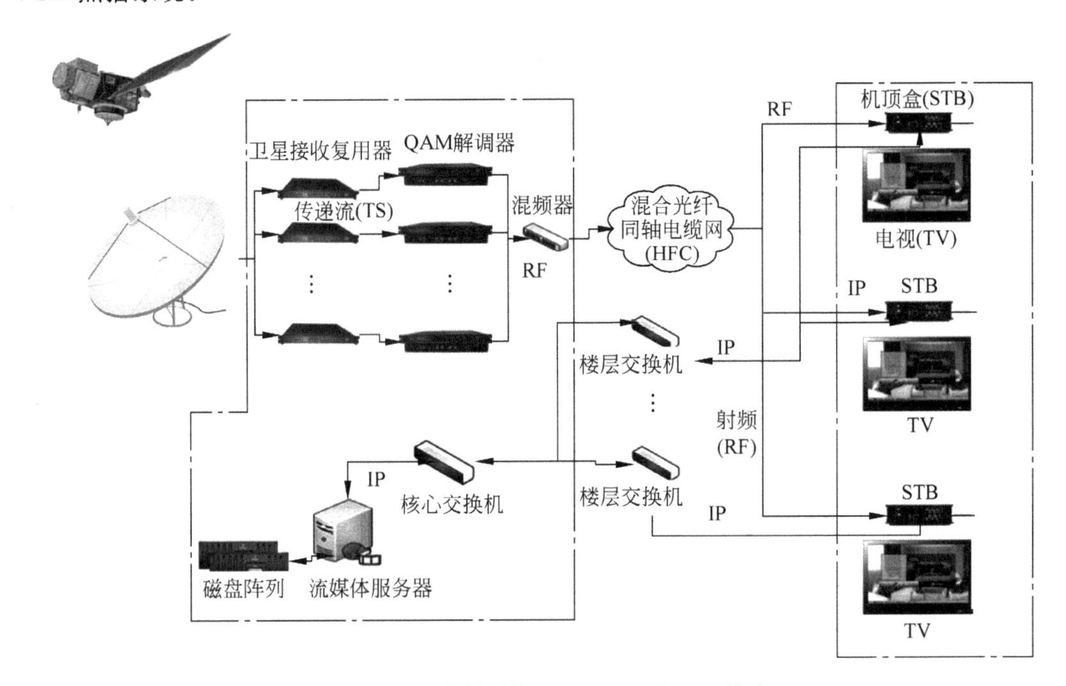

图 1-7　VOD 点播系统（DVBC＋IP＋STB 模式）

VOD 和 ITV 系统的应用，从某种意义上讲，是视频信息技术领域的一场革命，具有巨大的潜在市场，具体应用在电影点播、远程购物、游戏、卡拉 OK 服务、点播新闻、远程教学、家庭银行服务等方面。

5. 音视频数字发布

随着新技术的发展，科技让信息交互和发布变得更为简易，让人们的生活变得更有趣味。通过高清音视频数字切换和传输技术，人们在机场、车站和地铁里通过大屏查看实时变动的出发和到港信息；在银行交易大厅里观看实时汇率变动信息，消磨掉排队等候的时间；尽览政务大厅内公布的政策法规、办事指南、便民措施和通知公告；在等电梯的同时了解新闻、楼宇管理公告、天气预报和服务资讯。图 1-8 给出的是我国具备自主知识产权的信源编码标准 AVS(Audio Video Coding Standard，音视频编码标准)数字广播发布控管解决方案部署图。

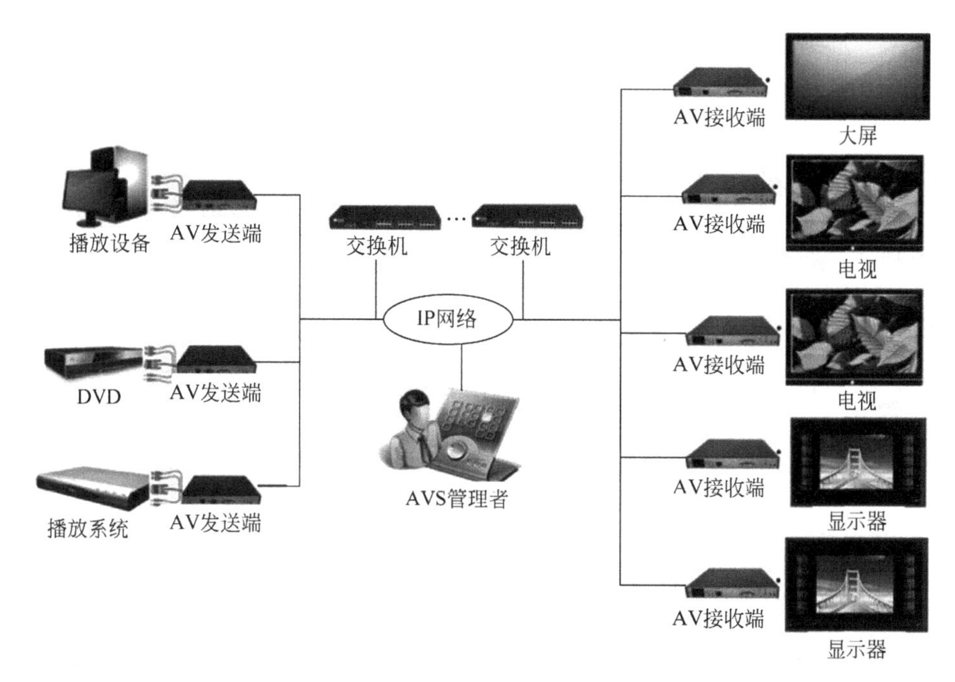

图 1-8　AVS 音视频数字广播发布控管解决方案部署图

6. 地理信息系统

地理信息系统(Geographic Information System,GIS)获取、处理、操作、应用地理空间信息,主要应用在测绘、资源环境的领域(如图 1-9 所示)。与语音图像处理技术比较,地理信息系统技术的成熟相对较晚,软件应用的专业程度相对也较高。随着计算机技术的发展,地理信息技术逐步形成为一门新兴产业。除了大型地理信息系统平台之外,设施管理、土地管理、城市规划、地籍测量的专业应用多媒体技术也层出不穷。

7. 车载服务系统

图 1-10 给出了某公司的车载服务系统示意图。它可以实现音控领航,碰撞自动求助,全音控免提通话和车门远程应急开启、娱乐搜索、车辆信息显示等。提供通信服务、娱乐服务、资讯服务、安防服务、导航服务、诊断救援等。

8. 多媒体监控技术

图像处理、声音处理、检索查询等多媒体技术综合应用到实时报警系统中,改善了原有的模拟报警系统,使监控系统更广泛地应用到工业生产、交通安全、银行保安、酒店管理等领域中。它能够及时发现异常情况,迅速报警,同时将报警信息存储到数据库中以备查询,并交互地综合图、文、声、动画多种媒体信息,使报警的表现形式更为生动、直观,人机界面更为友好。图 1-11 是某智能变电站综合管理运行系统。

9. 网络游戏

以互联网为传输媒介,以游戏运营商服务器和用户计算机为处理终端,以游戏客户端软件为信息交互窗口,旨在实现娱乐、休闲、交流和取得虚拟成就的具有可持续性的个体性多人在线游戏。

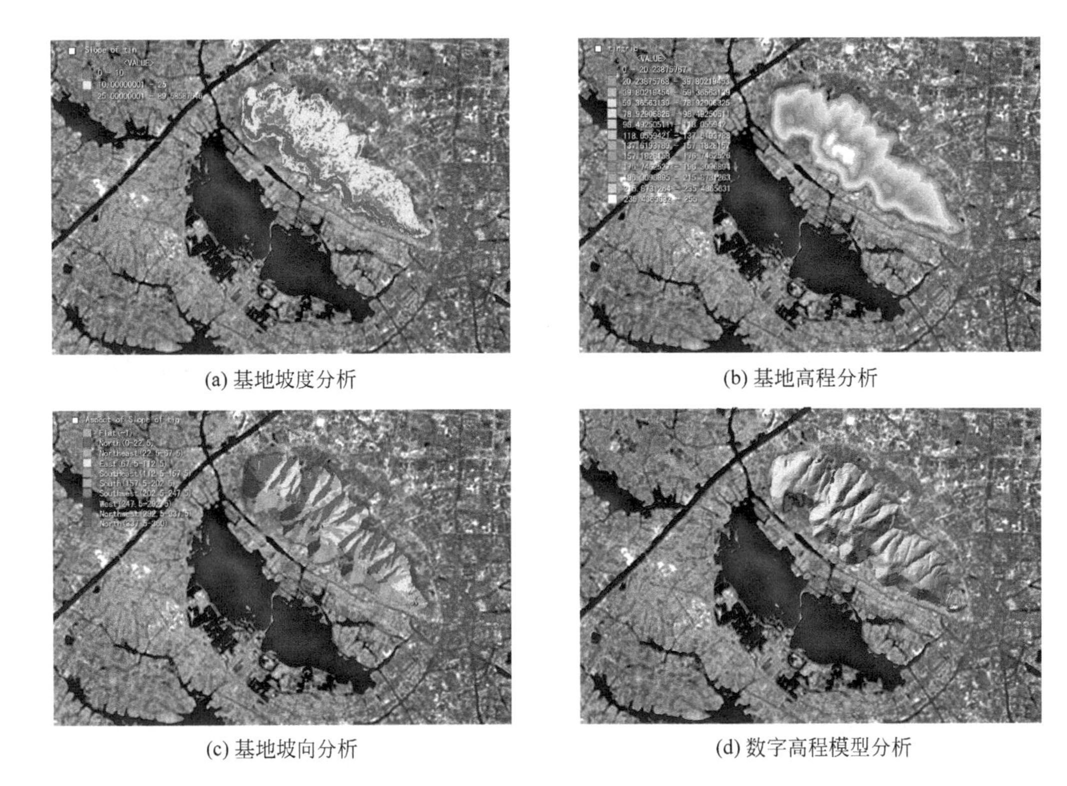

(a) 基地坡度分析　(b) 基地高程分析

(c) 基地坡向分析　(d) 数字高程模型分析

图 1-9　GIS

图 1-10　车载服务系统

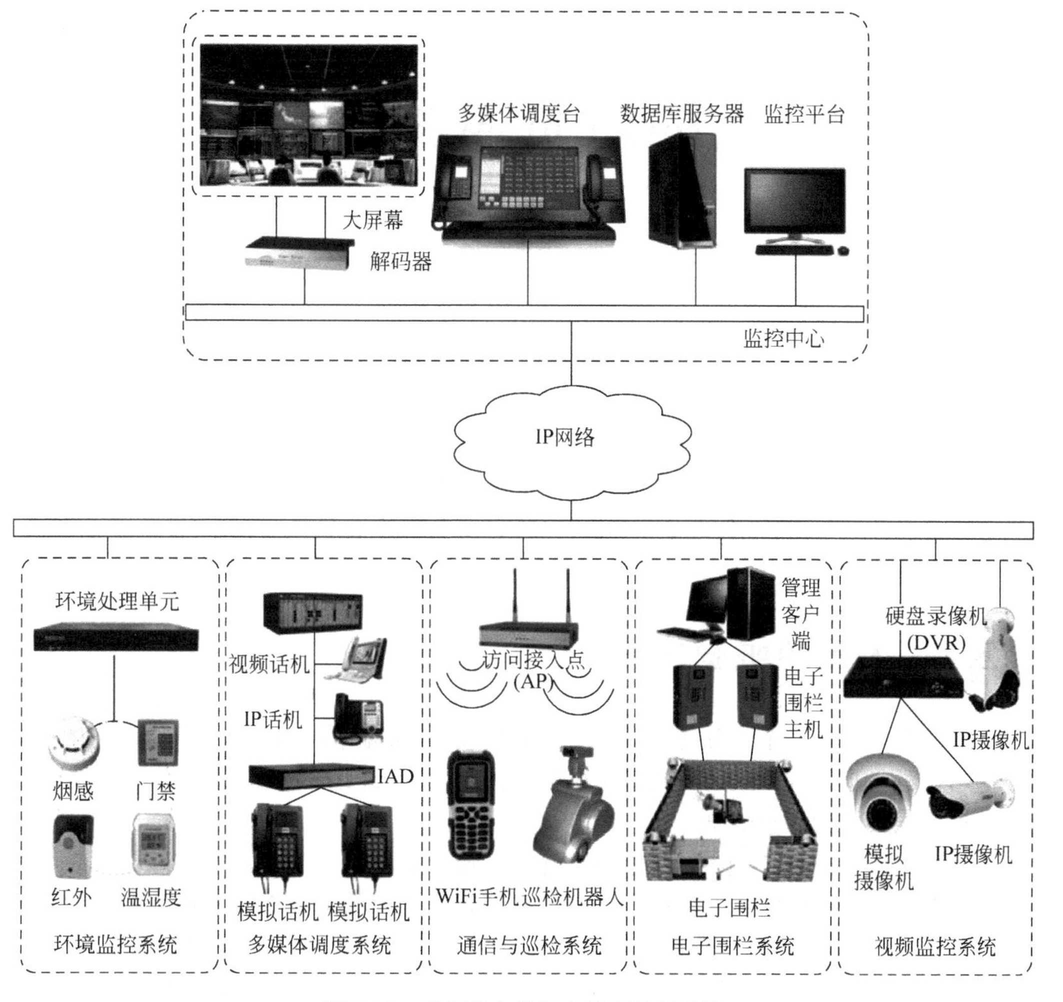

图 1-11　智能变电站综合管理运行系统

习题一

1-1　什么是多媒体？ITU-TI.374 中将媒体分为哪几类？

1-2　多媒体和多媒体通信的特点分别有哪些？

1-3　简述多媒体通信中的关键技术。

1-4　多媒体通信的应用领域有哪些？请分别举例。

第2章 人的听觉感知与声音信号

CHAPTER 2

在信息处理中，音频和视频同时存在，没有声音的视频是不可接受的。多媒体通信系统中的声音是优先级最高的信道。语音信号不仅仅是声音的载体，同时还携带了情感的意向，因此对语音信号的处理，不仅是信号处理问题，还要抽取语义等其他信息，因此可能涉及语言学、社会学、声学等学科。

2.1 人类的听觉系统

人的听觉系统是一个十分巧妙的音频信号处理器，听觉系统对声音信号的处理能力来自于它巧妙的生理结构。人的听觉系统包括耳、听觉神经纤维和大脑的部分。它把声波转化成能被皮层接收的感觉信息。

人耳是把听觉能量(声波)转化成被听觉神经接收的电脉冲的外部器官，由内耳、中耳、外耳三部分组成(见图2-1)。外耳包括耳廓、外耳道。耳廓的形状有利于声波能量的聚集、收集声音，还可以判断声源的位置，外耳道是声波传导的通道。中耳的主要功能是将空气中的声音振动能量高效率地传递到内耳。内耳则对声音接受后分析加工，即将声音转变为神经冲动，传递声音信息，而后将信息传入到大脑皮层(听神经)的听觉中枢。

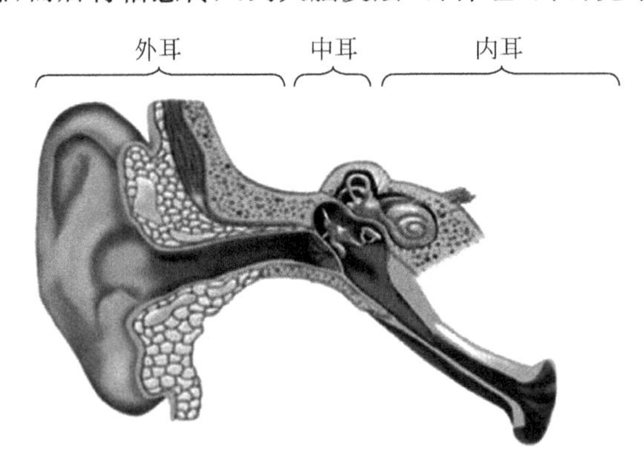

图2-1 人耳结构

人耳的听觉范围如图2-2所示。各种声音的频率范围是不同的，人说话的声音的频率范围为20Hz～4kHz，各种乐器所发出声音的频率范围为20～22kHz；人耳对声音的感受有很大的动态范围，一般人可以感觉到20Hz～20kHz(即空气每秒振动的次数在20～20000次时，人耳能听到，每秒振动次数低于20次以下称为次声波，每秒高于20000次称为超声波。随着人的年龄的增长，对于频率感受的上限将逐年下降)，强度为－5～130dB的声音信号，因此，在这个范围以外的音频分量就是听不到的音频分量，在语音信号处理中就可以将其忽略。

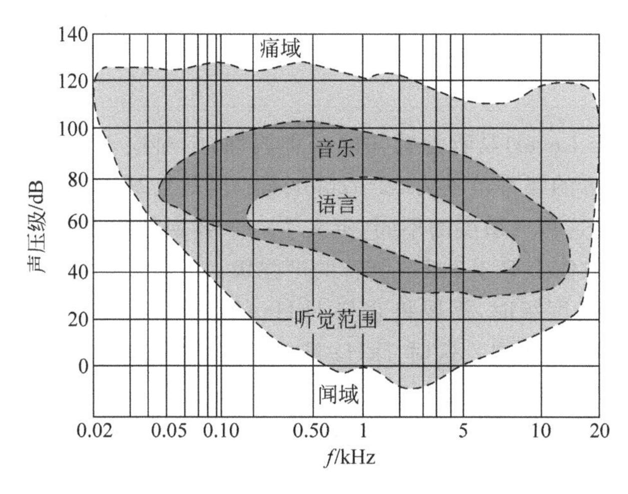

图 2-2　人耳的听觉范围

2.2　人耳的听觉特性

任何复杂的声音都可以用声强(或声压)的3个物理量，即幅度、频率和相位来表示。对于人们的感觉，声音用另外3个特性，即响度、音调和音色来描述。声音的响度与声波震动的幅度有关，音调高低取决于声音的频率，而复杂声音的谐波成分和它们的相对关系(即频谱)则决定了声音的音色。

2.2.1　声强级和响度

1. 声强级

正常人的听觉系统是极为灵敏的，对声强的感受范围为0～120dB SPL(Sound Pressure Level，声压级)。为了方便计量，也为了符合人耳的主观感受性，往往采用以分贝(dB)为单位的声压级来计量声压的大小，SPL的定义是

$$SPL = 20\lg\left(\frac{P}{P_0}\right) \tag{2-1}$$

式中，$P_0 = 2\times10^{-5}$Pa，称为基准声压。

在物理学中，把单位时间内通过垂直于声波传播方向的单位面积的平均声能，称为声强。声强用I表示，单位为瓦/平方米。实验的研究表明，人对声音强弱的感觉并不是与声强成正比，而是与其对数成正比的。这正是人们使用声强级来表示声强的原因。其单位为贝尔(bel，B)

$$L = \lg\left(\frac{I}{I_0}\right) \tag{2-2}$$

一般人对强度相差1/10贝尔的两个声音便可区别出来，因此用贝尔的10倍来作为声强的单位则更为方便，这个单位称为分贝尔(Decibel)，简称dB，即

$$SIL = 10\lg\left(\frac{I}{I_0}\right) \tag{2-3}$$

式(2-2)和式(2-3)中，I为声强，$I_0 = 10^{-12}\,\mathrm{W/m^2}$称为基准声强，也是指正常人的听阈值(是指最小可听闻的声强级)。声强级的常用单位是分贝(dB)。当人们说声强是20dB时，也就是说$I : I_0 = 100$。

2. 响度级与响度

响度级(Loudness Level)是听觉感知的一种属性，它对应于声音强度的物理测度。前面介绍了人耳可听声音的频率范围为20～20000Hz，但是人耳对不同频率的声音的听辨灵敏度各不相同，为描述这种灵敏度的不同，定义了一个客观的物理量，这就是声音的响度级P，单位方(Phon)，在数值上等于1kHz纯音的声强级。

确定一个声音的响度级时，需要将它与1kHz的纯音相比较，调节1kHz纯音的声强，使它听起来与被确定声同样响。这时1kHz纯音的声压级就是该声音的响度级。反映频率、声强和响度级的关系的弗莱彻尔-蒙森曲线(Fletcher-Munson Curves)如图2-3所示。横坐标为频率，纵坐标为声压级，图中的每条曲线对应于各个响度级(从0～100方)，最下方的虚线表示听阈。

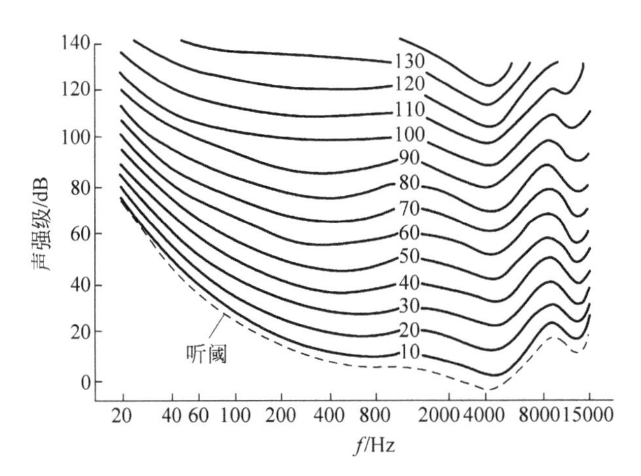

图2-3 弗莱彻尔-蒙森曲线(等响曲线)

此外，观察图2-3中的零方曲线，它告诉我们该线上方的声音可以让人耳感知到0分贝(0分贝的定义是刚刚能让人耳听到的声音)。所以，3000Hz的声音，只需要－7dB左右即可让人感知到，而1000Hz的声音，需要2dB左右才可以让人感知到。以此类推，100Hz的声音需要25dB左右才可以让人感知到。以此类推，上面的红线对应的是20dB、40dB等。图2-3还说明了人耳对不同频率的敏感程度差别很大，其中对2～4kHz范围的信号最为敏感，幅度很低的信号都能被听到。而在低频区和高频区，能被人耳听到的信号幅度要高得多。

人说话在距离讲话人水平方向1m处的声音响度级为40～60方。从图2-4中可以看到，人耳对不同频率声音的响应是不平坦的，响度级不大时，等响度曲线的形状跟听阈曲线很相似；当响度级增大时，等响度曲线变得平坦一些。在频率一定的前提下，声强越大，响度越大，在声强一定的前提下，频率的变化也会影响响度的感知；频率范围在3kHz、4kHz

附近，等响曲线彼此之间的距离最大，也就是说，此时人耳的分辨率最灵敏。

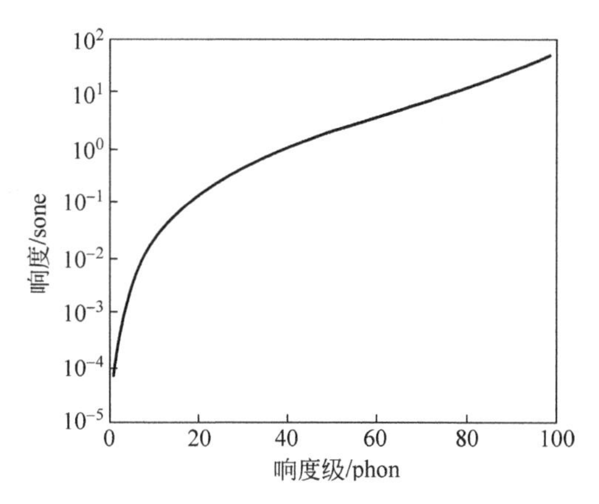

图 2-4 响度级和响度的关系

响度级的标度是一种渐强标度，并不能指出一个纯音比另一个纯音响多少倍，为此，心理学家定义了另一种数量标度。测量响度 N 用宋(sone)作为单位。国际规定，频率为1kHz、声压级 40dB 的纯音所具有的响度为 1 宋。响度被用来刻画主观感受的声音响度及其变化，这种感觉与音强、频率和波形都有关系。考虑强度关系时，取 40 方(或 40dB 的1000Hz 纯音或窄带噪声)所产生的响度为标准的等于 1 宋。用另一个声音和它作比较，听起来如果比它响 2 倍，则这个声音的响度为 2 宋，听起来如果有 5 倍响，则这个声音就是 5宋。响度 N 和响度级 L 之间满足如下的转换关系：

$$N = 0.063 \times 10^{0.03L} \tag{2-4}$$

$$L = 33.33 \times \lg N + 40 \tag{2-5}$$

上式表明，1 宋=40 方，并且当响度的取值增加一倍，响度级 L 增加约 $33.33\times\lg 2\approx 10$ 方。

2.2.2 听阈与痛阈

听阈即人耳能感受的声音频率和强度的范围，人耳刚好能感觉到其存在的声音的声压就是听阈，听阈对于不同频率的声波是不相同的。听阈是由某声音信号在多次实验中能引起的听觉的最小有效声压，听阈应根据许多正常青年的耳朵测试结果求平均。试验求得的等响曲线中最低的一条零方曲线就是听域曲线，它是纯音的最低可听声压的频率响应。纯音的听阈与频率有关：1kHz 纯音的听阈约为 4dB，10kHz 是听阈约为 15dB，到 40kHz 时达到 50dB 左右。人耳对 1000Hz 的声音感觉最灵敏，其听阈声压为 $P_0=2\times10^{-5}$ Pa(即基准声压)。使人产生疼痛感的上限声压为痛阈，对 1000Hz 的声音为 20Pa。

当声压级增大到一定强度时，人耳会感到不适(不适阈)或疼痛(痛阈)，正常人的不适阈约为 120dB，痛阈约为 140dB，且均与频率无关。此外，人耳对时间的分辨率大约为 2ms，也就是说人耳能够感知距离为 2ms 的两个高低不同的音。

2.2.3 听觉定律

1. 韦伯定律

韦伯(Weber)定律是由德国著名的生理学家与心理学家 E. H. 韦伯发现的(见图 2-5)，

韦伯定律是表明心理量和物理量之间关系的定律，即感觉的差别阈限随原来刺激量的变化而变化，而且表现为一定的规律性。韦伯确立了一条心理-物理定律，即声刺激量的相对差别是一个常数并与声音的大小无关。韦伯定律可以表述为

$$W \propto \ln\left(\frac{C}{C_0}\right) \tag{2-6}$$

式中，W 是主观感受量，C 是刺激强度，C_0 是刺激量阈值。也就是说，声音的主观感受量与客观刺激量的对数成正比。

图 2-5 韦伯(Weber)

2. 欧姆定律

有电学欧姆(Ohm)定律也有声学欧姆定律。著名物理学家乔治·西蒙·欧姆发现了电学中的欧姆定律，同时他还发现了人耳听觉上的欧姆定律。声学定律是在 1843 年提出的，人耳可把复杂的声音分解成谐波分量，并按分音大小判断音色的理论。欧姆发现，人的听觉只和声音中各分音的频率和强度有关，而和它们的相位无关，这就是听觉的欧姆定律。根据这个定律，在可听声中，对于声波的发生、传播、接收、放大、记录等过程中的控制可以不考虑复杂声音中各分量的相位关系。但是，在立体声技术的研究中，发现复杂声音的相位差影响听音的方向感觉。

3. 听觉驻留

研究表明，人听到一个脉冲不是和它的强度有关，而是和强度与时间的乘积有关。直到时间相当长了(几十毫秒或一百多毫秒以上)，才感觉声音还是那样响，只是时间延长而已。例如，一个短促的脉冲声，若强度不变，长度由 1ms 变为 2ms，人听起来不是长度变了，而是更响了。国际上已根据这个现象规定了测量脉冲声的电表响应应具有 35ms 的时间常数。

2.2.4 人耳的听觉效应

人耳的听觉拥有掩蔽效应、双耳效应、颅骨效应、鸡尾酒会效应、回音壁效应、多普勒效应、哈斯效应等。

1. 人耳的掩蔽效应

人耳能否听见声音取决于声音的频率、幅度是否高于这种频率下的听觉阈值。心理声学的研究成果告诉我们，人耳听觉系统对声音信号的感知具有掩蔽效应。掩蔽效应是指一种听觉现象，指当一个响度较大的声音 A 作用于人耳时，人耳听觉系统对时间上和频域上邻近的另一个声音 B 感知下降，对于低于掩蔽门限的声音人耳基本感受不到。这时声音 A 叫掩蔽音，声音 B 叫被掩蔽音，被掩蔽音刚能听到时的掩蔽音强度称为掩蔽门限(Masking Threshold)。

掩蔽效应在生活中很常见，人们在公交车上说话需要很大声，对方才能听清，这是因为公交车发动机的噪声将人们的语音掩蔽，公交车发动机的噪声成为掩蔽声，我们的语音成了被掩蔽声。除了公交车上需要大声说话这样例子之外，还有很多掩蔽效应的例子。例如我们在听一首摇滚乐的时候，很难听到贝斯的乐音，这是由于架子鼓的声音将贝斯的声音掩蔽了，因此很多贝斯演奏会被忽视。人们通过人耳的掩蔽效应，发明了隔声效果优异的耳机。耳罩把耳朵包裹好，或入耳式耳塞把耳朵密封好，这样音乐声就能掩蔽外界噪声，我们在路

上或较为嘈杂的环境中也能踏实欣赏音乐了。通过对耳朵的小小改造，就可以让美妙的声音掩蔽嘈杂的声音，这种方法的确很有助于听音专一性。

听觉中的掩蔽效应包括同时性掩蔽(Simultaneous Masking)(也称频域隐蔽)和瞬时掩蔽(Temporal Masking)，而瞬时掩蔽(也称时域隐蔽)又包括前向掩蔽和后向掩蔽两种情况。

1) 同时性隐蔽

同时性掩蔽效应大致可以分为三种情况：纯音对纯音的掩蔽、噪声对纯音的掩蔽、纯音对噪声的掩蔽。

纯音对纯音的掩蔽效应是指一个频率为 f_1：声强级为 xdB 的纯音由于另一个频率为 f_2、声强级为 ydB 纯音的同时出现，使得频率为 f_1 的纯音的听阈提高(如图 2-6 所示)。从声学实验中得知，最强的掩蔽作用出现在掩蔽音频率附近，掩蔽量随着掩蔽音声强级的提高而加大，被掩蔽音的听阈随二者频率差的增大而逐渐降低，也就是说低音容易压住高音。

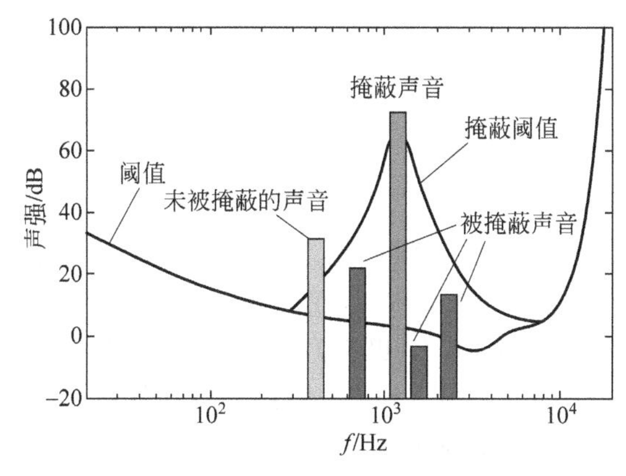

图 2-6　同时性隐蔽(频域隐蔽)

从图 2-7 中可以看到，声音频率在 300Hz 附近、声强约为 60dB 的声音掩蔽了声音频率在 150Hz 附近、声强约为 40dB 的声音。又如，一个声强为 60dB、频率为 1000Hz 的纯音，另外还有一个 1100Hz 的纯音，前者比后者高 18dB，在这种情况下，人们的耳朵就只能听到那个 1000Hz 的强音。如果有一个 1000Hz 的纯音和一个声强比它低 18dB 的 2000Hz 的纯音，那么我们的耳朵将会同时听到这两个声音。要想让 2000Hz 的纯音也听不到，则需要把它降到比 1000Hz 的纯音低 45dB。一般来说，弱纯音离强纯音越近，就越容易被掩蔽。

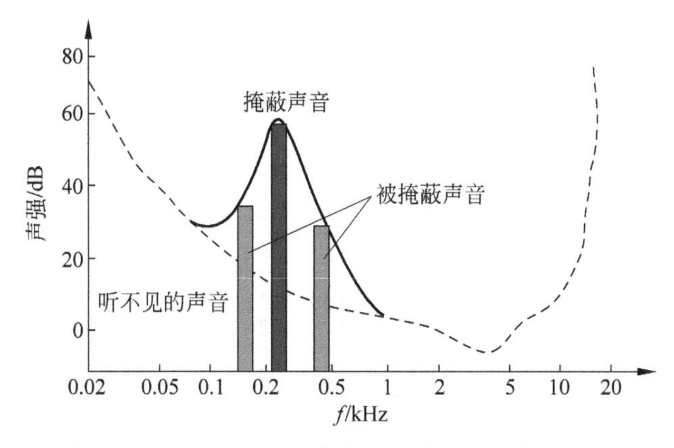

图 2-7　声强为 60dB、频率为 1000Hz 纯音的掩蔽效应

在图 2-8 中的一组曲线分别表示频率为 250Hz、1kHz 和 4kHz 纯音的掩蔽效应，它们的声强均为 60dB。从图 2-8 中可以看到：在 250Hz、1kHz 和 4kHz 纯音附近，对其他纯音的掩蔽效果最明显。低频纯音可以有效地掩蔽高频纯音，但高频纯音对低频纯音的掩蔽作用则不明显。

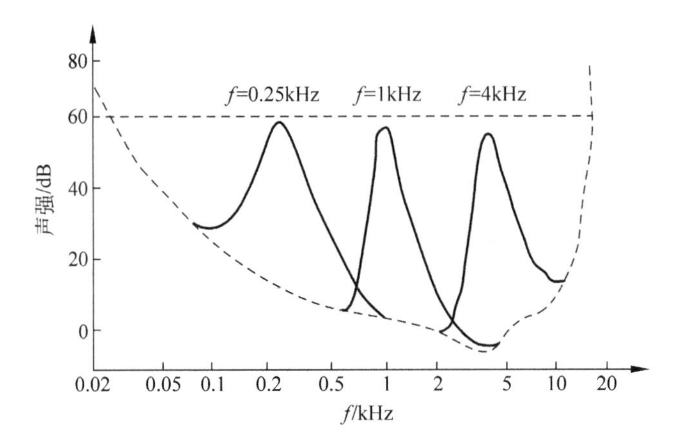

图 2-8 不同纯音的掩蔽效应曲线

由于声音频率与掩蔽曲线不是线性关系，为从感知上来统一度量声音频率，引入了“临界频带(Critical Band)”的概念。通常认为，在 20Hz～16kHz 范围内有 24 个临界频带，如表 2-1 所示。临界频带的单位叫 Bark(巴克)，是指一个临界频带的宽度 f（频率）小于 500Hz 的情况下，1Bark≈ f /100；f（频率）大于 500Hz 的情况下，1Bark ≈ 9 + 4lg(f/1000)。以上我们讨论了响度、音高和掩蔽效应，尤其是人的主观感觉。其中掩蔽效应尤为重要，它是心理声学模型的基础。

由于噪声大量存在，因此在语音感知研究中对这种掩蔽最感兴趣。噪声对纯音的掩蔽早在 20 世纪 30 年代就已开始研究，目前在音频编码中也得到相当广泛的应用。纯音的听

表 2-1 临界频带

临界频带	频率/Hz			临界频带	频率/Hz		
	低端	高端	宽度		低端	高端	宽度
0	0	100	100	13	2000	2320	320
1	100	200	100	14	2320	2700	380
2	200	300	100	15	2700	3150	450
3	300	400	100	16	3150	3700	550
4	400	510	110	17	3700	4400	700
5	510	630	120	18	4400	5300	900
6	630	770	140	19	5300	6400	1100
7	770	920	150	20	6400	7700	1300
8	920	1080	160	21	7700	9500	1800
9	1080	1270	190	22	9500	12000	2500
10	1270	1480	210	23	12000	15500	3500
11	1480	1720	240	24	15500	22050	6550
12	1720	2000	280				

阈在掩蔽音附近明显上升，即灵敏感度下降。再者，掩蔽音对高频成分的掩蔽作用要明显强于对低频部分的掩蔽作用，并且掩蔽曲线的形状依赖掩蔽音的声压级，声压级越高，掩蔽范围也越广。

2）瞬时掩蔽

除了同时发出的声音之间有掩蔽现象之外，在时间上相邻的声音之间也有掩蔽现象，并且称为时域掩蔽。产生时域掩蔽的主要原因是人的大脑处理信息需要花费一定的时间。一般来说，超前掩蔽很短，只有 5～50ms，而滞后掩蔽可以持续 50～200ms。这个区别也是很容易理解的。

(1) 前向掩蔽效应(Forward Masking)。一般正常人的听力动态范围是 100dB(20～120dB)，但是某些心理声学实验证实，在很短的时间间隔内，听力的动态范围非常小。人耳的听觉系统有一套适应机制来适应外界激励的变化。前向掩蔽是指先出现的高能量信号(掩蔽音)超过一定的闻阈就会前向性地压制或掩蔽后出现(时间可滞后达 200ms)的低能量信号(被掩蔽音)。有人从生理学的角度做了解释，就是当听觉适应在某个高的刺激强度环境中，听觉阈值较高，经过一段时间后，当刺激环境变化到弱刺激强度时，听觉系统还来不及适应其变化，也就是弱的刺激信号低于感知阈值，因此不被感知。有研究表明，前向掩蔽效应随着掩蔽音增强而增强，也随着掩蔽音与被掩蔽音之间的时间间隔增加而减弱。

实际的前向掩蔽曲线如图 2-9 所示，当声强取值到 37dB 时，其时间滞后大致截止到 100ms。由图可知，被掩蔽音的门限值是掩蔽音强度的函数，这个门限值的动态变化也反映为掩蔽信号持续时间的函数。随着时延的增大，掩蔽门限呈指数衰减，在 200ms 后基本不再随时延变化而变化。

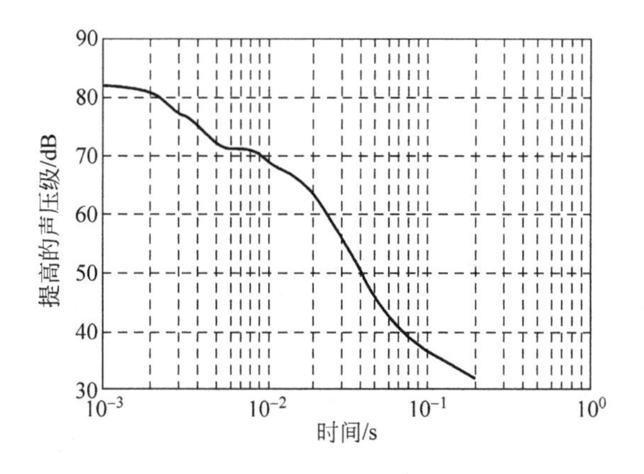

图 2-9　前向掩蔽曲线

前向掩蔽效应揭示出，虽然人耳的听觉系统能够有 100dB 的动态范围，但在一个较短的时间内，实际的动态范围要小得多，并且很大程度上取决于前一个刺激。实际上门限的动态变化在 40～50dB 范围。

(2) 后向掩蔽效应(Backward Masking)。心理声学研究还表明，在听觉感知中后出现的高能量信号也可以掩蔽先出现的低能量信号，这就是后向掩蔽。

这是一种不容易理解的概念，由于人耳听觉感知不是瞬时发生的，所以后出现的高能量信号也能够掩蔽先出现的低能量信号。后向掩蔽效应的掩蔽时间可达 100ms，但在掩蔽音前 50ms 内影响较大，50ms 后掩蔽显著地汇聚到了听阈以下。后向掩蔽曲线与前向掩蔽听觉门限的变化特性类似，如图 2-10 所示。

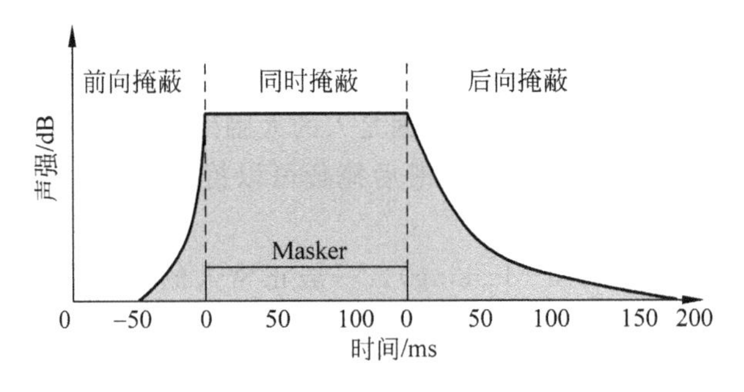

图 2-10　瞬时掩蔽（时域隐蔽）

2. 人耳的其他各种效应

1）双耳效应

双耳效应是人们依靠双耳间的音量差、时间差和音色差判别声音方位的效应。“双耳效应”的原理十分复杂；但简单地说，就是人双耳的位置在头部的两侧，如果声源不在听音人的正前方，而是偏向一边，那么声源到达两耳的距离就不相等，声音到达两耳的时间与相位就有差异，人头如果侧向声源，对其中的一只耳朵还有遮蔽作用，因而到达两耳的声压级也有不同。人们把这种细微的差异与原来存储于大脑的听觉经验进行比较，并迅速作出反应从而辨别出声音的方位。双耳效应是立体声技术发展的基石。从广义上讲，人们在现实生活中所听到的一切声音都是立体声，也就是说自然界所发出的一切声音，对于人耳的感觉来说都是立体声。

例如在交响乐现场聆听，闭上双眼后，用两只耳朵仔细聆听，人们会听出每一种乐器所处乐队的位置，弦乐器大概在前方，管乐器在中央，打击乐器在后方，等等。通过双耳效应，可以清晰地辨别出每一种声音来自何方。

2）颅骨效应

人的耳朵辨别声音的能力很强，但当你第一次从录音机里听到自己的声音时，却不太相信是自己的声音，这是为什么？大家知道，人听到的外界声音，是由耳朵感受的，外界空气的振动通过耳膜将声音信息传给听觉神经，再经过大脑加工形成听觉。但自己讲话的声音，不是靠耳朵，而是由颅骨把声带的振动直接传给听觉神经，经大脑加工后形成听觉的。

例如，平常情况下，人们是听不到机械手表的钟摆声的，如果将其咬住，再用手把耳朵堵住，就会听得很清晰，这时钟摆的声音就是通过人体颅骨传入人耳的。很多音乐家利用颅骨效应来进行发声训练，用手堵住双耳，然后进行发声练习，这样就能清晰地听到自己的声音，从而进行细微的发音调整，直至发音准确为止。

3）鸡尾酒会效应

所谓的鸡尾酒会效应，是指人们的耳朵可以单独选择一种声音聆听的功能。鸡尾酒会效应是一种听觉注意现象，因常见于酒会上而得名。当人的听觉注意集中于某一事物时，意识将一些无关声音刺激排除在外，而无意识去监察外界的刺激，一旦一些特殊的刺激与己有关，就能立即引起注意。如在各种声音嘈杂的鸡尾酒会上，有音乐声、谈话声、脚步声、酒杯餐具的碰撞声等，当某人注意集中于欣赏音乐或别人的谈话，对周围的嘈杂声音充耳不闻时，若在另一处有人提到他的名字，他会立即有所反应，或者朝说话人望去，或者注意说话人下面说的话等。

4）回音壁效应

我们站在回音壁面前，对着回音壁说话，就可以听到自己说话的回音。语音形成的声波传到回音壁上，反射回来，再次被人们的耳朵所拾取。人耳的回音壁效应基本也是一个道理。所谓的回音壁效应，是指在某一声场中，视觉看不到音源，而听觉能听到声音的有趣和奇特的现象。

从声学的角度讲，这种现象是声波传播过程中经特殊反射作用后的结果。如意大利18世纪所修建的不少露天音乐堂和露天剧场，由于没有屋顶和侧壁，声音的反射传播受到了限制，观众席听到的声音都是直达声，所以，建筑设计师根据声学原理把舞台建成半球型硬质结构，产生出强反射的舞台反射效果。

5）多普勒效应

多普勒效应是指当声源与听者彼此相对运动时，会感觉到某一频率确定的声音的音调将发生变化。多普勒是奥地利的一位数学家、物理学家。1842年的一天，他正路过铁路交叉处，恰逢一列火车从他身旁驰过，他发现火车由远而近时汽笛声变响，音调变尖，而火车从近而远时汽笛声变弱，音调变低。他对这个物理现象感到极大兴趣，并进行了研究。发现这是由于振源与观察者之间存在着相对运动，使观察者听到的声音频率不同于振源频率的现象，这就是频移现象。因为，声源相对于观测者在运动时，观测者所听到的声音会发生变化。当声源离观测者而去时，声波的波长增加，音调变得低沉，当声源接近观测者时，声波的波长减小，音调就变高。音调的变化同声源与观测者间的相对速度和声速的比值有关。这一比值越大，改变就越显著，后人把它称为“多普勒效应”。

多普勒效应在人们的生活中应用也比较广泛，例如医学中的彩超，就是利用了多普勒效应。同时在移动通信上，也有运用多普勒效应。由于多普勒发现了这个效应，以至于我们现代人都因此而受益，在医学及通信领域都得以良好的运用，帮助人们更好地生活，也是对人类的一种极大贡献。

6）哈斯效应

所谓的哈斯效应，是指在时间差50ms以内，人耳朵无法辨别出两个来自同一声源的同一声音的方位，先听到的那个声音，人们就会认为是全部声音来自那个方位，这种先入为主的听觉特性就是哈斯效应。实验证明，人的听觉有“先入为主”的特性。哈斯效应就是由哈斯发现的，即人们不能分辨出来某些延迟音的现象。但两个强度相等而其中一个经过延迟的声音一同传到人耳时：延迟时间小于30ms，听觉上感到声音只是来自未经延迟的声源；延迟时间为30～50ms时，已能感觉到两个声源的存在，但方向仍由前导所定；延迟时间大于50ms时，延迟声就不能被掩盖，听觉上会感觉到延迟是个清晰的回声。

哈斯效应应用最广泛的地方就是剧场剧院。从舞台前方的扬声器发出的声音，对于听众席前排的人和听众席后排的人来说，听感是完全不一样的，前排感觉响度大，后排却并没有什么响度。这就是哈斯效应造成的不良结果。因此，很多剧场剧院为了弥补这个问题，就在剧场剧院的顶部和侧前、侧后墙壁上安装更多的扬声器，以使得前排与后排的听众能够听音一致，也是为了让节目信息传达更为及时，更为准确。哈斯效应也是立体声系统定向的基础之一。

属于人耳效应的还有其他诸如浴室效应、劳氏效应、德·波埃效应、匙孔效应等,这里不再一一论述。

2.3 声音信号

物体振动在空气中的传播形成声波,而能被人的听觉器官所感觉到的声波,称为“声音”。自然界中充斥着丰富多彩的声音,如人语、鸟鸣、水声和风声等,并且人们在生产劳动中,通过一定节奏有规律地吹弹、敲打、撞击不同乐器,创作出蕴含情感的不同韵味的音乐。一般而言,语音和音乐是声音的两个主要组成部分,人们通过语言传递思想,通过音乐表达感情,因此,声音是人类相互交流、相互传递信息的一种主要手段,它既是客观存在的,也是主观感觉的反映。

语音和音乐信号都是不规则的随机信号,由基频信号和各种谐波(泛音)成分组成。要“原汁原味”地重放这些随机的音频信号,声音系统必须具有符合语音和音乐的平均特性。其中最重要的 3 个特性是平均频谱特性(频率响应特性)、平均声压级和声音的动态范围。

2.3.1 人声信号

人和动物的发声频率范围一般均小于自己的听觉频率范围。人声是一种典型的随机过程,它与人的生理特点、情绪和语言内容等因素有关。

语音基音的频率范围为 130～350Hz,包括全部泛音的频率范围为 130～4000Hz。图 2-11 给出了三种语音的典型波形图;图 2-12 分别给出了男女声音时域波形和对应的频谱图。

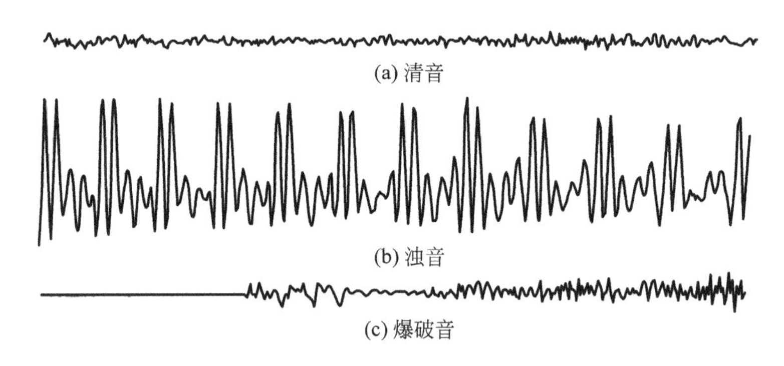

图 2-11　三种语音的典型波形图

演唱声的频率范围比较宽,可分为男低音、男中音、男高音、女中音和女高音 5 个声部。他们的基音范围为 80～1100Hz,包括全部泛音的频率范围为 80Hz～8kHz。5 个声部的基音频率范围分别为:82～294Hz;110～392Hz;147～523Hz;196～698Hz;262～1047Hz。人声正常谈话时语言的声功率为 1μW,大声讲话时可增加到 1mW。正常讲话时与讲话人相距 1m 时的平均声压级为 65～69dB。

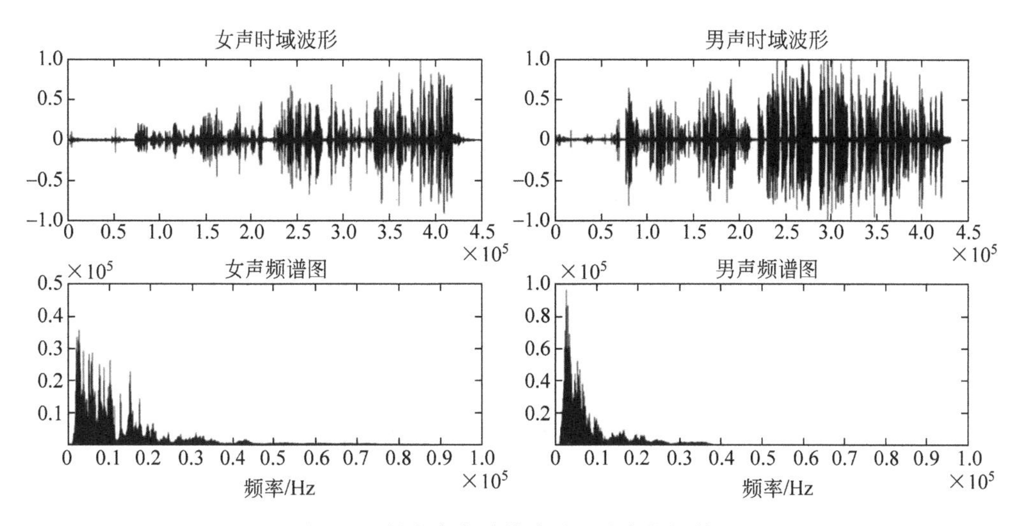

图 2-12　男女声音时域波形和对应的频谱图

人声信号常作为时间的连续函数、频率幅度随时间变化的随机信号进行分析，并认为短时间内近似不变。此外，元音是准周期函数（基频），清音为随机起伏的波形，如图 2-13 所示。

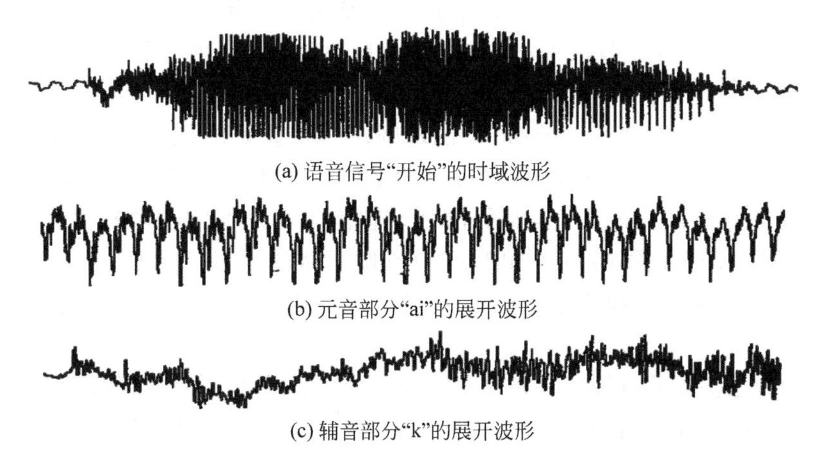

(a) 语音信号“开始”的时域波形

(b) 元音部分“ai”的展开波形

(c) 辅音部分“k”的展开波形

图 2-13　语音信号“开始”的时域波形及其展开图

语谱图用来表示语音信号随时间而变化的频谱特性，在每个时刻用其附近的短时段语音信号分析得到的一种频谱。语谱图的纵轴对应于频率，横轴对应于时间，图像的灰度对应于信号的能量。声道的谐振频率表示为黑带，浊音部分则以出现条纹图形为特征，这是因为此时的时域波形具有周期性，而在清音的时间间隔内比较致密。

语音不同频段的信号强度随时间的变化情况见图 2-14。从图中可以看到明显的一条条横向的条纹，称为“声纹”。条纹的地方实际是颜色深的点聚集的地方，随时间延续，就延长成条纹，也就是表示语音中频率值为该点横坐标值的能量较强，在整个语音中所占比重大，那么相应地影响人感知的效果要强烈得多。而一般语音中数据是周期性的，所以，能量强点的频率分布是频率周期的，所以我们看到的语谱图都是条纹状的。

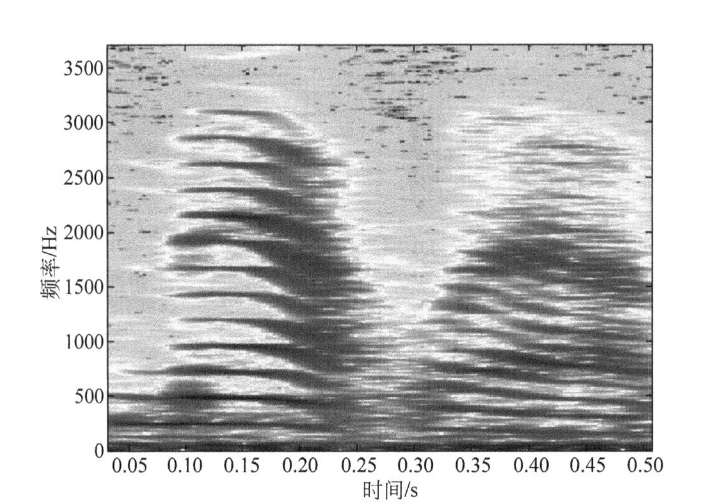

图 2-14 语谱图

2.3.2 音乐信号

音乐信号的频谱范围更宽，它与乐器的类型有关。在乐器中管风琴具有最宽的基音频率(基频)范围，为 16～9000Hz；其次是钢琴，它的基频范围为 27.5～4136Hz。民族乐器的基音范围为 100～2000Hz；打击乐器能产生更高频率的基音。所有的乐器都包含有丰富的高次谐波(泛音)。因此音乐的频谱范围可扩展到 15000～20000Hz。

单个乐器的声功率在 0.01～100mW 的范围内。大型交响乐队的声功率可超过 10W。15～18 件乐器的乐队演出时，离声源 10m 处的平均声压级约为 95dB。75 件乐器的乐队演出时其平均声压级约为 105dB。乐器的信号动态范围与乐器的种类有关，木管乐器约为 50dB；一般乐队的动态范围为 40～0dB；大型交响乐队的动态范围可达到 100dB。高质量的音响系统(音乐重放)的频率响应(频率特性)范围为 40～16000Hz。信号动态范围为 50～55dB。

描述一个音乐信号的特征还有另外一些量，例如颤音特性、持续时间以及声音的建立和衰减时间等，这些量反映了音乐的瞬态特性。语音和音乐的一些重要特性列于表 2-2。

表 2-2 语音和音乐的一些重要特性

名称	基频范围/Hz	频率范围/Hz	声功率/mW	声压级/dB	动态范围/dB	附 注
语音	130～350	130～4000	正常谈话：10^{-2} 大声谈话：1	距声源 1m 处的平均声压级为 65～69	15～20	语音扩声
演唱	80～1100	80～8000			30～40	管风琴的频率范围更宽，名族乐器的基频范围为 100～2000Hz
乐器	16～4000	30～16000	(单个乐器) 0.01～100		30～50	

续表

名称	基频范围/Hz	频率范围/Hz	声功率/mW	声压级/dB	动态范围/dB	附 注
交响乐	能量集中范围	30～20000	(大型交响乐)10W	15～18件乐器乐队演出离乐队10m处的平均声压级为95～105	40～60件大型交响乐队为100	
听觉		20～20000	痛阈值1W/m^2	痛阈值120	120	
HIFI系统		40～16000			50～55	
数字音频系统		20～20000			70～90	

测量表明，音乐信号的能量分布范围很宽，从30～16000Hz随着频率的升高而减小，低音(包括80Hz以下的超低音)能量最大；中音的强度稍低，高音强度则迅速下降。因此扬声器箱中的低音、中音和高音扬声器单元的功率配置必须与之相适应。当分频频率为570Hz时，低音和中高音的功率比为1.42(即低音＋中低音的功率占58.7%)；分频频率为900Hz时的功率比为1.78(即低音＋中低音的功率占64%)；分频频率为1430Hz时的功率比等于2.45(即低音＋中音的功率占72%)。

2.3.3 其他声信号

图2-15给出一些其他声信号及其谱图。

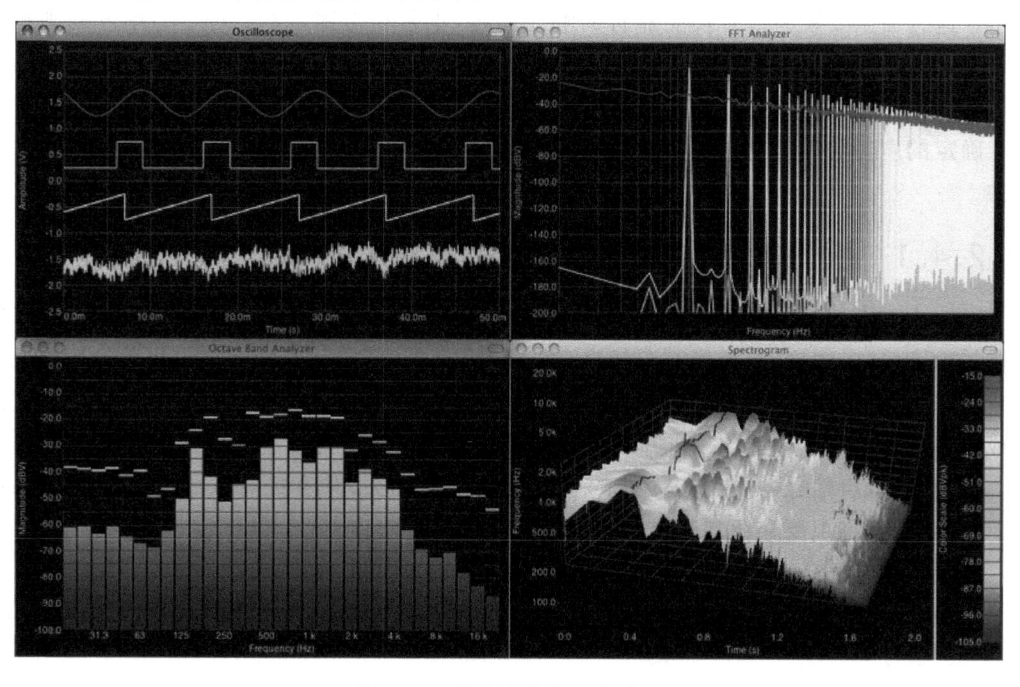

图2-15 其他声信号及其谱图

2.4* 声音质量评价方法

从心理学的角度，声质量可定义为“由听觉引起的经验的特征总和”。声质量评价可理解为这种经验(由声音引起的)在听觉试验中所要求的概念上的描述。

声质量用通俗的语言表达就是人对声音好坏的评价，这直接导致了声质量评价的复杂性。图 2-16 表示了声质量评价涉及的因素。

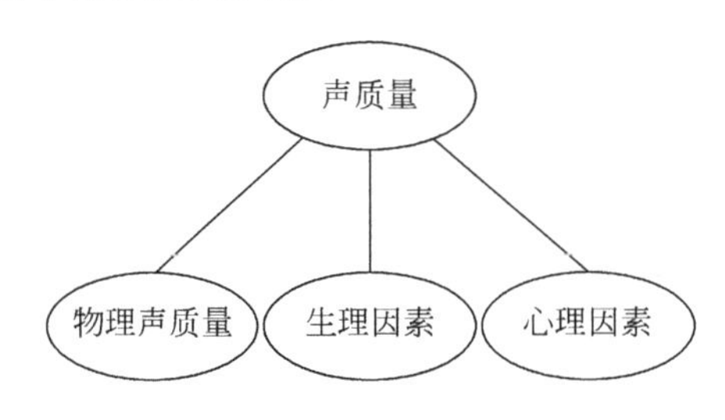

图 2-16 声质量涉及的因素

物理方面容易理解，即评价对象所释放的声信号包含的物理特征以及声信号的传播路径。生理方面较为复杂一些，指的是人接收声信号后的人体反应。最为复杂的是心理方面，它包括了人对于声信号的熟悉程度，在潜意识中对声信号的联想，人的大脑记忆中对于声信号所代表的对象的判断等。

不同的声信号给予人不同的感受，因此在三方面因素中，物理方面是基础。对于当今科技而言，测量声信号的各项参数是一件相对容易的工作，因此这方面的问题不大；生理方面的反应指的是人体收到声信号后的第一反应，这种反应没有经过大脑处理，直接由反应神经做出。这方面主要视声信号接受器官的响应而定，也是相对固定的：对于心理方面则相较前两方面要复杂得多。同一个人对于同样的声信号，在不同的地点、不同的时间、不同的环境、不同的心情下，听的感觉可能完全不同，这涉及心理学和社会学方面的诸多因素。对于一个确定的声信号而言，要在考虑心理因素的情况下，给出一个确定的声质量评价是不太可能的。

2.4.1 基于人体的生理反应评价方法

影响人对声信号的感觉的因素很多，但这种感觉一定依赖于外界输入的变化。已有的响度与响度级、尖锐度、粗糙度与起伏度，对于稳态信号来说，已经能够比较完善地解决人的感觉问题，但对于变化的时域信号却无能为力。而且，这些评价标准基本上都是人们通过经验或主观听觉试验建立起来的，并不是完全的客观量，也不能很好地构成一个客观评价系统。我们知道，声信号的质量与人体的生理状况息息相关，并直接与人的主观感觉联系起来。因此，下面将主要介绍基于人体的生理反应评价方法。

1. 对于宽带窄脉冲信号

由信号处理的知识可知，短时脉冲信号在频域是连续谱。因为只有持续时间在 10ms

---

* 编辑注：本节内容为自选内容，不做课堂要求。其余章节编号中若标有“*”，同此处理。

以上的声信号才能引起听觉，且人耳不能区分相隔短于 40ms 的两个声信号。因此，对于持续时间为 10～40ms 的声信号来说，根据以上所述影响刺激反应的三要素，需要计算的是瞬时最大声强、持续时间和中心频率。

2. 对于时域连续波信号

对于稳态信号来说，可以通过计算它的响度、尖锐度和粗糙度（起伏度）来对其进行评价。而对于时变信号来说，可以结合掩蔽效应作如下处理。因为掩蔽的持续时间最长为 200ms，因此可以将时变信号截为每 200ms 一段，将每一段作为一个稳态信号来处理，计算其响度、尖锐度和粗糙度。然后将得到的值分别绘出其变化关系，用这个变化的剧烈程度来表征声质量的好坏。

2.4.2 声品质评价方法简述

对于固定的一个人，一个固定的声信号（传入人耳的声信号）引起的生理反应应该是相同的。那么，由大脑反馈引起的主要因素有两个：

(1) 心情的影响。显然一个人在不同的心情下对同一声信号是有不同反应的。考虑三种心情：压抑、平淡和激动。在这三种心情下，人体在单循环中提供的能量由低到高，因此，在计算评价指标时，也应相应做出调整。具体地说，激动时可容许的数值较高，平淡时次之，压抑时最低。

(2) 特征记忆的影响。声信号被大脑接收后，如果大脑判断其代表了一种特定的事物，那么这时人对声信号质量的判断已经不再单纯是听觉系统的事了，而是涉及了很多方面，其他人体组织也会或多或少地参与进来。在声质量设计时可以利用这一点，即尽量使产品带给人的是美好的记忆，人对产品的印象就会先入为主，即使是不太好的声质量，也会被大脑判断为好的声质量。

实际上，上述两种因素对人的感受的影响是出于两种不同的机理。对于心情好坏来说，人体本身所处的能量供给平衡有差异，声信号对平衡的影响也就会有差异；而特征记忆的影响则是因为人脑的听觉中枢系统对于声信号做出了处理，这时得到的结果就受到了人体内部信号的影响，即触发系统的信号已经发生了改变，最后的结果也就有了差异。

2.4.3 噪声的主观感觉

人们不需要的声音都是噪声。通常各种噪声的客观特性并不能正确反映人们对噪声的感觉，而噪声引起人们的心理和生理反应也是多方面的，例如引起烦恼、干扰谈话、造成耳聋等。

噪声用等效于声压级的数值来评价。目前，不论是传声器的等效噪声级或者环境噪声，都倾向于用 A 声级表示，单位是 dBA。

人们对噪声的感觉和所处的环境、噪声性质、心理状态等有关，而且因人而异。一般说来，噪声越大，影响发声质量也越大。此外，高音调的噪声比响度相同的低音调噪声更使人烦恼。完全消除放声系统内的噪声是不可能的，因此，要使信号比噪声高，可利用掩蔽效应来抑制噪声的影响。不同信噪比条件下，对噪声的主观感受如表 2-3 所示。通常高质量放声至少要保证有 50～55dB 的信噪比。

表 2-3 不同信噪比条件下,人对噪声的主观感受

信噪比/dB	主观感受
30	不严格要求时允许的数值
40	节目动态范围较窄或室内噪声较高时合用
50	大多数听众很满意
60	除噪声集中于一个窄带处非常满意
70	在安静房间内要求很高时也能满意

习题二

2-1 试简述人耳的听觉范围。

2-2 给出声压级的定义。

2-3 试描述响度级和响度的关系。当响度的取值增加一倍时,响度级如何变化?

2-4 简述韦伯定理的含义。

2-5 请列举几种人耳的听觉效应。

2-6 同时性掩蔽效应大致可以分为哪三种情况?

2-7 试描述前向掩蔽效应和后向掩蔽效应的概念及其区别。

2-8 什么是鸡尾酒会效应?

2-9 男低音、男中音、男高音、女中音和女高音等5个声部的基音频率范围分别是多少?

2-10 试列举声质量评价涉及的因素有哪些。

第3章 人的视觉感知与视频信号

CHAPTER 3

视觉是人类最重要的感觉。人类从外界获取的信息中,有75%来自于视觉。随着多媒体时代的来临,数字信号处理技术、计算机技术和通信技术越来越紧密地结合在了一起,其应用涉及视频帮助窗口、视频会议、视频预览技术、视频编辑和视频教程等。以往的电视信号多以模拟信号方式进行处理,如今,利用数字信号处理算法,可以达到提高处理质量、扩展应用范围的目的。

图像及视频信息与其他信息形式相比,更直观、更具体、更生动,并且所包含的信息量大。本章主要介绍人的视觉系统和人眼视觉特性、视频信号、电视视频信号制式和电视信号原理等方面的知识,为后续学习的信号处理做准备。

3.1 人的视觉系统

人眼是人身体中最重要的感觉器官,非常完善、精巧和不可思议,是生命长期进化到高级形式的必然产物。视觉中涉及的各种生理组件被统称为视觉系统,在心理学、认知学、神经科学、分子生物学中是很多研究的重点。视觉感知是通过处理包含在可见光中的信息解释周围环境的能力。

人眼是一个构造极其复杂的器官,形状近似球体。图3-1描述了人眼的生理结构。当人眼注视外界某物体时,由物体发出或反射、透视的光线通过眼球聚焦在视网膜上。视网膜上的光敏细胞受光刺激产生神经冲动,经视觉神经传递到视觉中枢,就产生了视觉。

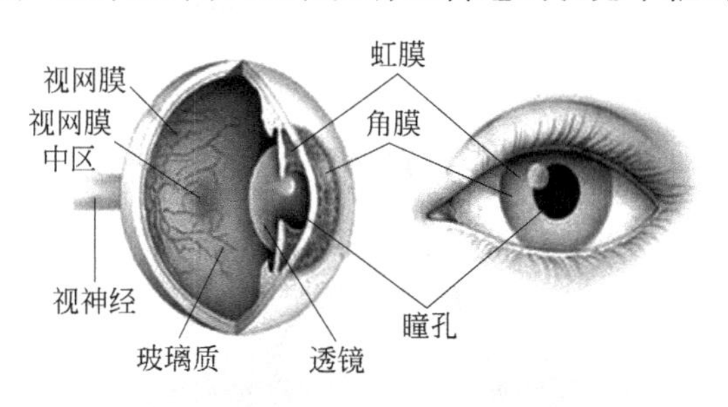

图3-1 人眼的构成

从光学角度而言,人眼等价于一架高度自动化的摄像机,它由一系列透镜以及能将外部景象成像在视网膜上的可变光圈组成。而其主要的成像原理就是物理学中的折射定律。当平行于透镜的光线通过凸透镜时会聚集成一个像，根据凸透镜的成像特性，物体所成像的位置与物体距透镜的距离有关。

在视觉中有一个重要的单位叫做**视角**，其定义为 $\alpha=2\arctan(S/2D)$，用以表示面积为 S 的图像在距人眼距离为 D 的位置对人眼产生的张角，其单位为 cpd(circles per degree)，常被用来表示图像的空间频率。可见光的光线是范围为 380～780nm 的电磁波，它使我们的眼睛产生了明亮的感觉(见图 3-2)。

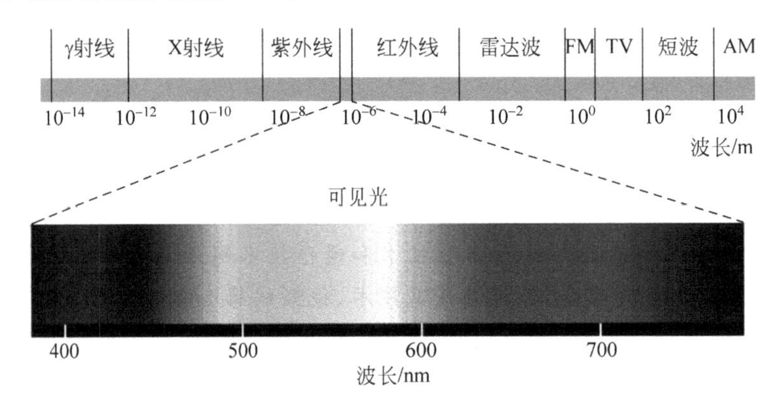

图 3-2 可见光范围

人类视觉信息处理系统是由视觉器官、视觉通路和多级视觉中枢组成的，实现着视觉信息的产生、传递和处理。考虑到其中的视觉信息处理过程的复杂性，研究学者又将其划分为视感觉处理和视知觉处理两个阶段。这样，人眼视觉信息的处理则如图 3-3 所示。

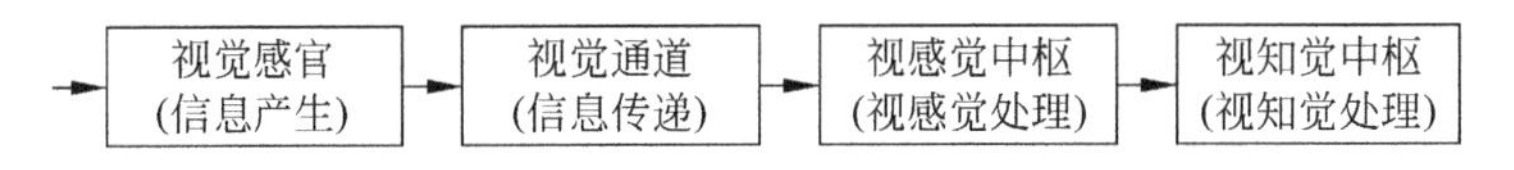

图 3-3 人眼视觉的信息传递过程

尽管人眼成像能力较强，但是在视网膜上所成的像实际上已经包含一些失真，其中典型的失真是模糊失真。通常用理想的点或线光源在视网膜上所成的像作为模糊失真的度量，称为人眼的点扩散(Point Spread Function，PSF)或线扩散函数(Line Spread Function，LSF)。

显然，模糊失真的程度与人眼瞳孔的直径大小有关，瞳孔直径越大，产生的模糊失真越严重，反之亦然。图 3-4 是在瞳孔直径为 3mm 时所测得的点扩散函数。

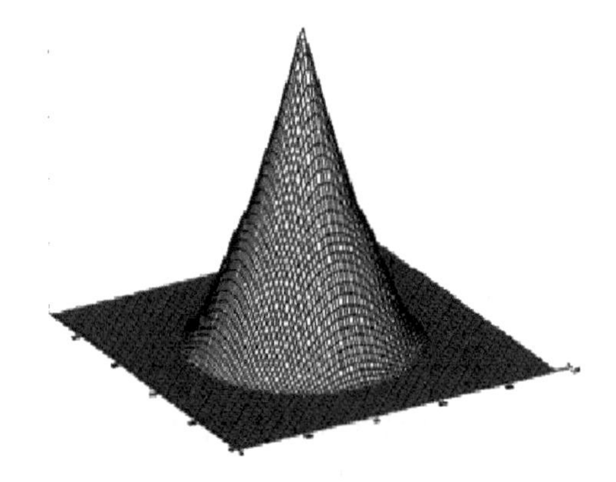

图 3-4 点扩散函数

3.2 人眼视觉特性

3.2.1 亮度感觉特性

人眼对于辐射功率相同而波长不同的光所产生的亮度感觉是不相同的。1933 年国际照明委员会经过大量实验和统计，给出人眼对不同波长光亮度感觉的相对灵敏度，称为相同视敏度。它的意义是：人眼对各种波长光的亮度感觉灵敏度是不相同的（如图 3-5 所示）。实验表明：在同一亮度环境中，辐射功率相同的条件下，波长等于 555nm 的黄绿光对人的亮度感觉最大，并令其亮度感觉灵敏度为 1；人眼对其他波长光的亮度感觉灵敏度均小于黄绿光（555nm），所以其他波长光的相对灵敏度 $V(I)$ 都小于 1。例如，波长为 660nm 的相对视敏度 $V(660)=0.061$，所以这种红光的辐射功率应比 555nm 的黄绿光大 16，才能给人相同的亮度感觉。当 $I<380\text{nm}$ 和 $I>780\text{nm}$ 时，$V(I)=0$，这说明紫外线和红外线的辐射功率再大，也不能引起亮度感觉（所以红外线和紫外线是不可见光）。这也是自然选择的结果，假如人眼对红外线也能反映，那么这种近似光雾的热辐射将会成为人们观察外部世界的一种干扰。

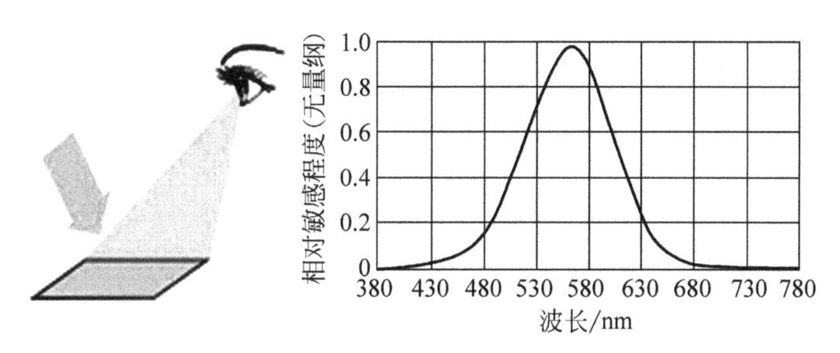

图 3-5 相对视敏函数曲线

3.2.2 光敏感特性

人类视觉系统能适应非常广的亮度范围，从非常暗到非常亮之间的范围可以达 12 级。人眼对外界物体的判别更大程度是依赖于物体与背景之间的对比度，而并不依赖于背景的绝对亮度。

经过对人眼的视觉特性和其工作机制的研究可知，频率和方向不同时，人眼对信息的敏感度都不一样。低频率下，信息敏感度相对于高频率要高，而在对角方向时，人眼对信息的敏感性最弱。在经过大量的研究和论证后，人们陆续给出了多种视觉心理模型刻画人类视觉感知特性。其中，比较著名的对比度敏感性函数（Contrast Sensitivity Function，CSF）模型由 Mannos 等人提出。CSF 能够将人眼对于空间频率的敏感特性进行很好的刻画。对比度敏感性函数又被称为空间调制转移函数（Modulation Transfer Function，MTF），它是描述空间频率的函数，表示为：

$$CSF(f)=\frac{D_O}{D_I} \tag{3-1}$$

其中，f 表示空间频率，单位为周/度（Cycles/Degree），D_O 和 D_I 分别表示输出对比度和输入对比度。Mannos 等人经过大量视觉感知的研究和实验，最终给出对比度敏感性函数（CSF）

的公式为：

$$CSF(f)=2.6(0.192+0.114f)\exp[-(0.114f)^{1.1}] \tag{3-2}$$

其中，空间频率 $f=\sqrt{f_x^2+f_y^2}$，f_x 和 f_y 分别表示水平方向的空间频率和垂直方向的空间频率。

图 3-6 描述了 CSF 与空间归一化频率之间的关系，从图中可以得出人眼视觉系统对较低或较高的空间频率不太敏感，而对 0.03～0.23 之间的空间频率（中频区域）最为敏感。CSF 具有带通滤波器的特性。在 0.2 左右时达到顶峰，这时人眼的敏感度最高，随着视觉刺激频率的上升或者下降，人眼的敏感程度迅速下降。

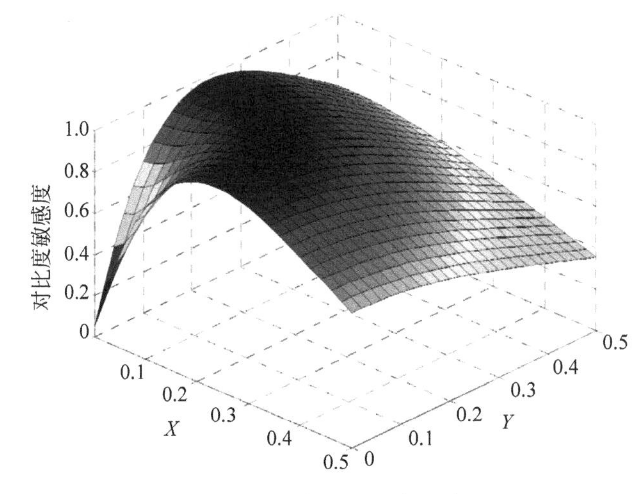

图 3-6　CSF 与空时频率的关系

Campbell-Robson 实验中的 CSF 图来解释这一特征，如图 3-7 所示，沿着水平方向，每一行像素值的强度按照正弦方式变化，同时图像的频率以对数形式增加，即具体变现为图中的每一个柱状条中间暗、两边亮，并且从左到右柱状竖条交替变化的速度上升；沿着竖直方向，从上到下图像对比度以对数形式逐渐上升，具体变现为柱状竖条从上到下和周围像素相比越发突出。假设人眼感知到的对比度和图像对比度相同，那么从左到右，人眼所看到的所有竖条都有着同样的高度。但是，人眼实际观测到的竖条高度中间部分的高于两边，符合 CSF 函数的形状，这就说明了频率这一因素影响了人眼对对比度的感知程度，即相比于高频处的失真，人眼对低频处的失真更加敏感。

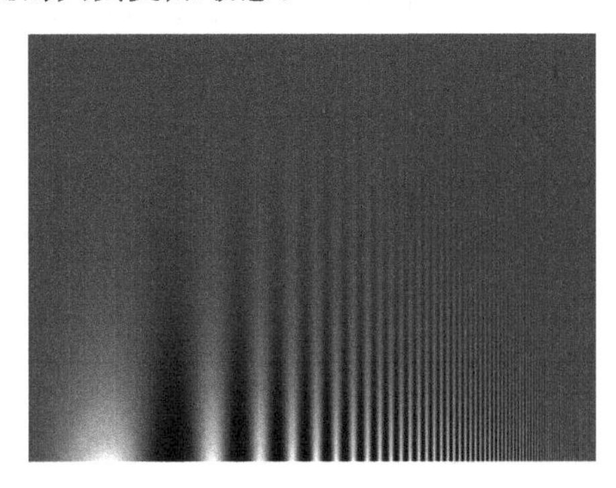

图 3-7　Campbell-Robson CSF 图

3.2.3 亮度自适应与亮点偏差感知

1. 亮度自适应

人眼对亮度的感知符合韦伯定律，可以用如下形式表示：

$$\frac{\Delta I}{I} = K \tag{3-3}$$

其中，I 代表背景的亮度，ΔI 代表人眼刚刚觉察到的前景相对于背景区域亮度的增量，两者的比值 K 是一个常量，这种现象叫做人眼的亮度自适应或者亮度掩盖，也就是说，背景区域的亮度影响了人眼对前景区域亮度刺激的判断。亮度自适应表明了人眼识别的是前景和背景之间的相对变化量而不是亮度的绝对值。

在图 3-8 中，中心四个方块的灰度值其实是一样的，但是由于背景颜色的不同，导致了人眼对其颜色的误判。同时，我们也会发现在几个亮度变化的方框交接边缘会有一种轮廓感，称为马赫带(Mach Band)效应，这是因为人类的视觉系统有增强边缘对比度的机制。

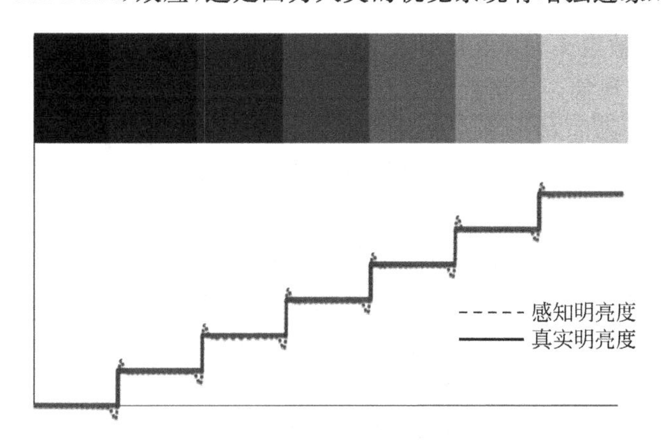

图 3-8　亮度敏感度和马赫带效应图示

2. 亮度偏差的感知

研究成果表明，人眼所能感觉到的最小亮度差与观察对象的背景有关，即视觉对亮度偏差的敏感程度随背景亮度变化呈非线性变化，总的来说，在高亮度背景区，人眼对亮度偏差的辨别力比在低亮度区要强。

如图 3-9 所示直观显示了视觉在不同背景条件下的感知差异，图 3-9(b)是将图 3-9(a)中的所有灰度级值加上 50 得到的，这等效于将原图像整体亮度提升了 50 个灰度级。从这两图对比可以看出，原图像中暗区不可见信息或难以分辨的信息(如人物衣服区域和墙上的部分文字)在亮背景下变得可见或更易辨别。但图像整体亮度的提升并没有改变原图像暗区灰度之间的偏差。

尽管人们很早就发现了亮度阈值效应，即人眼的分辨能力无法区分相邻的灰度级差别，只有当单个像素的灰度级其局部背景平均亮度的偏差超过某一阈值(通常阈值≥4)时，才能被人眼所感知，这一现象称为视觉的**亮度阈值效应**。当背景越暗时，人眼的感知能力越弱，随着灰度的增加，人眼的感知能力也迅速增强；直到灰度级在 90～160 之间时，人眼的感知能力达到最强，偏差大于 4 即可被感知，随后感知能力又慢慢随灰度级的增加而减弱。因此，如果将待增强图像的重要区域的灰度值大部分配置于人眼感知能力很强的灰度区域，同

(a) 原图

(b) 亮度增加50的图

图 3-9 视觉在不同亮度背景下的视觉差异

时将图像中灰度值较小的区域的灰度级拉伸，使其灰度级差别不那么接近，这样从理论上来说，图像增强效果会更好。但由于视觉机理太复杂，且和视觉心理有关，因此目前还没有建立一个精确的数学模型。

3.2.4 空间掩模与时间掩模

掩模(Masking)被定义为：当激励 A(通常称为掩模激励)存在时，造成人眼对激励 B 的感知被加强或减弱的现象。掩模特性是人眼多通道特性中的重要组成部分。

可以通过测量激励的对比度感知门限的变化来计算空间掩模效应，图 3-10 显示了对比度门限值随掩模激励对比度的变化曲线。其中，横坐标为掩模激励的对比度的对数值，纵坐标为激励对比度感知门限的对数值，C_{T0} 表示没有掩模激励存在时的对比度门限。当掩模激励对比度大于 C_{M0} 时，人眼对目标的对比度感知门限随掩模激励对比度的增大而增大，但是当掩模激励处于 C_{M0} 附近时，会产生两种情况：A 表示目标对比度感知门限上升；而 B 表示目标对比度感知门限反而下降，说明此时由于掩模的存在，使得目标更容易被人眼感知。

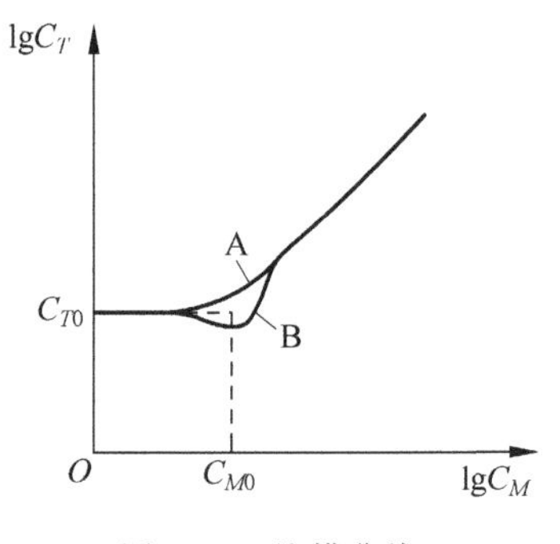

图 3-10 掩模曲线

时间掩模是指由于激励的时域不连续性而造成的视觉感知门限被改变的现象。研究表明，当视频帧从黑到白或从白到黑变化时，视觉对比度感知门限的上升会持续万分之几秒。研究认为，人眼对场景切换后的第一帧具有的失真感知能力会降低。

3.2.5 视觉注意机制

图 3-11 是几个视觉注意示例图，从图中可以非常明显地感受到视觉注意的存在。这三幅图像中，图 3-11(a)中的圆环、图 3-11(b)中的圆盘和图 3-11(c)中的线段会迅速引起人们的注意。之所以会出现这样的反应，正是由于视觉注意机制在发生作用。

Harris 认为"集中性"和"警觉性"是注意机制的最基本特征，并以此为基础，从功能上将视觉注意划分为 4 种类型：

- 选择性注意(Selective Attention)：用来选择部分视觉信息，以满足大脑有限的信息处理能力的需要；
- 分离性注意(Parsing Attention)：用来将目标与背景相分离，以便进行模式识别；

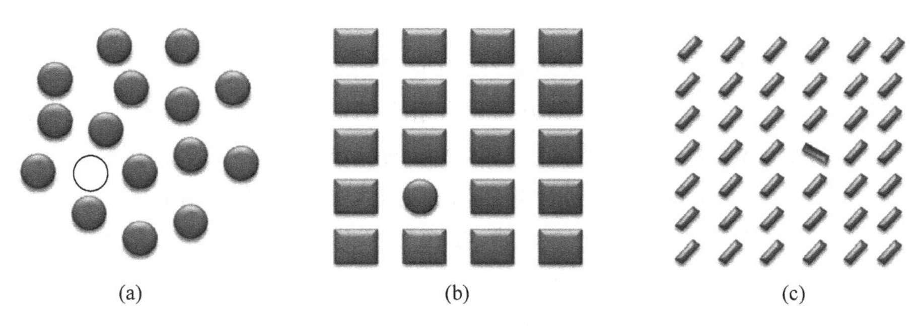

图 3-11 视觉注意的示例图

- 引导性注意(Directing Attention)：用来引导紧急中断、正常探测和维持关注等行为的切换；
- 警觉性注意(Alertness Attention)：用来唤醒潜在的视觉注意处理过程。

3.2.6 视觉掩蔽效应

当若干种不同的视觉刺激同时出现在人眼的视野当中时，其他刺激会对人眼对某一种刺激的感知程度产生影响，这一种现象叫做**掩蔽效应**。

掩蔽效应的强度可以用去掉和加上掩蔽信号这两种情况下，人眼对刺激信号的可见性差异来表示。如图 3-12 所示，左图为刺激信号，该刺激信号为均匀分布的高斯白噪声图像；右图为将白噪声图像与掩蔽图信号的合成图。通过对右图的观察我们可以发现，刺激信号在纹理区域明显减弱，例如图中女性的头巾处；而平坦区域的刺激信号强度较大，例如女性的面部。也就是说掩蔽信号影响了刺激信号对人眼的刺激作用，导致人眼对刺激信号的感知发生了变化。通常情况下，掩蔽效应在刺激信号和掩蔽信号两者的位置、频率、方向相同时达到最大。在图像质量评估时，根据掩蔽效应，如果失真发生在掩蔽位置时，该失真对人眼的影响较小；如果失真发生在其他位置时，该失真对人眼的影响较大。

图 3-12 掩蔽效应图示

1. 空间域中的掩蔽效应

视觉的大小不仅与邻近区域的平均亮度有关，还与邻近区域的亮度在空间上的变化(不均匀性)有关。假设将一个光点放在亮度不均匀的背景上，通过改变光点的亮度测试此时的视觉，人们发现，背景亮度变化越剧烈，视觉越高，即人眼的对比度灵敏度越低。这种现象称为空间域中的视觉的掩蔽效应。

2. 时间域中掩蔽效应

影响时间域中掩蔽效应的因素比较复杂，对它的研究还处于初始阶段。这里仅介绍一些实验结果，这些结果可能在数据压缩方面具有潜在的应用价值。实验表明，当电视图像序列中相邻画面的变化剧烈(例如场景切换)时，人眼的分辨力会突然剧烈下降，例如下降到原有分辨力的 1/10。也就是说，当新场景突然出现时，人基本上看不清新景物，在大约 0.5s 之后，视力才会逐渐恢复到正常水平。显然，在这 0.5s 内，传送分辨率很高的图像是没有必要的。研究者还发现，当眼球跟着画面中的运动物体转动时，人眼的分辨率要高于不跟着物体转动的情况。而通常在看电视时，眼睛是很难跟踪运动中的物体的。

3. 彩色的掩蔽效应

在亮度变化剧烈的背景上，例如在黑白跳变的边沿上，人眼对色彩变化的敏感程度明显地降低(见图 3-13)。类似地，在亮度变化剧烈的背景上，人眼对彩色信号的噪声(例如彩色信号的量化噪声)也不易察觉。这些都体现了亮度信号对彩色信号的掩蔽效应。

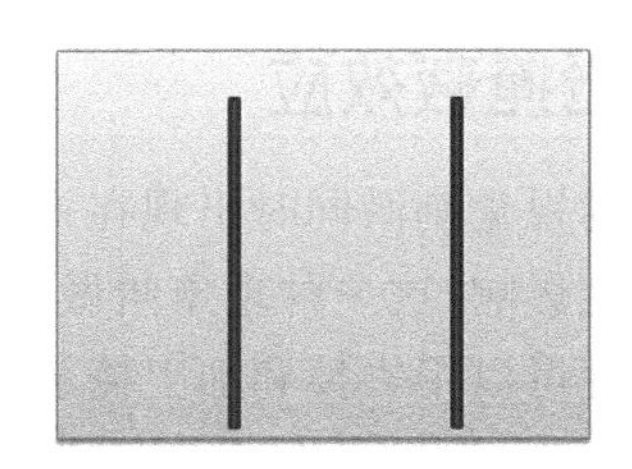

图 3-13 亮度信号对彩色信号的掩蔽效应示例

3.2.7 视觉暂留与闪烁

1. 视觉暂留

当一幅图像在眼睛中成像后，图像的突然消失并不会使视觉神经和视觉处理中心的信号也突然消失，而是发生一个按指数规律衰减的过程，信号完全消失需要一个相当长的时间。这是人眼具有的一种性质。人眼观看物体时，成像于视网膜上，并由视神经输入人脑，人才能感觉到物体的像。但当物体移去时，视神经对物体的印象不会立即消失，而要延续 0.1～0.4s 的时间，人眼的这种性质被称为“眼睛的视觉暂留”(又称“余晖效应”)。

例如，当人在黑暗中挥动一支点燃的香烟时，实际的景物是一个亮点在运动，然而看到的却是一个亮圈。视觉惰性现象已被人们巧妙地运用到电影和电视当中，使得本来在时间上和空间都不连续的图像，给人以真实的、连续的感觉。在通常的电影银幕亮度下，人眼的临界闪烁频率约为 46Hz。所以电影中，普遍采用的标准是每秒钟向银幕上投射 24 幅画面，而在每幅画面停留的时间内，用一个机械遮光阀将投射光遮挡一次，从而得到每秒 48 次的重复频率，使观众产生连续、不闪烁的亮度感觉。

图 3-14 是人眼视觉暂留现象的一个测试，请注视图形中央的 4 个黑点 15s 钟左右，然后对着白色的墙壁或天花板眨眼睛，你会看到什么？

图 3-14 人眼视觉暂留现象测试

2. 闪烁

如果让观察者观察按时间重复的亮度脉冲，当脉冲重复频率不够高时，人眼就有一亮一暗的感觉，称为闪烁；重复频率足够高，闪烁感觉消失，看到的则是一个恒定的亮点。闪烁感觉刚好消失时的重复频率叫做**临界闪烁频率**。脉冲的亮度越高，临界闪烁频率也相应地越高。人眼闪烁感的阈值大约是50Hz，即非连续发光的光源闪烁频率高于每秒钟50次时，人眼就会感觉该光源是连续发光，而不是间断闪烁的。因此，从消除图像闪烁的角度来看，图像的刷新(闪烁)频率必须达到50Hz以上。

3.2.8 视觉显著性

显著性(Saliency)的概念即是在人们研究人类视觉感知机制的过程中提出来的，可以简单描述为场景中元素吸引视觉注意力的能力。人类具有对视频内容进行迅速理解和分析的能力，之所以具备这种能力是因为HVS可以并行处理视频场景的各种初级特征，并且主动地将注意力集中到某一特定区域，也即是视觉注意焦点(Focus Of Attention，FOA)。而这种快速选择性关注感兴趣场景或者内容的现象称为HVS的视觉注意。研究人员对视觉注意的原理和工作机制进行了深入的研究并取得了大量的研究成果。图3-15给出了各种视觉显著性效果图。其中显著性图用灰度图像表示显著性强弱，灰度值越大表示该区域越容易引起人眼的注意，利用显著性图可以快速定位和处理图像中的显著区域。

图3-15 视觉显著性图效果

3.3 视频信号

视频信息在不同的设备间进行传输时，需要满足各种不同的要求，因此电视信号在近百年的时间里，发展出了各种不同的类型和实现技术，从应用角度来说，可以分为三大类：S-Video/CVBs模拟电视视频信号、VGA计算机视频信号和DVI数字视频信号。原理相似的S-Video模拟电视信号和CVBS模拟电视信号，在家用多媒体上应用比较广泛。而作为大多数桌面计算机的显卡输出的VGA信号更是经典的视频信号。

1. S-Video/CVBS和YPbPr模拟视频信号

S-Video模拟电视信号和CVBS模拟电视信号的原理相似，CVBS信号是一路模拟视频信号：把CVBS信号分离为亮度信号和色度信号，用两根信号线来分别输出Y(亮度)信

号和 C(色度)信号，就是 S-Video 信号。电视视频信号有很多种标准制式，包括 PAL 制、NTSC 制和 SECAM 制。

1) CVBS 信号

自然界的大多数色彩均可用 R、G、B 三基色来合成，但是彩色广播电视系统中，考虑到传输信道带宽的利用率、人眼的视觉特性以及与黑白电视的兼容性问题等，所选用的传输信号并非三个基色信号，而是经过转化后并代表彩色三基色参数的新的传输信号：一个亮度信号和两个色差信号。它们与三个基色信号之间存在如下关系：

$$\begin{cases} Y = 0.30R + 0.59G + 0.11B \\ (R - Y) = 0.70R - 0.59G - 0.11B \\ (B - Y) = -0.30R - 0.59G + 0.89B \end{cases} \tag{3-4}$$

在电视系统中，要求接收端与发送端的扫描点应有一一对应的几何位置，即同步，必须加入行、场同步脉冲，这样为了能够正确重现图像；为了使扫描逆程光栅不显示，还需要加入行、场消隐脉冲，使电子束在扫描逆程期间截止；在 NTSC 制、PAL 制和 SECAM 制三大电视制式中，为了实现色度信号的解调分离必须加入一个色度同步信号来传送同步检波所需副载波的频率、相位和逐行倒相信息。CVBS 是最早使用的视频输入信号，CVBS 信号就是包含有亮度信号、色差信号、复合同步信号、复合消隐信号和色度同步信号的复合视频信号，CVBS 信号必须经过亮、色分离，同步信号分离，色度信号分离处理才能还原为原来图像的 RGB 三基色信号。

CVBS 信号一般主要来源为电视广播、VCD 或 DVD 等家庭影院设备的 AV 端口输出的视频信号。

2) S-Video 视频信号

S-Video 在 CVBS 的基础上保持了亮度(Y)和色度(C)视频信号的分离，是指 CVBS 视频信号的信号源设备中被分离为亮度信号和色度信号，两者分别使用各自独立的传输通道进行传输，需要两根信号线来分别输出 Y 信号和 C 信号，避免了亮色信号的串扰，提高了图像清晰度；但色度信号中还是复合了两路色差信号 Cr、Cb，这样仍会带来一定的信号损失，同时也限制了色度信号的带宽。

而 CVBS 信号中的行/场同步信号、行/场消隐信号仍包含在亮度信号中，色度同步信号则包含在色度信号中。也就是讲，必须从 Y 中提取了同步信号和对 C 进行色差信号分离。S-Video 视频信号一般主要来源于 VCD 或 DVD 等家庭影院设备的 S 端口输出的视频信号。图 3-16 给出了 S-Video 连接器示意图；表 3-1 给出了 S-Video 工业标准 4 针连接器规格。

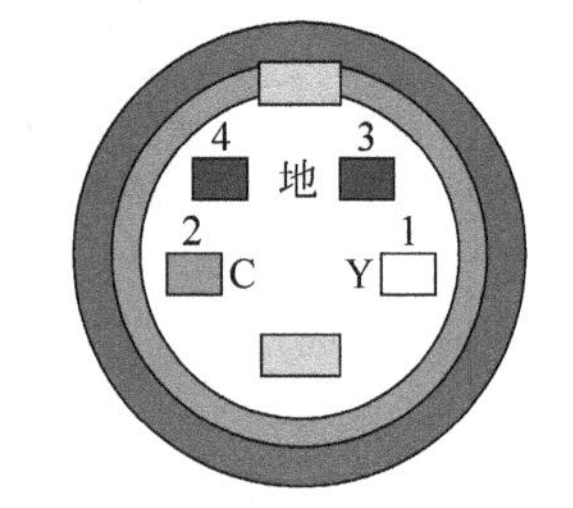

图 3-16 S-Video 连接器示意图

表 3-1 S-Video 工业标准 4 针连接器规格

插座号	信　号	信号电平/V	阻抗/Ω
1	地(亮度)	—	—
2	地(色度)	—	—
3	亮度(包含同步信号)	1	75
4	色度	0.3	75

3) YPbPr

YPbPr(色差)信号则是直接将蓝色色差 Pb、红色差 Pr 两个色差信号和灰度信号 Y 分别使用三根线来传输,而不必再将色差信号调制和复合为色度信号,图像效果得到进一步的提高。色差信号接口的种类有很多,各知名电器制造商都发展出了自己的色差视频信号接口,例如法国 Peritel 公司开发的 SCART 接口是欧洲用于卫星电视接收机、电视机、录像机及其他音视频设备上的互连互通接口,美国则使用 3RCA 色差分量接口以及 VGA 输出接口。

2. VGA 计算机视频信号

通常计算机内部处理的视频信号为数字信号,然而早期为了适应 CRT 显示器的要求,大多数的桌面计算机的显卡(显示适配器)输出的都是经 RAMDAC(视频模数转换器)转换的模拟信号,通过 D 形插头的 VGA 模拟接口输出模拟 RGB 视频信号,这种信号可称为 VGA 信号。VGA 是 IBM 在 1987 年随 PS/2 机一起推出的一种视频传输标准,具有分辨率高、显示速率快、颜色丰富等优点,在彩色显示器领域得到了广泛的应用。

计算机操作系统将要显示的图形数据通过内部图形数据总线交给图形引擎处理,处理后的数据利用 RAMDAC,产生模拟形式的 R、G、B 三基色,同时图形适配器的时序电路还将生成相应的行同步(水平同步)、场同步(垂直同步)信号。由于人们多是在近距离对计算机进行操作,所以其一般为逐行扫描方式工作。计算机内部是以数字方式进行数字图像处理的,所以计算机输出视频信号一般以屏幕分辨率和位分辨率来表示。对于所显示的显示标准(分辨率、场频),所需的信道带宽可由下式估算:

$$BW = H_p \times V_p \times R_f(1 + K_b) \tag{3-5}$$

其中,H_p代表水平像素的个数,H_p代表垂直像素的个数,R_f代表场频,K_b代表 1 秒内,消隐时间占显示时间的比率。根据该表达式和 VESA 监视器时序规范可以得出常见的显示格式的信道带宽(见表 3-2)。

表 3-2　VGA 视频信号格式

标准	分辨率	刷新率/Hz	行频率/kHz	点频/带宽/MHz
VGA	640×480	60	31.5	25.175
		72	37.7	31.500
		75	37.5	31.500
		85	43.3	36.000
SVGA	800×600	56	35.1	36.000
		60	37.9	40.000
		72	48.1	50.000
		75	46.9	49.500
		85	53.7	56.250
XGA	1024×768	60	48.4	65.000
		70	56.5	75.000
		75	60.0	78.750
		80	64.0	85.500
		85	68.3	94.500
SXGA	1280×1024	60	64.0	108.000
		75	80.0	135.000

3. DVI 数字视频信号

以 LCD、PDP、LED、OLED 等为代表的平板显示(包括数字投影仪)的蓬勃发展,对数字视频接口技术提出了迫切要求。1999 年 4 月,为了满足数字化时代高质量图形影像的要求,数字显示工作组(Digital Display Working Group,DDWG)以美国 Silicon Image 公司的专利技术为蓝本,推出了一种名为 DVI(Digital Visual Interface)的接口,旨在统一新时代数字显示接口标准。它是由 Intel、Silicon Image、Compaq、Fujitsu Limited、Hewlett-Packard Company、IBM、NEC 合作提出的一种数字视频接口标准。

DVI 是基于 TMDS(Transition Minimized Differential Signaling),转换最小差分信号技术来传输数字信号,TMDS 运用先进的编码算法把 8bit 数据(R、G、B 中的每路基色信号)通过最小转换编码为 10bit 数据(包含行场同步信息、时钟信息、数据 DE、纠错等),经过 DC 平衡后,采用差分信号传输数据,和 LVDS、TTL 相比,它有较好的电磁兼容性能,可以用低成本的专用电缆实现长距离、高质量的数字信号传输。数字视频接口(DVI)是一种国际开放的接口标准,在 PC、DVD、高清晰电视(HDTV)、高清晰投影仪等设备上有广泛的应用。

为达到高清晰度显示要求,扫描一般采用 1080i@60Hz 格式(即隔行扫描,行频为 33.75kHz,场频为 60Hz,像素频率为 74.25MHz),实际应用中为减少行频变换,所有的视频输入格式(如 480P、576P、720P 等)通过格式变换(Scale 和 De-interlace 等)都统一转换为 1080i@60Hz 格式输出,即多频归一。

DVI 接口在传输数字信号时又分为单连接(Single Link)和双连接(Dual Link)两种方式。单连接 DVI 接口的传输速率只有双连接的一半,为 165MHz/s,最大的分辨率和刷新率只能支持到 1920×1200 像素,60Hz。至于双连接的 DVI 接口,支持到 2560×1600 像素、60Hz 模式,也可以支持 1920×1080、120Hz 的模式。液晶显示器要达到 3D 效果必须拥有 120Hz 的刷新率,所以 3D 方案中,使用 DVI 时,必须要使用双连接的 DVI 接口的 DVI 线。

DVI 接口存在的主要问题如下。

(1) DVI 接口考虑的对象是 PC,对于平板电视的兼容能力一般。

(2) DVI 接口对影像版权保护缺乏支持。

(3) DVI 接口只支持 8bit 的 RGB 信号传输,不能让广色域的显示终端发挥最佳性能。

(4) DVI 接口出于兼容性考虑,预留了不少引脚以支持模拟设备,造成接口体积较大,效率很低。

(5) DVI 接口只能传输图像信号,对于数字音频信号的支持完全没有考虑。

DVI 接口已经不能更好地满足整个行业的发展需要。因此,无论是 IT 厂商,平板电视制造商,还是好莱坞的众多出版商,都迫切需要一种更好的能满足未来高清视频行业发展的接口技术,也正是基于这些原因,才促使了 HDMI 标准的诞生。

4. HDMI 数字视频信号

高清晰度多媒体接口(High Definition Multimedia Interface,HDMI)是一种数字化视频/音频接口技术,是适合影像传输的专用型数字化接口,其可同时传送音频和影像信号,最高数据传输速度为 4.5GB/s,同时无须在信号传送前进行数/模或者模/数转换。HDMI 可搭配宽带数字内容保护(HDCP),以防止具有著作权的影音内容遭到未经授权的复制。HDMI 所具备的额外空间可应用在日后升级的音视频格式中。而因为一个 1080p 的视频和一个 8 声道的音频信号需求少于 0.5GB/s，因此 HDMI 还有很大余量。

5. DP 数字视频信号

2006 年 5 月，视频电子标准协会确定了 1.0 版标准，并在半年后升级到 1.1 版，提供了对 HDCP 的支持，2.0 版也计划在今年推出。作为 HDMI 和 UDI 的竞争对手和 DVI 的潜在继任者，DP(DisplayPort)赢得了 AMD、Intel、NVIDIA、戴尔、惠普、联想、飞利浦、三星等业界巨头的支持，而且它是免费使用的。DP 接口最长外接距离能够达到 15m，速率能够达到 10.8Gb/s，能够支持 2560×1600 像素分辨率以及 30/36bit 的色深。它还允许音频和视频信号共用一条线缆传输，支持多种高质量数字音频。它除了 4 条主传输通道外，还提供了一条功能强大的辅助通道，带宽为 1Mb/s，最高延迟仅为 500μs，可实现多种功能。目前 DP 接口 1.3 标准，速度能达到 21.6Gb/s，分辨率可直接支持达到 4K，主要应用于 PC、4K 显示器。

3.4 电视视频信号的制式

3.4.1 NTSC 制

NTSC 是 National Television Systems Committee(国家电视制式委员会)的缩写词，按色度信号构成的特点又称为正交平衡调幅制。NTSC 是 1953 年美国研制成功的世界上第一种兼容制彩色电视制式。

NTSC 彩色电视系统是单通道电视。亮度、色度和同步信息被适当组合，以便通过原来为黑白电视传送规定的 6MHz 的 RF 通道发射。此原理使用了宽带(4.2MHz)亮度信号和两种窄带色度信号 I、Q。NTSC 编码器处理宽带亮度信号和两个带宽不等的窄带色差信号。色差信号的宽带分别是 1.5MHz 或 0.5MHz。两个色差信号均对频率相同的两个副载波进行调制，两个副载波信号的相位相差 90°。由于这两个副载波相位相差为 90°，所以调制这两个载波的原始信号可以在没有串扰的情况下用同步检波电路还原。两个副载波可共用同一个晶体振荡器。使用的调制类型是正交平衡调幅。为了实现色度信号和亮度信号的频谱分离，色度副载波的频率是半行频的奇数倍，即 $f_{sc}=455\times f_H/2\approx 3.58$MHz。此外，NTSC 制的副载波的频率和相位可通过其色同步信号来获取，NTSC 制大多是采用 525 行、60Hz 的扫描方式。

3.4.2 PAL 制

PAL 是 Phase Alternation Lines(相位逐行交变)的缩写词，1967 年德国研究出一种 PAL 制，来克服 NTSC 制对相位失真敏感性。按其色度信号的特点，PAL 制又称作逐行倒相正交平衡调幅制。它是基带视频带宽为 5MHz、5.5MHz 或 6MHz，并采用 7MHz 或 8MHz 射频通道发射的。根据所使用的传送系统，PAL 制系统分别标识为 B-PAL、D-PAL、G-PAL、H-PAL 和 I-PAL。这些不同的 PAL 方案间的主要差异是发射所占用的带宽和两个载波频率之差不同。除这些兼容的 PAL 方案外，还有两种不兼容的 PAL 制方案。它们是：主要在巴西使用的 525 行/60Hz 方案，称为 M-PAL；主要在阿根廷使用的 625 行/50Hz 窄带方案，称为 N-PAL。

PAL 制的编码器处理宽带亮度信号和两个等宽的窄带色差信号、色度信号称为 U 和

V。V 的极性逐行反相。PAL 色度信号中的 u 频谱和 v 频谱错开半行频，使得副载频不能采用同 NTSC 制一样的半行频间置，为了使其亮度信号频谱能与色度信号频谱交错，色度副载波的频率选用 1/4 行频间置和帧频偏置的组合，频率为

$$f_{sc} = (284 - 1/4) f_H + 25 \approx 4.43\text{MHz}$$

PAL 制的副载波的频率和相位可通过其色同步信号来获取。色同步信号是一个具有 10 个周期的正弦波的脉冲信号，在行消隐期间的行同步脉冲之后。色同步信号的相位在正负 135°间交替。在垂直消隐的 9 行期间不发射色同步信号。PAL 制采用 625 行、50Hz 的扫描方式。

3.4.3 SECAM 制

SECAM 是顺序传送彩色与存储的法文的缩写词。SECAM 系统使用完全不同的方法传送彩色信息，它不断地传送亮度信息，并逐行交换顺序以传送两路色差信号。SECAM 系统不是对两色差信号进行正交平衡调制，而是采用频率调制。

SECAM 编码器处理一个宽带亮度信号和两个等带宽的窄带(1.5MHz)色差信号。另外，SECAM 色度调制信号在传送之前被加重，色同步信号在场消隐期间传送。表 3-3 描述了常用标准模拟视频格式的一些特征。

表 3-3 常用标准模拟视频格式

格式	应用国家和地区	模式	信号名称	帧速率，即扫描速度/(帧·秒$^{-1}$)	垂直分辨率	行速率/(线·秒$^{-1}$)	图像尺寸(宽×高)像素
NTSC	北美洲、中美洲、日本	单色	RS-170	30	525	15750	640×480
		彩色	NTSC Color	29.97	525	15734	
PAL	欧洲(除法国)、澳大利亚、非洲与南美洲部分地区	单色	CCIR	25	405	10125	768×576
		彩色	PAL Color	25	625	15625	
SECAM	法国、东欧、俄罗斯、中东与非洲部分地区	单色		25	819	20475	N/A
		彩色		25	625	15625	

3.5 电视信号原理

不论采用何种电视接口，模拟视频信号中都必然包含了构成视频图像所需的全部信息，这些信息是如何用信号表示、又以何种方式传送和恢复的，这将是本节重点介绍的内容。本节将通过复合视频信号对模拟视频信号结构做详细介绍，并以 NTSC 制和 PAL 制信号为例阐述模拟视频信号的生成与接收机制。

视频信号的主要构成信息包括灰度信息、色度信息、扫描同步信息和消隐信息，灰度信息包含的是黑白图像信息，色度信息携带着图像的色彩信息，扫描同步信息用于确保图像行和场的正确分布，消隐信号则用于保证消除扫描逆程中的回扫线。

下面将分别对这四个信号进行详细的介绍。图 3-17 给出了视频系统基本组成。

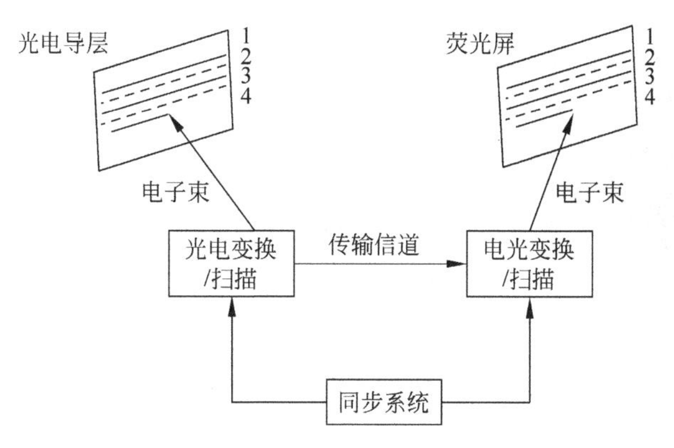

图 3-17 视频系统基本组成

1. 灰度信息

黑色到白色之间的过渡色称为灰色,灰度就是图像像素点灰色信息在这一范围内所达到的层次。灰度信息就是图像的黑白影像信息,有时也称为亮度信息。通过对影像自上至下自左至右的扫描,再由摄像管将明暗不同的影像经过光电转换而得的电信号就是图像的灰度信号。

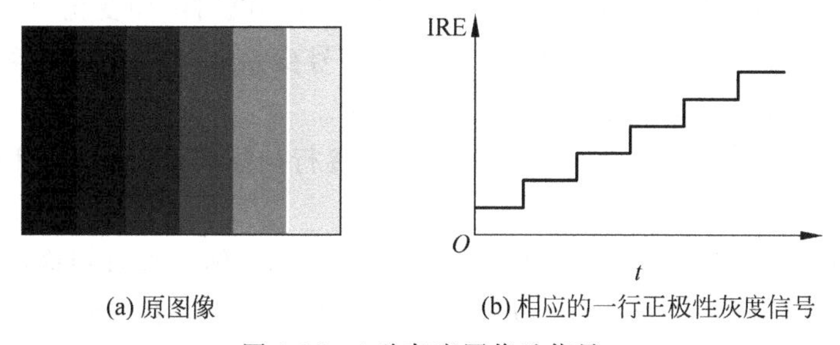

(a) 原图像　　(b) 相应的一行正极性灰度信号

图 3-18 6 阶灰度图像及信号

从如图 3-18 所示的图像信号可知,当图像最亮(白色)时,对应的电压信号幅度最大,这种信号称为正极性图像信号;若图像最暗时,对应的电压信号幅度最大,则称为负极性图像信号;如图 3-18(b)所示为图 3-18(a)所示图像一个扫描行正程内的信号波形,完整的灰度信号中包含了许多这样的信号行。图中纵轴的单位 IRE(Institute of Radio Engineers)是广播工程协会的缩写,也是电视信号亮度的单位,它规定了一个 0～100 之间的标度范围,用于定义广播电视信号的亮度级别。从低到高的 IRE 值表示视频信一号递增的亮度级。IRE 规格规定,0IRE 表示消隐信号(Blanking),100IRE 则表示最亮的亮度顶点。

在黑白电视中,图像信号是携带图像明、暗(白、黑)信息的电信号,它是通过扫描把图像上不同明暗的像素分布变换成强弱随时间变化的电信号。图像信号有正极性和负极性两种。白电平高、黑电平低的图像信号称为正极性图像信号;反之,黑电平高、白电平低的图像信号称为负极性图像信号。如图 3-19 所示。

2. 色度信息

根据人眼对亮度的分辨力高于对色彩的分辨力这一特点,通常只使用一个较窄的频带传送色度信号,传送的基色信息仅包含较低的频率成分,图像的高频成分(图像的细节)则由亮度信号补充,以此达到压缩频带的目的。此外,选择传送色差信号的另一原因在于,在传输系统是线性的前提下,可以证明,当代表色度信息的色差信号受到了干扰或产生失真时,

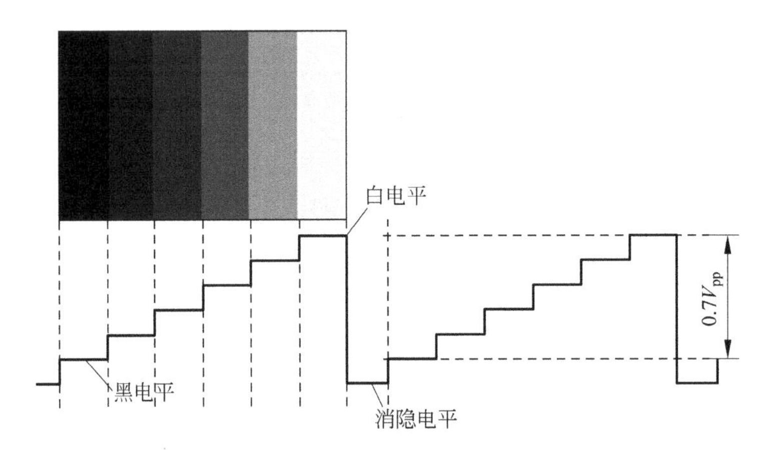

图 3-19 黑白电视中的图像信号

不会影响接收端重现图像的亮度，这称为**恒定亮度原理**。

3. 扫描(空间频率与时间频率的转换)

在摄像管和显像管中，电子束都是以某种周期规律在光电导层和荧光屏上来回地运动，这一过程就是电子扫描，从而完成由空间分布的像素变为随时间而变化的电信号。同时，显示器也利用电子扫描把所接收的随时间变化的电信号变换成空间分布的像素(与发送时的空间排列规律相同)，从而复合成一幅完整的光图像。

根据扫描的路径来区分，电子束的扫描可分为逐行扫描和隔行扫描两种方式。

1) 逐行扫描

逐行扫描是指电子束按一行接一行的规律，从上到下(称为垂直扫描或场扫描)地对整个一幅(帧)画面进行扫描的方式。而从左到右扫描称为水平扫描，也叫行扫描。逐行扫描中，帧和场是一个概念，帧频即场频。

将一个正程(从屏幕的最左端扫描到最右端)和逆程所用的时间称为扫描周期，用 T_H 表示，由此可以得出行扫描频率(行频) f_H：

$$f_H = \frac{1}{T_H} \tag{3-6}$$

场扫描过程也可分为场正程和场逆程。场正程是指电子束均匀地从屏幕的最上方扫描到最下方的过程。场逆程则是指从屏幕的下方又返回到最上方的过程，可见，整个场扫描所用的时间包括场正程和场逆程的时间，通常用 T_v 表示，如图 3-20 所示，要求逆程所用的时间较少。场扫描频率(场频)为：

$$f_v = \frac{1}{T_v} \tag{3-7}$$

可见，场扫描频率是场扫描周期的倒数。在逐行扫描过程中要求一场的扫描行数必须是整数，即 $T_v = nT_H$，其中 n 为整数，代表每场中所包含的扫描行数，由此可以得到场频与行频之间的关系：$f_v = nf_H$。

2) 隔行扫描

事实上，由于人眼具有一定的视觉惰性与分辨力，为保证观众能够清楚地看到显示屏上的图像，每秒内显示器上的图像至少要刷新 48 次，每幅图像扫描行不能少于 500 行，根据上

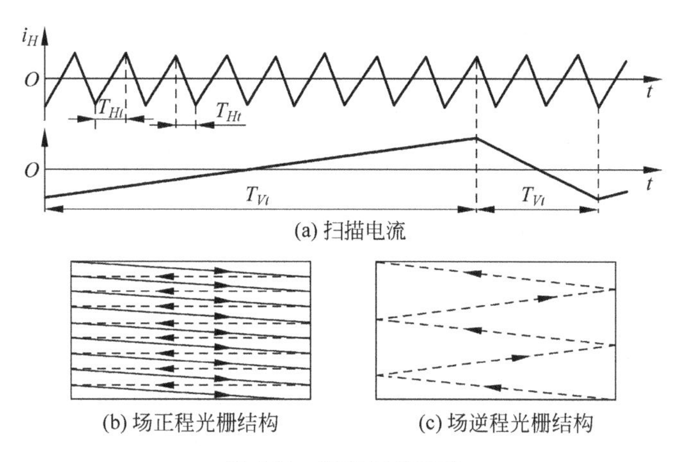

(a) 扫描电流

(b) 场正程光栅结构　　(c) 场逆程光栅结构

图 3-20　逐行扫描过程

述指标计算出的电视信号频带非常宽，这会大大提高电视传输设备的成本。

于是人们就提出了隔行扫描的方式，隔行扫描是将一帧电视图像分成两场进行扫描，第一场扫出光栅的 1，3，5，…奇数行，第二场扫第 2，4，6，…偶数行，包含奇数行信息的场称为奇数场，包含偶数行信息的场称为偶数场；这样，每帧图像经过两场扫描，所有像素完全扫完，既保证了扫描行数和场频，又降低了信号带宽。如图 3-21 和图 3-22 所示。

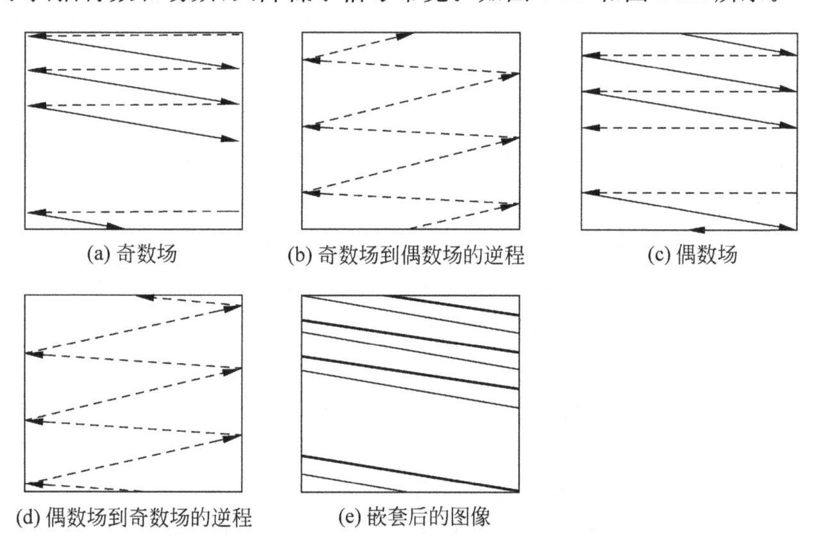
(a) 奇数场　　(b) 奇数场到偶数场的逆程　　(c) 偶数场

(d) 偶数场到奇数场的逆程　　(e) 嵌套后的图像

图 3-21　隔行扫描光栅示意图

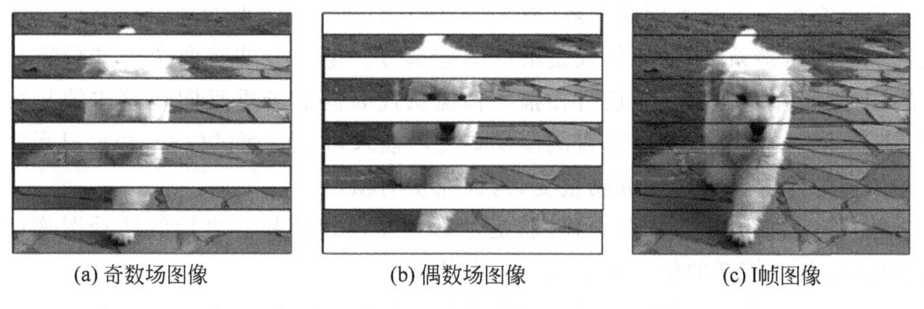
(a) 奇数场图像　　(b) 偶数场图像　　(c) I帧图像

图 3-22　隔行扫描

4. 扫描同步信息和消隐信息

1）行同步信号与场同步信号

图像信息是二维信息，而电视信号是一维信号，由图像到信号的过程是依靠扫描完成的。通过对图像自上而下、每行依次从左到右的扫描，由点到面，将二维图像每一点的信息采集下来转换为一系列有序的一维信号。

对电视接收机来说，图像在显示屏上能够停留的时间很短，而人眼对图像的捕捉速度又有限，因此，要看到显示屏上的影像，显示器就必须不停地对影像进行连续不断的刷新。电子束从显示屏上方至下方扫描一个来回称为一个场，包含了一次完整的图像刷新所需信息的信号就称为异常信号。

所以，为保证在电视信号接收端能够准确地辨识出图像的行和场的位置，就需要在电视信号中加入扫描同步信息，保证每行图像信号到达之一前都会先有一个行同步信号到达，同样地，每一场信号开始前也会有一个场同步信号。需要说明的是，行扫描同步信号和场扫描同步信号，包括消隐信号在内，都只是作为位置识别信息存在的，并不直接用于生成扫描信号。接收端的扫描信号，是根据已知的电视制式标准信息、由专门电路产生的，同步信息只是起到在时域上对扫描信号定位的作用。

2）开槽脉冲与前后均衡脉冲

开槽脉冲与前后均衡脉冲都是为了解决视频显示设备中扫描信号发生电路不稳定的情况而加入的同步脉冲，这些不稳定情况都是对于使用模拟手段处理电视信号的设备而言的，对数字处理设备来说没有特别的意义，这里仅作简单介绍。

因为场同步脉冲持续的时间较长，由于在这段时间内没有行同步信息，行扫描信号发生器的振荡器将处于无控制的状态，于是在场同步结束后(即下场图像信号到来之际)，行扫描信号生成电路要经过较长时间才能恢复同步，这将影响图像上边沿部分的显示质量。为避免上述情况，可在场同步脉冲期间插入若干小脉冲，并保证这些小脉冲的触发沿与原来行同步脉冲触发沿相位一致，以此起到在场同步脉冲期间代替行同步脉冲的作用，消除图像上边沿的不同步现象。这些小脉冲就是开槽脉冲。

3）消隐信息

显示器的显像管电子束在行逆程和场逆程中都应保持停止发射状态，以保证在电子束回扫的过程中荧光屏上不会出现干扰影像。

为达到上述目的，在行逆程和场逆程期间，要保证图像信号电平不在图像显示电平范围内或等于黑色电平，这样的图像信号电平就称为消隐电平。消隐信号脉冲的宽度通常等于或略大于扫描逆程时间，复合视频信号还利用行、场消隐期间传送行、场同步信号。图 3-23 给出了彩色电视系统的水平消隐间隔，图 3-24 给出了一个行周期的黑白全电视信号。

电视能够显示整条线，而不仅仅是活动图像部分。电视并非将两个场进行隔行扫描得到完整的图像帧，而是对整个帧逐行扫描。扫描从代表偶数场垂直同步模式的几行开始扫描(从上到下逐行)，在偶数场的垂直同步模式之后插入可选的测试信号，最后显示实际的奇数场活动图像。这个过程对偶数场重复，构成完整的帧。

大多数行从水平同步脉冲开始，随后是色彩突发模式信号。之后的活动图像(或 ITS)显示强度变化，其中较高的信号电平代表更高的亮度。

图 3-25 显示了对构成完整 NTSC 帧的 525 行进行扫描的结果。图 3-25 是一个灰度图

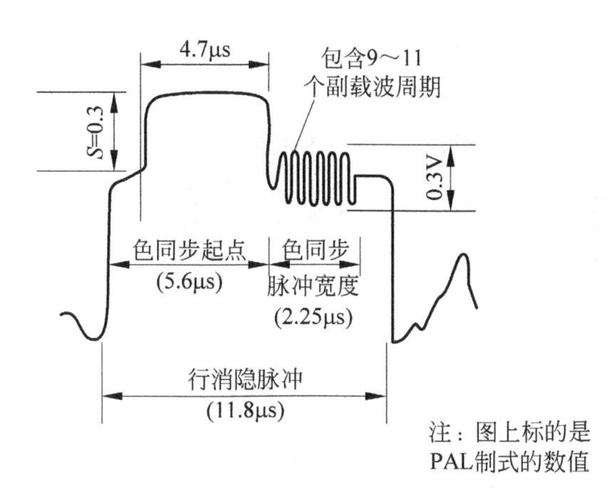

图 3-23　彩色电视系统的水平消隐间隔

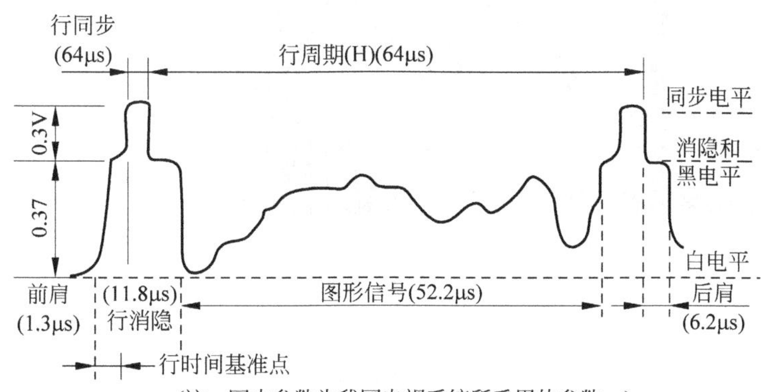

图 3-24　一个行周期的黑白全电视信号

像，它代表了原始视频波形的强度图。位于图 3-25 底部的提取谱线轮廓显示了从偶数场提取的活动视频信号行。水平同步脉冲一般是简单的负脉冲，这些脉冲电平低于亮度信号电平。但是，垂直同步信号由分步在多行上的脉冲序列构成，脉冲序列对于奇数场和偶数场而言是不同的。色彩信息嵌入到这个波形中，还没有进行编码。可以看到左边的信号色彩突发。点状模式代表了正弦节拍的强度图，构成色彩突发波形。在解码之后，色彩突发看上去像是单色的表面(如果在电视显示器上可见)。

5. 电视信号频谱

电视系统是通过行、场扫描来完成图像的分解与合成的，尽管图像内容是随机的，但电视信号仍具有行、场或帧的准周期特性。

通过对静止图像电视信号进行频谱分析可知：它是由行频、场频的基波及其各次谐波组成的，其能量以帧频为间隔，对称地分布在行频各次谐波的两侧。而对于活动图像的电视信号，其频谱分布为以行频及其各次谐波为中心的一簇簇连续的梳状谱，如图 3-26 所示。视频图像信号的能量主要分布在行扫描频率 f_H 及其各次谐波 nf_H 上。而在两相邻频率之间的能量则很微弱，以至于可以将其看成是空白的。由于 U 和 V 色差信号是 R、G、B 的线性组合，因此频谱遵循同样的规律。

根据视频信号的频谱特点。若选择数值为半行频奇数倍的副载频 f_{sc}，即使 $f_{sc}=(2n+1)$

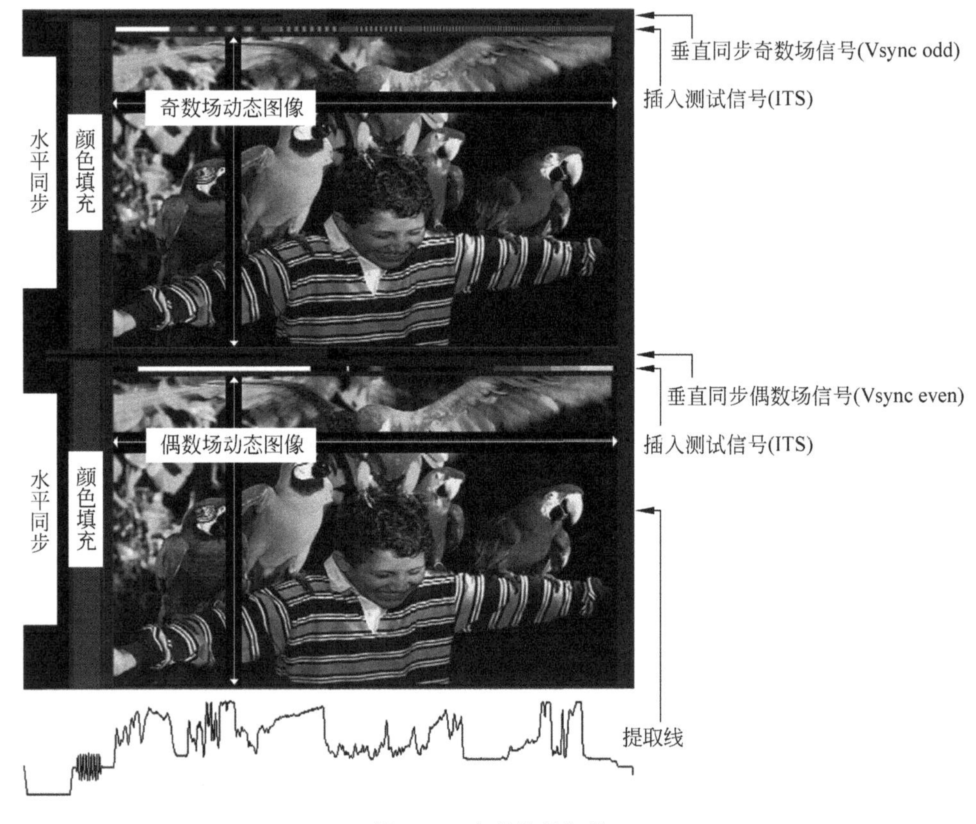

图 3-25 完整的帧扫描

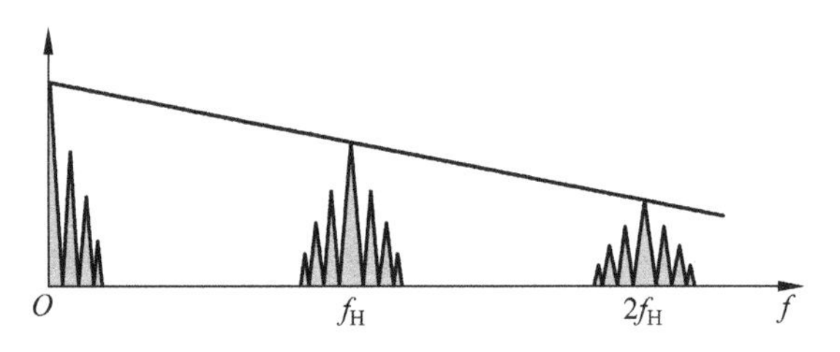

图 3-26 活动图像电视信号频谱

$f_H/2$,用 f_{sc} 来将两个色差信号进行频谱搬移,然后再与亮度信号 Y 叠加在一起,色度信号的能量则刚好落在亮度信号频谱的空白处,如图 3-27 所示,这就是亮度信号与色度信号按频谱交错间置的共频带传送基本原理。

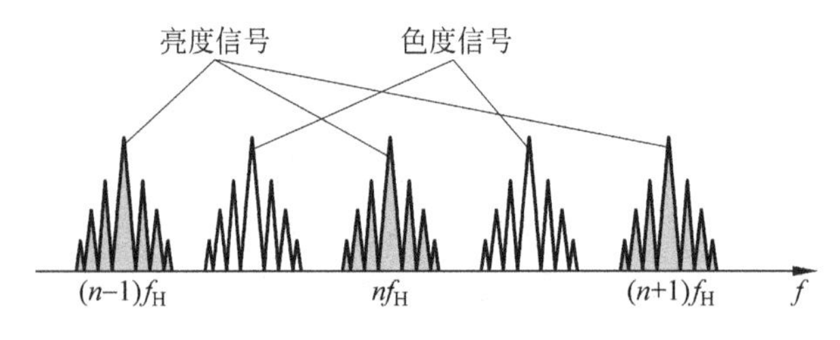

图 3-27 亮度信号与色度信号的频谱交错原理示意图

选择 f_{sc} 时的另一个需要考虑的问题是，在色度信号不超出 Y 信号的上限频率的前提下，将 f_{sc} 的数值尽量选高，如图 3-28 所示。因为 f_{sc} 越高，它对 Y 信号的干扰光点越细，能见度越低。另外，还要考虑到接收机中可能出现的副载频与伴音载频 f_s 之间的差拍干扰。为此要求 f_{sc} 与 f_s 之间的差拍频率($f_{sc}-f_s$)也等于半行频的奇数倍，以降低干扰点的能见度。

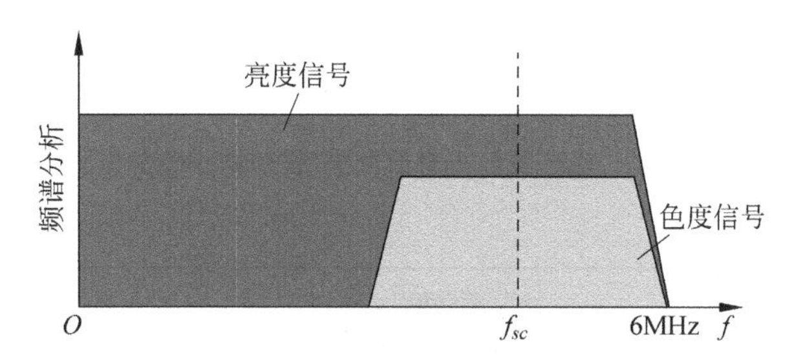

图 3-28 共频带的亮度信号和色度信号频谱示意图

由于副载频只有一个即 f_{sc}，而作为调制信号的色差信号则有两个 U 和 V，因此，需对同载频的两个不同相位进行两相调制。在 NTSC 和 PAL 制中是将色差信号 U 和 V 调制在载频 f_{sc} 的两个正交相位上，因此叫**正交调制**。

亮、色信号同频带传送所带来的最大问题是两者之间的干扰，为了降低这种干扰，需最大限度地抑制已调色差信号中不携带信息的功率，因此彩色电视中采用平衡调制的方法，将已调波中的载频分量抑制掉，抑制掉载频后的色差信号的平衡调幅波可表示为：

$$\begin{aligned} u &= k_1(B-Y)\sin 2\pi f_{sc}t = U\sin 2\pi f_{sc}t \\ v &= k_2(R-Y)\cos 2\pi f_{sc}t = U\cos 2\pi f_{sc}t \end{aligned} \tag{3-8}$$

在频率域内，Y、U、V 三个信号是交错间置的，而在时间域内，Y、U、V 是叠加在一起的，再加上各种复原图像所需的同步信号，最终形成的信号称为全彩色电视信号，它们的带宽就是原黑白电视所占用的带宽。

6. 复合视频信号

同步信号、消隐信号、灰度信号与色度信号通过一定的标准和方式结合在一起，就形成了彩色复合视频信号(Composite Video Signal)，或者称为全电视信号。

单色复合信号是由两个成分组成的：亮度和同步。图 3-29 显示了这个信号(通常成为 Y 信号)。色彩信号通常被称为 C 信号，在图 3-30 中示出；复合彩色视频信号通常成为彩色视频、消隐与同步(CVBS)信号是 Y 与 C 之和，如图 3-31 所示。

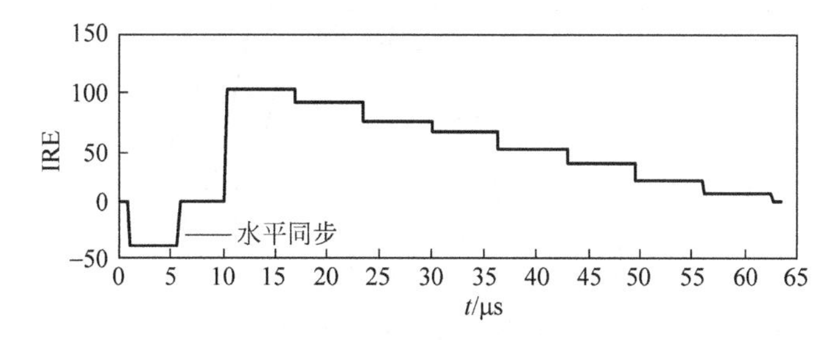

图 3-29 单色复合视频信号(亮度从白过渡到黑)

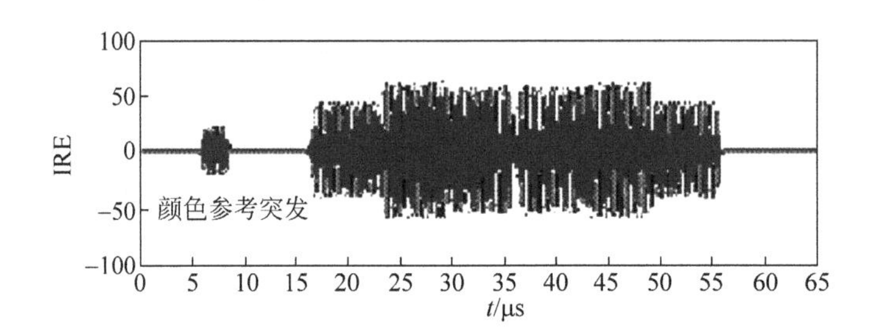

图 3-30 彩色条的色彩信息信号(包括颜色突发)

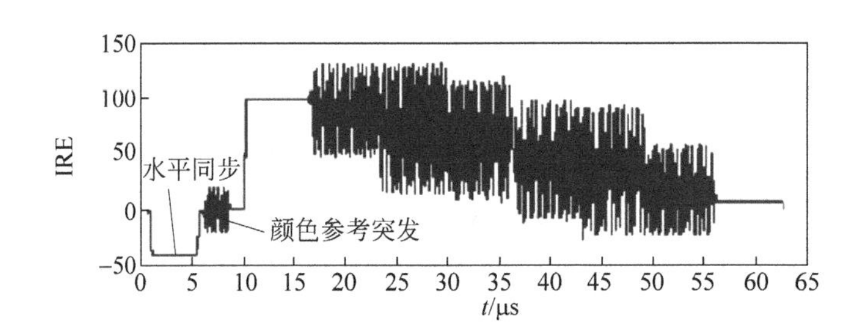

图 3-31 彩色条的彩色复合视频信号

对于复合视频信号来说,色度和亮度信号必须叠加后通过同一信道传输,但由于两者在频域和时域上重叠,直接叠加必然造成相互串扰。因此必须使用一定的手段,保证在接收机中能够将色度信号与亮度信号分开。通常的办法是利用频谱间置原理,对两个色差信号进行调制使色度信号的频谱与灰度信号的频谱错开后,再与灰度信号相叠加。不同的电视制式采用的调制方式会有所不同。

由于电视信号是以一定的行频扫描图像而成的,使得图像信号频谱呈现为主频线间有很大空隙的梳齿状的离散谱,且主频线间的间隔宽度为扫描行频。利用电视信号的这一特性,将色度信号安插在这些梳齿的空隙之间(即将色度信号的频谱移动到半行频附近位置上),使得色度信号既不必占用额外的频带,又避免了与灰度信号间的干扰,这就是频谱间置原理,如图 3-32 所示。

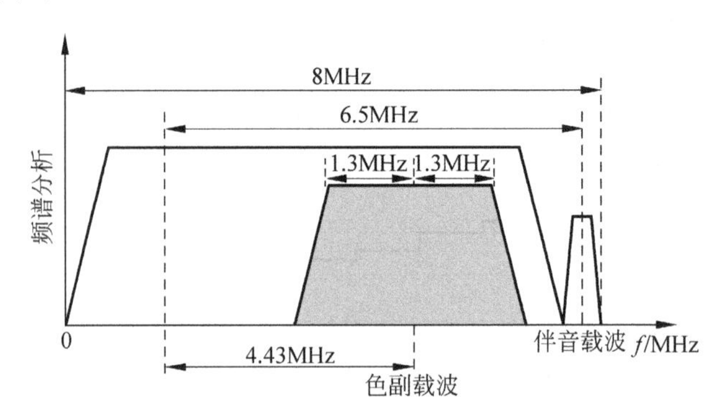

图 3-32 PAL 彩色电视发射的电视信号频谱

习题三

3-1 简述人类视觉信息处理系统的组成。

3-2 试描述对比度敏感性函数与空间归一化频率之间的关系。

3-3 简述马赫带效应的形成机理。

3-4 人的注意机制的最基本特征是什么？从功能上划分，视觉注意有哪几种类型？

3-5 DVI接口的主要问题有哪些？

第4章 色彩与多媒体颜色管理

CHAPTER 4

颜色是通过眼、脑和我们的生活经验所产生的一种对光的视觉效应，肉眼所见到的光线称为可见光，是由波长范围很窄(为400～700nm)的电磁波产生的，不同波长的电磁波表现为不同的颜色。人对于色彩的辨认是肉眼受到电磁波辐射能刺激后所引起的一种视觉神经的感觉。

颜色信息作为一种直观的、形象的心理物理刺激在信息科学领域占有相当重要的地位，与国民经济的发展、文化事业的繁荣和人民生活质量的提高有着千丝万缕的关系。颜色不仅可以刺激或愉悦我们的视觉感官，同样也可以刺激或抑制我们的其他感官，如人们根据颜色的喜好来选购服装、鞋帽及其穿着搭配，也根据颜色来判断食物(包括蔬菜、水果、饮料、食品)的新鲜程度和营养成分等。

在信息处理中，颜色常与视频或图像同时存在，随着人们生活水平的不断提高，没有颜色或颜色不纯正的视频和图像是无法接受的，因此，多媒体通信系统中的色彩保真度就成为日益严重的问题。

4.1 色彩的形成原理和描述方法

4.1.1 光源、物体和人眼的颜色视觉

光源、物体和人眼是构成颜色的三个要素。这三个要素的综合作用才能在我们的大脑中形成颜色感觉，三者缺一不可，如图4-1所示。光源发出的光线照射到物体上，物体吸收一部分光线并将其转化为热能，同时反射一部分光线，被物体反射的这部分光线进入人眼，通过视觉神经系统传输到大脑，形成颜色感觉。正因如此，盲人会因眼疾而无法感知颜色，视觉正常的人在漆黑的夜晚因缺少光线也无法感知周围的颜色。

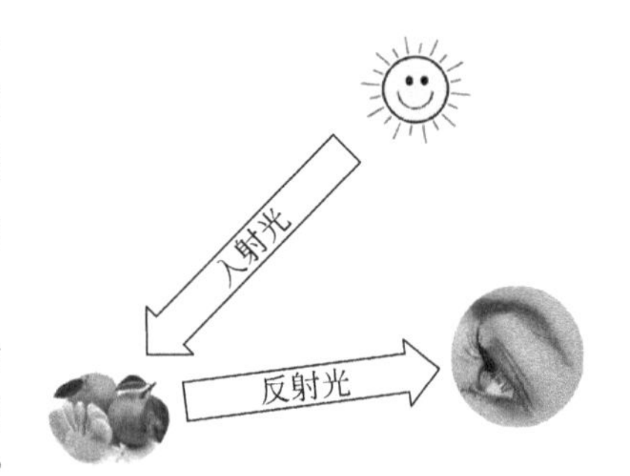

图4-1 色彩形成的三要素：光源、物体和人眼

为了客观地表示物体的颜色，国际照明委员会(CIE)特别指定了用于观察、测量物体颜色的标准光源(如日光D65等)和标准视觉颜色观察者(CIE 1931 2°视场观察者和CIE 1964 10°视场观察者)。在现代多媒体成像设备和测色仪器中，多采用标准的照明光源，并

用光电传感器和计算机软件代替人眼和大脑形成物体的颜色。

4.1.2　色彩的描述

目前,色彩的描述方法分为定性描述的色序系统表示法和定量描述的色度系统表示法两种。

1. 色序系统

色序系统是根据色彩的心理属性(如色相、明度和彩度)以某种顺序进行分类排列的表色系统。其中色相是颜色的基本特征,用以区分物体颜色是"红、绿、蓝……"等不同颜色,物体的色相取决于光源的光谱组成和物体表面选择性吸收后所反射或透射的各波长辐射的比例对人眼所产生的颜色感觉;明度是人眼所感受到的色彩明暗程度;而饱和度则表示色彩离开中性灰色的程度。

目前常用的色序系统有美国孟塞尔表色系统(见图 4-2)、瑞典的自然色(NCS)系统(见图 4-3)等。

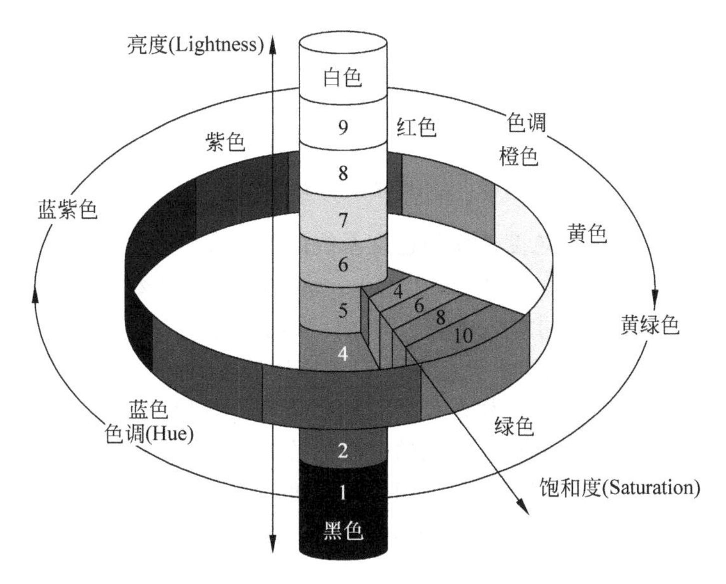

图 4-2　美国孟塞尔颜色系统示意图

色序系统是在大量真实色彩样品基础上,根据色彩的外貌,直观地描述颜色,将色彩按一定规律系统地归纳和排列,用文字和数字对各色块标记一个固定的空间位置,具有极强的直观性。但是,色序系统只能在感觉上定义颜色,由于色卡数目有限,有时待测色和色卡不一致,插补的表色值精度很低。此外,色序系统是依靠视觉评估判定色彩,对观察者的视觉感受能力依赖性很强。

2. 色度系统

由于色序系统存在的不足,人们迫切需要一种精度更高、主观依赖性低的色彩定量描述系统,因此提出了色度系统。以单色光混色实验得到的与某一颜色相匹配所必要的色光混合量作为基础对色彩进行定量描述。色度系统又称为三色表色系统,用匹配某个颜色所需要的红、绿、蓝三原色的分量表示色刺激,把色刺激的光谱分布称作色刺激函数。三刺激值是由色刺激函数这种物理量和人眼的心理上的光谱响应之组合而求出的,因此是一种心理物理量。把表示色刺激特性的三刺激值的三个数值称为色度值,把用色度值表示的色刺激

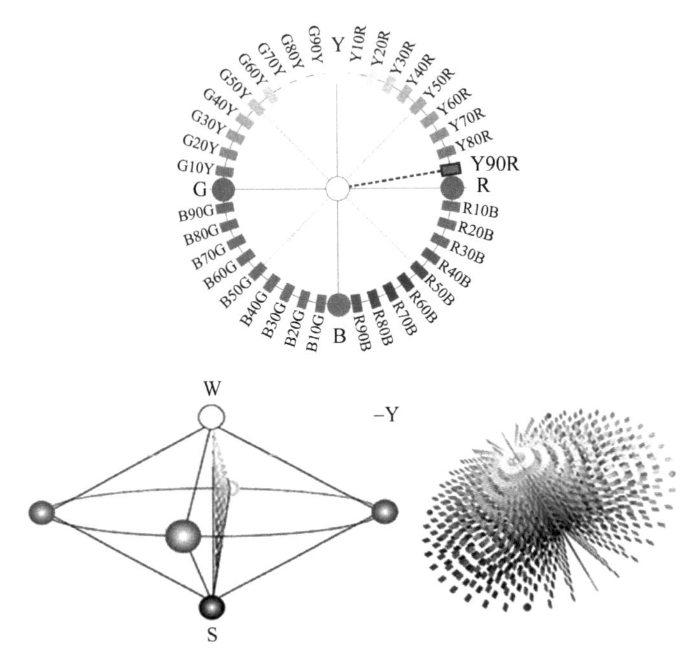

图 4-3 瑞典自然色序系统

称为心理物理色。因此,可用色度值作为色度系统的颜色表示方法。

CIE(Commission Internationale de L'Eclairage,国际照明委员会)分别于 1931 年和 1964 年建立了两套适用于不同观察视场的国际标准的色度系统 CIEXYZ,是目前最常用的颜定量描述系统。CIEXYZ 色度系统是色彩定量描述的基础,可以通过客观的色彩测量方法来定量描述色彩,即通过仪器代替人眼接受从物体表面反射的或者从发光体辐射出来的光量,经过一定的数学运算形成物体颜色的客观的数量描述。

为了精确地测量物体的颜色,通常采用分光光度计在特定的几何条件下测量物体的光谱反射或透射特性 $\rho(\lambda)$,物体颜色的三刺激值 X、Y、Z 的计算公式为

$$\begin{cases} X = k\int_{\lambda} S(\lambda)\rho(\lambda)\bar{x}(\lambda)\mathrm{d}\lambda \\ Y = k\int_{\lambda} S(\lambda)\rho(\lambda)\bar{y}(\lambda)\mathrm{d}\lambda \\ Z = k\int_{\lambda} S(\lambda)\rho(\lambda)\bar{z}(\lambda)\mathrm{d}\lambda \end{cases} \tag{4-1}$$

式(4-1)中,X、Y、Z 为被测物体颜色的三刺激值,$\rho(\lambda)$ 为被测物体的光谱反射率(非透明物体)或光谱透射率(透明物体),$S(\lambda)$ 为光源的相对光谱功率分布,$\bar{x}(\lambda)$,$\bar{y}(\lambda)$,$\bar{z}(\lambda)$ 为 CIE 1931 或 1964 标准观察者的颜色匹配函数,λ 为光波长,通常取值为 380~780nm,k 为归化系数,用来将照明光源的 Y 值调整为 100。

4.2 多媒体设备与色彩

设备的色彩特性反映了设备表现颜色的能力,要控制设备准确再现颜色,必须掌握设备的色彩特性。它涉及如下 3 方面的内容:

- 设备呈色原理，不同种类的设备具有不同的呈色原理，其色彩空间也不同于数学上定义的颜色空间，会涉及具体的物理因素。
- 设备色域特征。
- 设备色彩与设备无关颜色空间的映射关系，该映射关系用于色彩校正。

4.2.1　多媒体色彩设备类型

目前，常用的多媒体色彩再现的设备可以分为两大类型：输入设备和输出设备。

1. 输入设备

输入设备又称为数字成像设备。通常，数字图像或视频的获取是由数码相机、扫描仪、数字摄像机等数字成像设备以采样的方式将真实世界中连续的、模拟的图像数字化，并以一定的标准格式保存图像数据，如 JPG、BMP、TIFF、AVI 等。

图像的数字化便于图像的处理、通信、传输和保存。近年来，数字成像设备的品质有了显著的提高，且价格下降很快，越来越多的非专业用户亦可以使用这些设备，如智能手机的日益普及，使得人们可以随时随地拍摄数字照片和视频。

2. 输出设备

输出设备又称为色彩再现设备，包括软复制和硬复制再现设备。

常见软复制设备包括各种显示设备，如彩色阴极射线管(CRT)显示器、液晶(LCD)显示器、有机发光二极管(OLED)显示器、等离子(PDP)显示面板、彩色电视机和投影仪等。彩色显示设备通常利用加法混色原理将选定的红、蓝、绿三原色以不同的比例混合成丰富多彩的颜色。

硬复制再现设备输出图像的硬复制如照片、印刷品等，包括各种彩色喷墨打印机、彩色激光打印机、数码彩扩机和彩色印刷设备等。硬复制再现属于减法混色的过程，常采用青(Cyan)、品(Magenta)和黄(Yellow)作为三原色(即常说的 CMY)，通过控制减法混色三原色的密度，就可以控制减法原色的透过量，从而达到与加法混色相似的效果。

4.2.2　设备的呈色原理

设备的呈色原理与所采用的颜色空间有着千丝万缕的关系。颜色空间一般是一个表示颜色的三维立体空间。常用的颜色空间可分为两大类：与设备相关的颜色空间和与设备无关的颜色空间，如图 4-4 所示，其中前者包括 RGB 和 CMYK 空间等，后者包括 CIEXYZ、CIELAB 和其他颜色空间。

图 4-4　颜色空间分类

1. 与设备相关的颜色空间

多媒体色彩再现设备按其呈色原理可分为两类：加法(Additive)设备和减法(Subtractive)设备。加法呈色设备通过三种不同色光(原色)的混合再现颜色。这类设备包括显示器、投影仪、彩色电视机、扫描仪、数码相机等。减法呈色设备通过选择性地移除白光中的某些光谱成分得到所需颜色，通常是在外界光源照明下在透明或反射介质上再现颜色。彩色喷墨打印、热升华打印、彩色照片和彩色胶片都是减法呈色过程的代表。

1）加法呈色设备

加法呈色设备采用的色彩空间大多为 RGB 空间，如图 4-5 所示。RGB 空间采用三维直角坐标系，以 R(红)、G(绿)、B(蓝)三个基本颜色组成，按不同比例混合在一起产生复合色。红(R)、绿(G)、蓝(B)是三种单色光的颜色，常称为色光加法三原色，R、G、B 三色光波长的确定与设备表现颜色的能力直接相关。理论上，由 R、G、B 三色光以某种比例混合，可得到自然界中的所有颜色。

如图 4-6 所示，红光和蓝光混合可以得到品红色，红光和绿光混合可以得到黄色，绿光和蓝光混合可以得到青色，而红光、绿光和蓝光以一定分量混合可以得到白色或其他任意颜色。

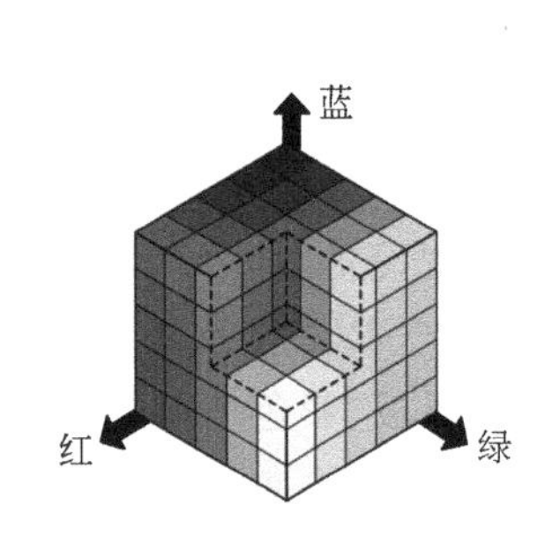

图 4-5　与设备相关的 RGB 颜色空间

图 4-6　加法混色原理

RGB 颜色模型是使用最多、最简单的颜色空间，通常用于彩色显示器、彩色电视机、扫描仪和数码相机等设备中。例如，目前在广播电视和计算机外设中应用最广泛的是 LCD 液晶显示设备，它是一种采用液晶为材料的显示器。液晶是介于固态和液态间的有机化合物，受热会变成透明液态，冷却后则会变成结晶的混浊固态。在电场作用下，液晶分子会发生排列上的变化，从而影响通过液晶的光线，通过偏光片的作用，这种光线的变化可以表现为明暗的变化，如此一来，只要控制电场就可以控制光线的明暗变化，从而达到显示图像的目的。由于液晶材料本身并不发光，所以在液晶显示屏下方都设有作为光源的灯管，而在液晶显示面板背面有一块背光板(或称匀光板)和反光膜，背光板是由荧光物质组成，经光源照射后可以发射光线，其作用主要是给液晶面板提供均匀的背光源，如图 4-7 所示。

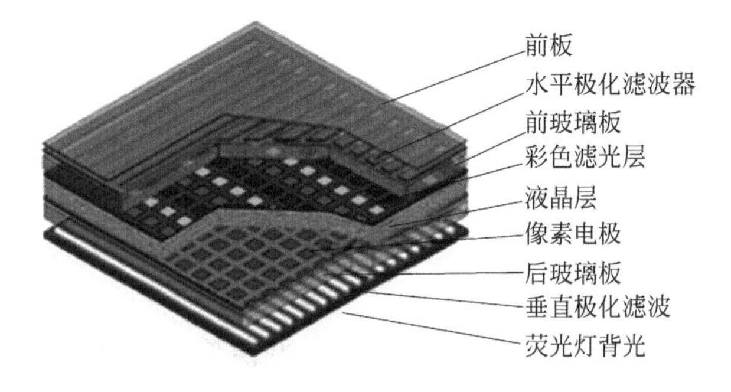

图 4-7　液晶显示面板解剖图

为了显示颜色，把 LCD 显示器的每一个像素分成三个子像素，并分别加上红、绿、蓝三原色滤光片，如图 4-8 所示。由不同光强度的三原色相加混合得到每个像素的颜色信息。液晶显示器能表示的颜色范围取决于显示器能显示的灰阶多少。如果显示器的每个像素能显示 256 阶红绿蓝，则显示器可显示 256×256×256 即 1680 万种颜色。

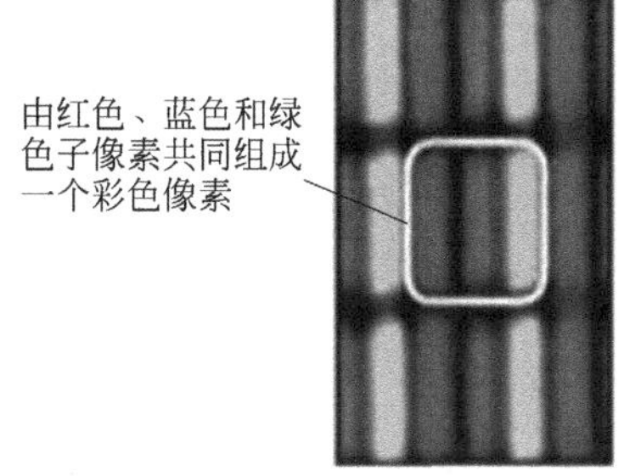

图 4-8 液晶显示面板的像素点

显示面板上不同位置的子像素发出的光(以 RGB 表示)具有恒定的光谱组成，该光谱组成与电子枪的驱动电压无关，只是光强不同(相差一个缩放因子)，该因子是驱动电压的非线性函数。因此，同样的一组 RGB 颜色值，在不同显示器上显示时，因为上述参数不同会输出不同的光谱组成，形成不同的颜色。由此可见，液晶显示器的 RGB 是与设备相关的。例如，一台显示器上显示一个数值 R 为 128，G 为 128，B 为 128 的像素点，可能产生一个理想的中性灰色调，但是在其他显示器上，同样的 RGB 输入数值看起来不再是灰色，有些可能偏红，有些可能偏蓝。由于同样的原因，我们在电视机商店挑选电视机或在飞机机舱观看电视时，经常看到不同的电视机在同时播放同一电视频道的电视节目，如图 4-9 所示，但是不同的电视机色彩差别很大，对比之下，色彩失真的感受可能会更加强烈。设备的这些固有特性使一幅图像从一个设备传递到另一个设备上的时候，很难确保图像色彩的一致性、准确性和可预见性。

图 4-9 与设备相关的色彩显示

2) 减法呈色设备

减法呈色设备多采用 CMY 或 CMYK 颜色空间。连续色调打印机是该类设备中最典型的一种。不同于本身发光的液晶显示器，彩色打印机是减法呈色设备，是在纸张、塑料或布匹等基底上呈现颜色并在外界光源的照明下才能观察到。彩色打印机通过在基底表面覆盖青(C)、品(M)和黄(Y)等化学颜料物质，分别吸收照明光源的红、绿、蓝光谱成分(见图 4-10)。青(C)、品(M)和黄(Y)三种颜色是色光减法混色三原色，理论上，由青(C)、品(M)和黄(Y)三原色以某种比例混合，可得到自然界中的所有颜色。如图 4-10 所示，青(C)和黄(Y)混合可以得到绿色，青(C)和品(M)混合可以得到蓝色，品(M)和黄(Y)混合可以得到红色，而青(C)、品(M)和黄(Y)以一定比例混合可以得到黑色或其他任意颜色。在实际应用中，通常还额外添加一种可均匀吸收整个可见光光谱成分的黑色(K)颜料，以得到较理想的黑色。

图 4-10 减法混色原理

从人眼感知的颜色与 CMYK 数字值的关系不难看出，即使采用同样的 CMYK 信号值作为输入，由于不同打印机采用的颜料、介质、观察条件和照明光源等可能有差别，其输出的颜色感觉也不同，这说明 CMYK 也是与设备相关的颜色空间。

RGB 和 CMYK 是两个完全不同的颜色空间。RGB 颜色空间使用 R(红)、G(绿)和 B(蓝)三色光混合可见光谱来模拟人眼看到自然界物体的反射光或透射光，因此，使用 RGB 空间的设备都用光来再现颜色，如数码摄像机、数码照相机、扫描仪、显示器、电视机等。然而，一旦我们要把 RGB 图像打印出来，就要用到 CMYK 颜色空间，青(C)、品(M)、黄(Y)和黑(K)是用来再现自然颜色的颜料或油墨的颜色。不管使用什么形式的打印机，我们都需要准备相应的油墨、颜料、墨粉等再现颜色的物质，以不同比例混合产生颜色。由于再现颜色的机理不同和颜色配方精度的影响，可能造成屏幕显示和打印输出的图像会有很大的差别。对于任意的彩色物理设备，不管其色彩空间是采用 RGB 还是 CMYK，都是设备相关的颜色空间。设备相关的颜色空间描述色彩会带来一系列问题：

(1) 颜色表达的不一致性和歧义性。同样的 RGB 值，在不同显示器上输出得到不同的色彩；同样的 CMYK 值，在不同打印机上打印得到不同的效果，这给多媒体色彩再现的一致性带来了挑战。

(2) 无法对比多媒体设备的色彩再现能力。同样的 RGB 加法呈色设备，其表示颜色的能力是有差别的，即色域不同。但采用 RGB 值来描述，则两种设备具有相同的颜色表示范围(例如，都能表达 1680 万种颜色)，因此，无法判断其色域大小，无法区分设备表现颜色能力的优劣。对于减法呈色设备，存在同样的问题。

(3) 设备颜色空间与人眼感知的色彩空间构成非线性关系。呈色设备颜色值的线性变化，并不等同于人眼感知到的颜色的线性变化，这给设备操作人员带来困惑。以液晶显示器为例，要获得亮度成线性变化的一系列颜色，在 RGB 三通道施加的电压会构成一个与幂次方相关的等比序列。为了通过线性 RGB 数字值获得线性亮度，必须进行所谓的伽马(Gamma)校正。

解决上述三个问题的途径是采用设备无关空间描述颜色，并在设备相关色彩空间和设备无关色彩空间之间建立映射关系。这样就可以在设备无关空间统计设备可表示的颜色范围，即获取设备的色域描述，更重要的是，可以在设备数字信号和人眼感知色彩之间直接建立对应关系，用于设备色彩校正，实现“所见即所得”的颜色再现要求。如果不同多媒体设备间色彩通信都以人眼感知为准，就可以解决多媒体颜色再现的不一致问题。

2. 与设备无关的颜色空间

与设备无关的颜色空间有很多，这里只介绍两种国际照明委员会(CIE)的标准颜色空间。

1) CIE XYZ 标准色彩空间

CIE XYZ 颜色空间是建立在人眼的感色性基础上的与设备无关的标准色度空间，经常被用来作为色彩描述的基准色彩空间。

如图 4-11 所示为 CIE1931 色品图的平面图(空间的第三维方向是垂直于色品图的方向 Y)，图中色品坐标 x、y 可由三刺激值 X、Y、Z 计算得到，其中：

$$\begin{cases} x = \dfrac{X}{X+Y+Z} \\ y = \dfrac{Y}{X+Y+Z} \\ z = 1 - x - y \end{cases} \tag{4-2}$$

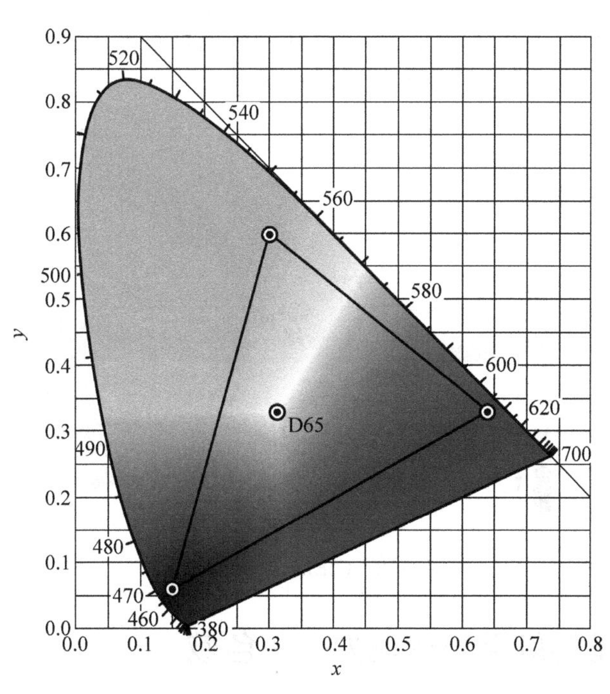

图 4-11　CIE 1931 色品图

在色品图中，颜色呈现不均匀性，即两个不同颜色之间的距离不能真实反映出人们色彩感觉差别的大小，也就是说，在 CIE xy 色度图中，在不同位置、不同方向上颜色的宽容度是不同的，使得在 CIEXYZ 色彩空间中不能直观地评价颜色的差别。尽管如此，CIEXYZ 颜色空间仍然是一个非常重要的空间，很多仪器的测量结果和其他颜色空间都是建立在 CIEXYZ 空间的基础之上的。

2）CIELAB 标准色彩空间

为了克服 CIEXYZ 空间不均匀的缺点，CIE 于 1976 年将 CIEXYZ 标准色彩空间经过非线性变换建立了 CIELAB 标准色彩空间，变换公式为：

$$
\begin{aligned}
L^* &= 116f(Y/Y_n)-16 \\
a^* &= 500[f(X/X_n)-f(Y/Y_n)] \\
b^* &= 200[f(Y/Y_n)-f(Z/Z_n)] \\
C^* &= \sqrt{a^{*2}+b^{*2}} \\
h &= \arctan(b^*/a^*)
\end{aligned}
\tag{4-3}
$$

$$
f(t)=\begin{cases} t^{\frac{1}{3}}, & t>0.008856 \\ \frac{1}{3}\left(\frac{29}{6}\right)^2 t+\frac{4}{29}, & t\leqslant 0.008856 \end{cases}
$$

其中，X、Y、Z 为颜色的 CIE 三刺激值，$X_nY_nZ_n$ 为标准照明光源照射到完全漫反射体表面的三刺激值，L^*、a^*、b^* 分别为颜色的明度、红-绿色品、黄-蓝色品，C^* 为彩度，h 为色相角。

CIELAB 标准色彩空间是一个三维立体空间，可以是以 $L^*\ a^*\ b^*$ 构成的直角坐标系表示，如图 4-12 所示，也可以是 $L^*\ C^*\ h$ 构成的极坐标系表示。CIELAB 是与设备无关的近似均匀的颜色空间，常用于设备色空间之间进行转换的中间色彩空间。其优点是当颜色的色差大于视觉的识别阈值(恰可察觉)时，能较好地反映物体色的心理感受效果。因此在颜色转换或复制中，常用于评价转换或复制的颜色效果。

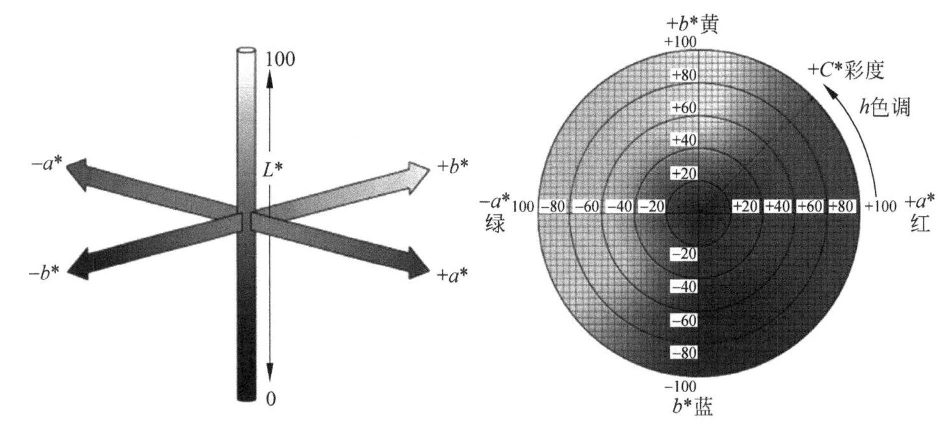

图 4-12 CIELAB 颜色空间

4.2.3 设备的颜色表达能力——色域

设备色域(Gamut)是指设备所能产生的、能表示的颜色范围。设备的色彩是否丰富取决于色域范围。不论是使用 RGB 空间还是 CMYK 空间，设备的色域大小都会有所不同，如图 4-13 所示，3 个不同的三角形表示 3 个不同设备的色域大小和位置，在三角形范围之内的颜色都是设备能够表达的颜色，因此，比较三角形的大小就可以知道设备的颜色表达能力，即色域的大小。

在以加法呈色的显示器中，如果选择的混色三原色 RGB 不同，能够表达的颜色多少会

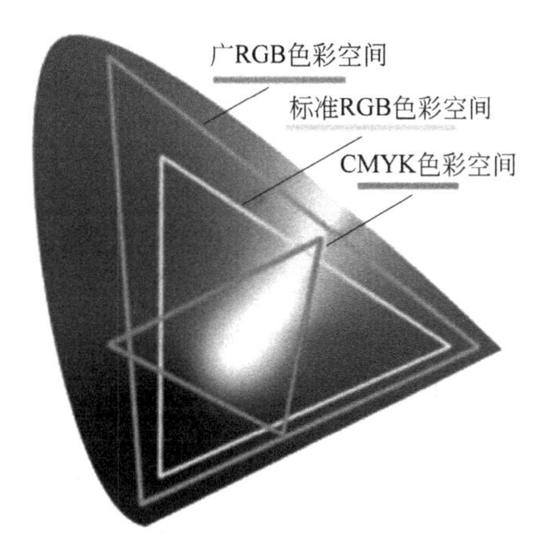

图 4-13　不同设备的色域比较

有很大的差别，如图 4-14 所示，两个三角形的三个顶点分别表示各自的三原色 RGB，三角形内部区域的每个点则为各自能够表达的一个颜色。显然，图中黑色大三角形包含有绿色三角形的全部，因此黑色三角形的色域大大于绿色三角形的色域。色域越大，屏幕上所能显示的颜色就越丰富，色彩也就越艳丽，如图 4-14 中大黑色三角形所代表的显示器要比黑色小三角形所代表的显示器所能显示的绿色更绿、蓝色更蓝、红色更红。

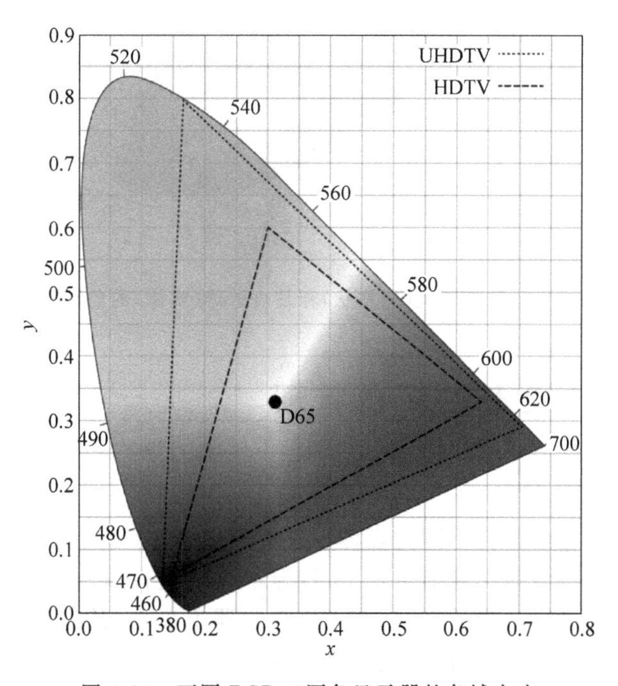

图 4-14　不同 RGB 三原色显示器的色域大小

除了设备本身的性能之外，还有很多外部因数也会影响到设备的色域大小，例如，同样一台打印机，在铜版纸和新闻用纸上打印时，具有差别较大的色彩再现能力，铜版纸的色域通常要比新闻用纸的色域大。

在 CIELAB 设备无关颜色空间中，设备色域就是一个三维的封闭的几何实体，设备所能产生的颜色都位于该实体内部。色域描述用于反映设备能表达的颜色范围的形状、大小、位置等信息，通常采用封闭的边界(几何形体的表面)来描述色域。色域主要应用于：

- 反映设备的颜色表现能力；
- 不同设备色域的直观比较和；
- 为色域映射提供原始数据。可以说，精确的色域描述，是跨媒体准确再现图像颜色的基础。

如图 4-15 所示为某种打印机和显示器的色域比较，从图中可以看出两个输出设备之间的色域存在明显的差别。如果要在这两台设备上同时输出(显示或打印)一幅色彩不是很丰富的图像，图像中的所有颜色可能都处于两个设备的色域中，此时可以直接进行显示和打印。但是如果输出的图像色彩很丰富，图像中的某些颜色可能只在一种设备的色域中而在另一种设备的色域之外，此时就需要进行所谓的色域映射，即使用合理的色域映射算法，将位于设备色域外的颜色映射到设备色域中。

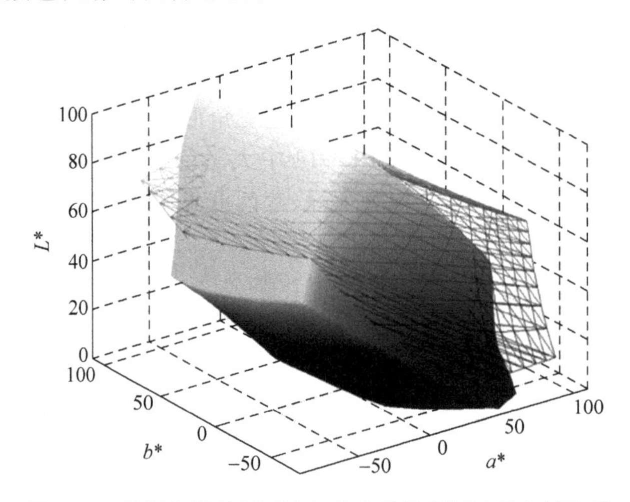

图 4-15 某打印机(网格状)和某显示器(实体)的色域比较

4.3 多媒体设备的颜色管理

4.3.1 色彩管理

在信息时代，我们会经常在不同的媒体设备上处理图像，如先由扫描仪扫描或数码相机获取实物的一幅图像，再将该图像显示在 LCD 显示器上进行编辑处理，然后通过电子邮箱邮寄给朋友或发布在网络上，最后在其他 LCD 显示器上显示，或在打印机上打印出来。由于不同的多媒体设备均有各自的色域，会产生不同范围的颜色，彩色图像在跨媒体传输过程中，就会形成不同的视觉效果。设备的色彩管理则致力于保持彩色图像或视频在不同的媒体之间传递时保持主观上的一致。

色彩管理是一种将图像从当前所在颜色空间转换到输出设备所支持的色彩空间的技术，这种技术最本质的目标是提供跨外设和跨操作系统平台的一致的色彩再现机制。由输入设备传递到不同的显示器上观察、再传递到不同的输出设备(打印机或印刷机)上输出，要保持色彩不失真是非常困难的。其原因在于不同设备的呈色机理、呈色特性的不同，所采用的颜色空间不同(即颜色的定义是与设备相关的),所以造成了颜色信息在不同的设备间传递时出现了偏差。引入一个与具体设备无关的颜色空间作为各种设备相关色空间的参照标准,任一计算机外围设备的(设备相关)色空间都能映射到这个独立于设备的色空间,而且所有计算机和应用软件厂商都支持这一独立于设备的色空间,那么把不同厂商的颜色处理设备组合为一个完整的开放式系统并且保持色彩的一致性就变得切实可行。

现代色彩管理可简单归纳为设备色彩校准(Calibration)、设备色彩特征化(Characterization)和设备色彩转换(Conversion)3 个步骤,称为颜色管理的 3C 技术。设备校准是指将设备调整到最佳状态,例如,按应用要求调整显示器白场(R=G=B=255)的色温和亮度,或按环境状况设置数码相机的白平衡和传感器的灵敏度等。设备色彩校准是以主观判断和颜色测量为基础的,在视觉感受上通过数字来控制颜色的再现状态,分析测得的数据,并参考相应的标准,最终确定设备的最佳状态,完成设备的校准过程。设备色彩特征化是通过数学模型描述设备输入或输出色彩数据与 CIE 标准颜色空间之间的关系,建立一个设备的色彩特性文件(Profile),该文件完全以数据的形式描述设备的呈色特性和色域范围。色彩管理的前两个步骤的正确与否直接影响到第三步的色彩转换,不同媒体设备之间的色彩转换才是最终目的,正确的设备校准和设备色彩特性文件是成功实现设备色彩转换的基础。

1993 年,为了建立、推广和鼓励跨平台、跨媒体的色彩管理标准和核心文件的标准格式,由当时著名的国际硬件设备生产商和软件开发商联合倡议,成立了由超过 70 家设备制造商和软件开发商成员组成的国际色彩联盟(International Color Consortium,ICC)。ICC 致力于开发色彩应用标准以帮助软件开发商和硬件制造商共同维护数字影像的色彩一致性和保真度。其核心成就包括 ICC 的色彩管理模块(CMM)和 ICC 特性文件(ICC Profile),两者共同保证了色彩在不同应用程序、不同计算机平台、不同图像设备之间传递的一致性。

4.3.2 色彩校准

现代多媒体设备一般都提供某些可调节、可控制的参数,以调整设备的性能和适应不同的使用要求。色彩校准是使多媒体设备按照一定的特性化曲线进行调整,使其色彩表现达到最优的过程,是多媒体设备色彩管理的重要步骤。通过校准使设备呈现最佳色彩,是生成设备特征描述文件的基础。

通常,对设备的性能状态进行调整,可通过其驱动软件或者设备上的控制装置来实现。扫描仪、打印机、数码相机、笔记本显示器、移动设备(手机)显示器等设备,很少提供外部调节装置调整设备的状态,这些设备在出厂之前,厂商就将其调整到最优状态,并将此状态作为出厂时的约定,设置固定在驱动软件中,用户在使用驱动软件时,可以更改或恢复约定的参数。而台式显示器或电视机的亮度、对比度、色温和 Gamma 值(显示器输入的 RGB 值与最终输出的光强之间的数学关系)等也可以通过设备上的外部调节按钮来控制。微软在 Windows 操作系统中,作为系统个性化的一部分也提供了显示器颜色校准的功能,使得用户不用任何测量仪器,也能对显示器进行调整,以获得最佳的视觉享受。

以显示器的校准为例,在色彩管理流程中的显示系统校准的目的在于通过显示器硬件或计算机软件的调节将影响显示色彩的关键参数调节到某一标准或达到特定的要求,为不同显示系统之间达到相同的显示效果创造条件。例如:显示分辨率、色彩位深、白点色温

(或色度)、白点亮度、黑场亮度、Gamma 值等。显示器的校准基于以下 3 个主要的原因。

(1) 由于不同的工作流程对于显示色彩的要求是不同的,显示器出厂默认的通用设置难以满足专业化的要求;

(2) 由于显示器自身的电子器件在使用过程中会随时间发生老化、衰减和性能下降等变化,造成显示的色彩和亮度也会发生变化;

(3) 由于系统显示的最终色彩,不仅因显示器而异,还会受到显示卡、计算机硬件、操作系统,甚至应用软件的影响,其中任何一个因素的变化都会导致显示色彩的变化。

因此,所谓的显示器校准,是对整个显示系统(包括显示器本身和连接显示器的计算机系统),针对工作流程的特定要求而进行的颜色调校。

显示器的校准要达到一定的精度,必须借助颜色测量仪器——屏幕校色仪来实现。目前常用的屏幕校色仪主要分为色度计和分光亮度仪两种。色度计大多采用三色滤光片式光电传感器,价格较为低廉,功能单一,精度较低,而且,由于没有自校正的机制,当滤色片随使用时间的延长发生老化变色时,仪器对颜色的识别也会逐渐产生偏差。目前市场上的高端显示器(如图 4-16 所示),常常内置有光电传感器作为屏幕校色仪来完成颜色的简单快速测量,从而及时反映设备的状态。

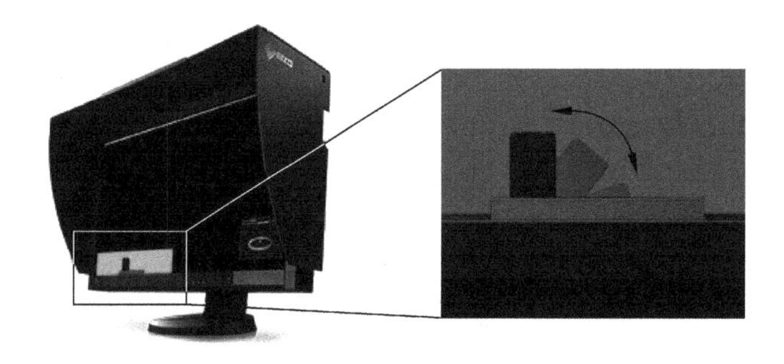

图 4-16 内置颜色传感器的高端显示器

另一种精度较高的屏幕校色仪是分光亮度仪(Spectroradiometer),这种仪器采用分光的原理,可以采集颜色的整个光谱数据,从而达到更高的校准精准度。除了可以校正屏幕的颜色之外,这类分光亮度仪还可以测量环境光源、闪光灯的亮度、色温,以及显色指数等,但是价格昂贵。

在测量显示器颜色时,不能忽视外部环境杂散光和观察条件对显示输出效果的影响。例如,质量较差的显示器,显示的颜色极度依赖于观察的方向,从显示面板的法线方向和偏离法线一定角度的方向观看同一颜色时,视觉感受会有所不同,同时显示器上不同位置显示的颜色也有差别,显示器上的颜色还会受到室内照明灯光、从门窗透入的日光和其他电器发出的环境杂光的影响。因此,在进行显示器的校准时,一般会在暗室里正面测量显示面板中央的颜色。

在进行显示器校准时,大多会把显示器校正到与标准光源相同的色温,例如:6500K 或 D65 标准光源,如果实际使用的光源不符合这个标准,或与之相去甚远,则很难达到“所见即所得”的效果。例如,印刷行业通常在判断印刷质量好坏时,采用的光源色温为 5000K 或 D50 标准光源,此时就要将显示屏的色温调到 5000K。设备一旦校准并保持在校正时的状态,在一定的时间内,其呈色能力将保持一致。需要指出的是,这种校正后的状态可能会因为各种外部因素和设备的内部因素的影响而发生改变。因此，为了保持设备的最优状态，要随时进行设备的校正。

4.3.3　色彩特征化和 ICC 特性文件

设备的特征化是指在设备调整到最佳状态后，建立设备相关的颜色空间和设备无关的颜色空间的对应关系。例如：数码相机的特征化，就是在某种状态下，建立相机输出的颜色 RGB 与所拍摄物体颜色的三刺激值 XYZ 或 CIELAB 坐标 $L^* a^* b^*$ 之间的数学关系，而显示器的特征化则是建立显示器当前输入的 RGB 值与对应的显示颜色的三刺激值 XYZ 或 CIELAB 色品坐标 $L^* a^* b^*$ 之间的数学关系。应当特别注意的是：一旦设备的校正状态发生改变，设备的特征化数学关系也会发生改变。

设备特征化的目的是用数字化的方法，将多媒体设备的色彩性能在一个与设备无关的独立的颜色空间里详尽地描述出来，为多媒体之间传输颜色信息提供数据准备。

不同类型的设备，由于采取的呈色机理不同，颜色的形成过程和形成规律也不一样，特征化关系的建立方法也有所差别。目前常用的特征化方法，都是建立在实验测量的数据基础之上，寻求设备的输入数据和输出数据之间的数学关系。这种设备相关的颜色空间和设备无关的颜色空间的数学关系通常是非线性的，因此，可采用多项式拟合法、查找表法、神经网络法等来建立设备特征化数学模型，并以某种格式记录下来，最典型的特征记录文件为标准形式的 ICC 特性文件。

色彩管理的基础就是 ICC 特性文件，它是一种跨平台的文件格式，它定义了色彩在不同设备或不同色彩空间上进行匹配所需要的色彩数据。每一个 ICC 特性文件至少包含一对核心数据：

(1) 与自身设备相关的色彩数据(例如，显示器特有的 RGB 色彩显示数据)；

(2) 与第一部分数据一一对应的设备无关颜色空间(又称为连接空间)的色彩数据。

ICC 特性文件描绘各种设备在与设备无关的色彩空间内的色域特性和色彩特征，包含一个设备无关的色空间与设备相关的色空间之间的双向色彩数据转换表，将所有与设备相关的颜色(如 RGB 或 CMYK)数据，一一对应到与设备无关的颜色空间(如 CIELAB)上，从而通过与设备无关的颜色空间作为传递中介，保持所有设备上颜色外观的一致，确保颜色在不同设备之间传递和转换时的保真度，使相应的色彩管理软件能够根据 ICC 特性文件在扫描仪、数码相机、彩色显示器、打样设备、打印机及其他设备间进行色彩的传递和转换。

ICC 特性文件是实施色彩管理的基础，有了 ICC 文件，各种具有色彩管理功能的软件(如微软 Windows 操作系统、Adobe Photoshop、各种硬件设备的驱动程序等)就可以依据不同设备的颜色特征，准确地实现不同设备之间的颜色转换和传递，并尽量让颜色在不同设备间的传递过程中失真最小。

4.3.4　色彩转换

在多媒体颜色管理系统中，我们无法事先预知到参与颜色转换的设备是什么类型、其色彩表现能力如何等问题，为了简化和统一不同设备间的颜色传递过程，都要将与设备相关的色彩转换到一个与设备无关的色彩空间中，再根据信息传递过程的需要，将色彩转换到不同媒体设备相关的色彩空间里进行显示或输出。颜色在多媒体设备间的这种转换过程称为色彩转换。

颜色转换依赖于一个与设备无关的颜色空间为中间媒介，根据颜色在不同色彩空间之间的一一对应的映射关系，把一个设备的颜色空间中的色彩转换到另一个设备的颜色空间中去。把与设备无关的颜色空间作为色彩转换的中间媒介是色彩转换的关键，通过中介的桥梁作业，原则上可以实现任意色彩设备之间的颜色转换。作为中介的与设备无关的颜色空间常称为特征连接空间，一般情况下，常选择 CIELAB 色彩空间作为特征连接空间。

考虑到一个典型的多媒体色彩传递过程，首先用照相机或扫描仪获取数字图像并以图像文件的形式存储起来，图像文件传送到一台计算机上，在计算机显示器上显示并完成图像的编辑和处理，然后将图像通过网络或存储媒介传递到不同的显示器上显示或者在打印机上打印输出。在这一传递过程当中，每更换一次设备就要完成一次色彩的转换。以数码相机采集图像、显示器显示图像和打印机打印图像的颜色传递过程为例（如图 4-17 所示），数码相机、显示器和打印机各自拥有独特的颜色特征，经过设备特征化过程之后，其色彩特征就可用数学关系表述，并形成相应的 ICC 特征文件。若要在显示器上显示和在打印机上打印出完全与实际景物一致的图像，首先要将数码相机相关的 RGB 输出转化为与设备无关的颜色空间（如 CIELAB）中的颜色，在显示器上显示图像时，又将与设备无关的颜色空间（如 CIELAB）中的颜色转化为与显示器相关的 RGB。打印时再把与设备无关的颜色转换到与打印机相关的颜色空间 CMYK，原则上只要能找到对应的显示颜色 RGB 和打印颜色 CMYK，就能够打印出或显示出与实际景物相同的图像，也就能确保颜色在不同媒体上传递时的一致性。通常情况下，由于参与转换的两个设备的色域不完全一致，所以需要进行色域映射，将颜色从源设备的色域映射到目标设备的色域之中。

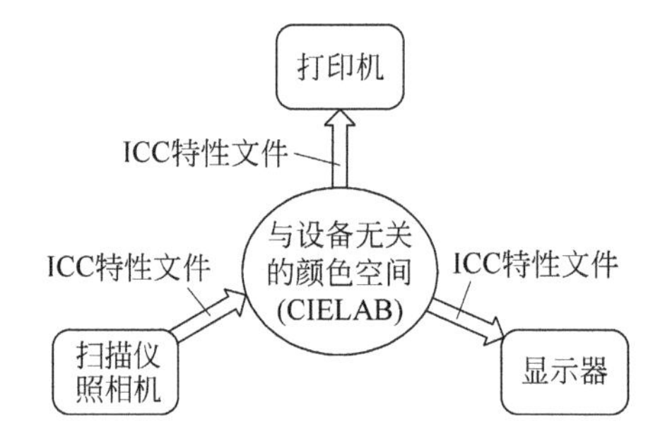

图 4-17 照相机（扫描仪）、显示器和打印机之间的颜色转换流程图

色彩转换通常由计算机系统和设备的驱动软件以及应用程序完成，可以看出其中关键之处是设备的特征化描述。一般设备在出厂时，均附有几种典型情况下的 ICC 特征描述文件，设备的驱动程序可以根据实际使用情况调用相应的 ICC 特征描述文件，实现颜色的转换。

4.3.5 色域映射

对于不同的设备，如打印机或显示器可以再现的颜色范围，或者扫描仪或数码相机可以捕捉的颜色范围不尽相同。由于不同媒体设备的色域有很大的差别，在多媒体之间传递彩色图像或视频信息的时候，我们不得不面临一个棘手的问题：如何确保颜色在传递过程中不失真。例如，在如图 4-17 所示的显示器和打印机，它们具有不同的色域，尤其是在红-蓝色区域，两个设备的色域差别较大，显示器上能显示纯度较高的“蓝”色，但是这种“蓝”却位于打印机的色域之外，也就是说，在这台打印机上无法精确地打印出显示器上的“蓝”色。反过来一样，位于打印机色域内而处在显示器色域外的颜色，也无法在显示器上显示。

目前，解决这一问题的办法就是进行设备间的色域映射——通过某种变换，把某些不能再现的颜色映射到色域里面。现有的颜色管理模块（见图 4-18）都能采用不同的色域映射方法，使得多媒体间传递彩色图像时获取较好的视觉感受。

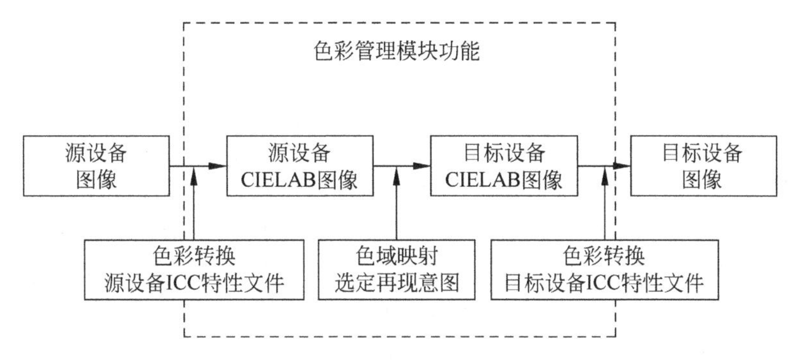

图 4-18　ICC 色彩管理模块流程图

在颜色管理模块的工作流程中，ICC 预设了知觉（Perceptual）、饱和度（Saturation）、相对色度（Relative colorimetric）、绝对色度（Absolute colorimetric）四种色域映射再现意图，分别适用于不同的场合。

1. 知觉再现

在知觉再现方式色域映射过程中，所有源设备色域的颜色均被映射为目标设备色域中的一个对应点，源设备色域得到线性或非线性压缩，以达到适合目标设备的色域。因此，图像中所有的颜色均会受到影响，而不仅仅只是色域外的颜色。

知觉再现是最常用的一个色域映射方式。遇到有些情况，仅仅单纯地把目标设备色域之外的颜色映射到其边界是不合适的。例如：当目标设备（如打印机）的色域比源设备（如显示器）的色域小，如果图像为自然景物的摄影图片时，这样的处理常常会导致令人难以接受的色相漂移。此时，应该一方面既要做到对源设备的色域进行压缩，另一方面又要保持图像色彩之间的相对关系。如果某些颜色被准确地复制了，而另外一些颜色只是近似的，造成的结果将是复制的图像与原始自然景物相差较远，图像中人工修改的痕迹明显，那将是很难接受的。解决的办法是必须把图像中所有的颜色都按一定的相对关系转换复制出来，从而保持图像色彩的总体关系不变，最后通过视觉评价对原始图像和复制图像之间的差异进行补偿，可以得到近似的复制效果。

为了保持图像色彩的相对关系，必须对源设备色域的整个范围进行压缩，而不仅仅只是压缩超出目标设备色域范围外的部分。如图 4-19 所示，图像的整个色域都被压缩到目标设备的色域范围内，本来位于目标设备色域范围内的色彩 1、2、3 也需要做相应的调整，从而为色彩 4、5、6 腾出空间，这种调整不仅要考虑单个色彩，而且要兼顾整幅图像的色彩，考虑它们彼此之间的关系。尽管这种调整连同本来可以精确复制的色彩也被改变了，导致每一个颜色都有误差，但是，由于所有的色彩都被按比例调整，虽然改变了色度复制精度，但是保持了图像的灰平衡，观察者很难注意到所有的色彩都被调整了。

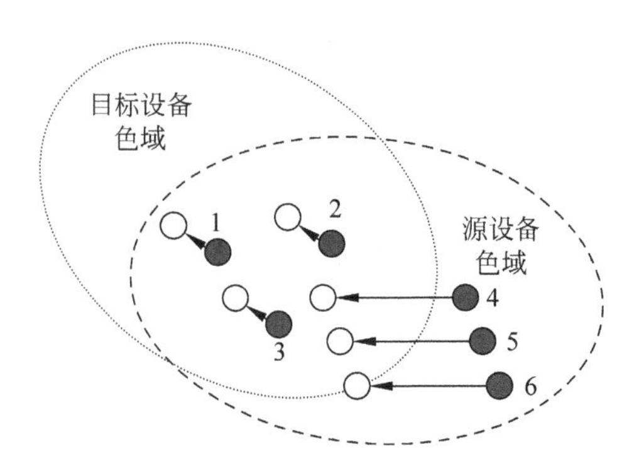

图 4-19 知觉再现色域映射方式

知觉再现映射方式的颜色映射精度不及相对色度再现映射方式，然而，知觉再现能够生成色彩赏心悦目的图像。尽管在映射过程中可能会略微损失图像色彩的色相、亮度与饱和度，但图像中的每种颜色都可以顺利地进行映射，从而避免色调相对差别的损失。如果图像渲染过程中，整体效果的重要性高于颜色精确度，那么知觉再现映射方式是一种最佳的映射方式。知觉再现意图适合于自然景物摄影图片等连续色调图像的色彩管理，是把图像从RGB色空间转换到CMYK色空间(即打印或印刷)时的最佳色域映射方式。

2. 饱和度再现

饱和度再现映射方式能将源设备色域中较饱和的颜色映射为目标设备色域内的最为饱和的颜色。饱和度再现意图以牺牲色彩明度和色相的复制精确性为代价，达到保持图像色彩饱和度的目标，是较少使用的一种再现意图。

在图4-20中，色彩4、5、6落在目标设备色域之外。在保持饱和度的前提下，落在目标设备色域之外的每一个色彩都要被独立处理，因此，4、5、6这三个色彩向着目标设备色域边界上的某点移动。值得注意的是，这时位于目标设备色域之内的色彩1、2、3也向着目标设备色域的外边界方向重新映射，从而有效地增加了图像色彩的饱和度。显然，采用饱和度再现方式，会把所有的色彩变换到目标设备的色域之内，在转换的过程中也会同时增加所有位于目标设备色域之内的色彩的饱和度。

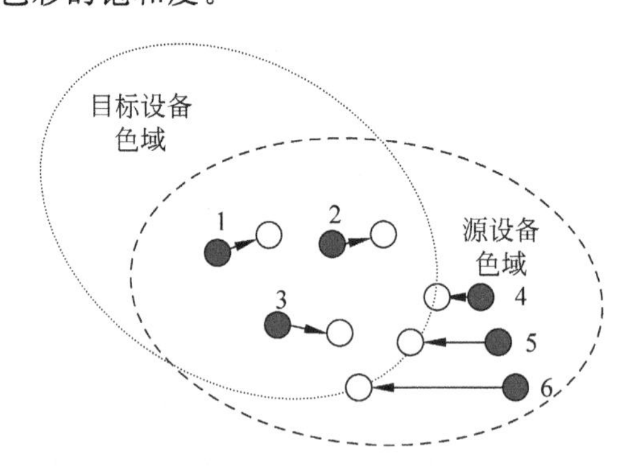

图 4-20 知觉再现色域映射方式

饱和度再现意图主要适用于商务统计图表(插图、图表、图形等)以及卡通图、漫画或者一些色彩较浅的图像，采用饱和度再现意图可以提高这些图像的饱和度。对于这些图像而言，纯色的生动和色块之间鲜明的对比度比色彩本身的精确匹配更重要。饱和度再现映射方式可将色域外颜色映射为最为饱和的颜色，在映射过程中，为了保持饱和度，可能会损失颜色匹配的精度。

3. 色度再现

一般情况下，源设备的色域部分位于目标设备的色域范围内，另一部分则位于目标设备的色域范围外。色度再现色域映射方式不对整个色域范围做扩展或压缩，而只是把目标设备色域之外的色彩直接转换到离它最近的色域边界上。

如图 4-21 所示，位于色域之外的色彩 4、5、6 被移动到目标设备色域的边界上，而位于色域之内的色彩 1、2、3 保持原位置不动。这种色域映射方法实际上是对源设备色域进行一次裁剪，是一种最简单的色域映射方法。色域裁剪意味着不同色彩的区域可能会用同一个颜色来显示，尤其是高光部位，包括图像的白场，都有可能被裁剪掉了。由于连续色调图像的色彩不成比例地调整很容易被视觉所感知，所以，色度再现映射方式的应用常常局限于具有大小相似的色域(如从一个 CMYK 色空间到另一个 CMYK 色空间)之间的转换。如果在从一个较大的色域向一个较小的色域转换时使用了色度再现，将导致图像色调出现较大的变化。

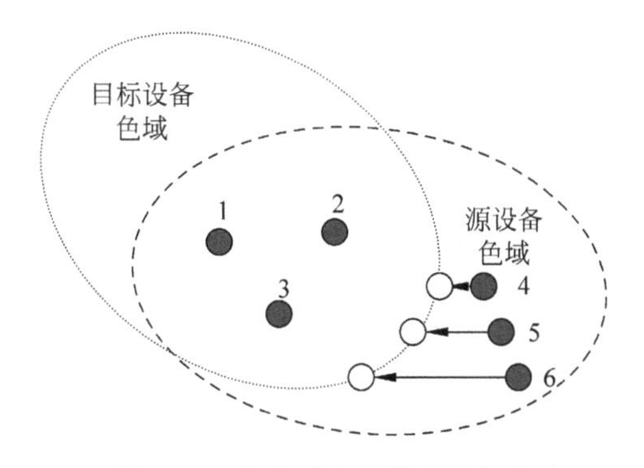

图 4-21 色度再现色域映射方式

色度再现又分为两种形式：绝对色度再现和相对色度再现。

1) 绝对色度再现

绝对色度映射方法使位于目标设备色域内的颜色映射转换后保持不变(如图 4-21 中 1、2、3 点所示)，而把超出目标色域的颜色直接用目标色域边界的颜色代替(如图 4-21 中 4、5、6 点所示)。对于目标设备色域和源设备色域相近的情况，采用这种方法可以得到比较理想的色彩复制。

如果目标设备的色域比较大，并且包含源设备的色域，此时目标设备能够表达源设备的所有颜色，可以保证目标设备和源设备拥有相同的 CIELAB 色度坐标 $L^* a^* b^*$，两种设备上的色彩视觉感受可能会不一致，但是用测色仪器测量时，两种设备的色彩绝对相同。

2) 相对色度再现

相对色度映射方法将目标设备的白点(即白色)作为参考点，将源设备的白点映射为目标设备的白点，所有颜色将根据白点的改变而做相应的改变，但不做色域压缩，仅仅将所有超出色域范围的颜色用色域边界上最相近的颜色代替(如图 4-21 所示)。用这种色域映射方法可以根据目标设备如打印或印刷用纸的颜色制定参考白点，适合于色域范围接近的色空间转换。

如果目标设备为打印机，采用相对色度再现方式的优势更为突出。此时可将图像的“白色”映射为绝对(纸张)白色，由于图像的亮度会随着白色的改变而得到调整，可以尽可能地提高复制图像的亮度，从而尽可能匹配打印纸张的色域。

3) 两种色度再现的区别

除了没有为匹配目标设备的色域而调整亮度之外，绝对色度再现映射方式与相对色度再现映射方式没有根本的区别。

一般来说，如果目标设备(如显示器)的色域大于源设备(如打印机)的色域，用绝对色度再现更合适，因为源设备的白色就包含在目标设备的色彩范围内。如果目标设备的色域(如打印机)小于源设备的色域(如显示器)，最好选用相对色度再现。

综上所述，色彩管理中的“再现意图”源自 ICC 规范的定义，它们分别对应于四种不同的色域映射方式，简单总结如下：

- 饱和度再现映射：位于色域外的颜色，尽量映射到色调相同饱和度最大的色彩上，以维持色彩的鲜艳度，此时，图像亮度不可避免地有相当大的改变。适合商业统计图表的色彩复制。
- 知觉再现映射：在映射过程中，保持色彩之间的对应关系。也就是根据目标设备的色域范围，调整图像输出的色度值，以达到原图像与复制图像色彩在视觉上的近似。常用于连续色调图像的复制再现。
- 绝对色度再现映射：当两个颜色在两个不同媒体上都能准确再现时，色度值保持不变。位于目标设备色域之外的颜色，则以目标设备色域最接近的边缘值替代。
- 相对色度再现映射：与绝对色度再现方式类似，当两个颜色在两个不同媒体上都能再现时，色度值保持不变。位于目标设备色域之外的颜色，则以亮度相同但饱和度不同的颜色替代。

理解了 4 种再现意图所对应的色域映射方法，就可以为所处理的图像做出正确的选择了，其中，最常用的是知觉再现意图和相对色度再现意图。在选择色域映射方式时要遵循两条普遍的规律：从 RGB 到 CMYK 色空间转换时用知觉再现意图；从 RGB 到 RGB 或者从 CMYK 到 CMYK 色空间转换时采用相对色度再现意图。

习题四

4-1 物体的颜色是如何产生的？

4-2 描述颜色的常用方法有哪些？

4-3 引起色盲或色弱的原因是什么？

4-4 常用的多媒体图像输入设备和输出设备有哪些？

4-5 什么是色光三原色和色料三原色？

4-6 色光混色和色料混色的规律是否相同？

4-7 在不同的数字图像显示设备上显示相同的 RGB 颜色，为什么看起来会不一样？

4-8 常用的设备相关的和设备无关的颜色空间有哪些？

4-9 色域是什么？

4-10 色域映射是什么？色域映射对多媒体色彩传递有什么影响？

4-11　什么是设备的特征文件？在多媒体色彩传递中的作用是什么？

4-12　设备相关的颜色空间和设备无关的颜色空间各有什么特点？

4-13　色彩管理系统必须完成的任务是什么？

4-14　现代色彩管理是由哪三个基本步骤组成的？

4-15　色彩管理中，通常涉及的颜色空间有哪些？

第5章 语音与音频压缩编码

CHAPTER 5

语音编码与音频编码作为目前常用的语音与音频信号数字传输/存储技术，广泛地应用于信号处理、移动通信、IP通信、广播电视以及多媒体互联网等多个领域。近年来，随着计算机网络技术的发展，数字信息服务和多媒体娱乐方式层出不穷，人们已经不满足于单一的语音通信需求，更希望享受兼容语音与音频的通信服务所带来的愉悦。同时，功能日益强大的移动通信设备也为这一需求的实现提供了所需硬件支撑，电信网、有线电视网和计算机网之间相互渗透、互相兼容，并逐步整合成为全球统一的信息通信网络已经成为一种趋势和必然。

然而，受到处理对象、编码模型及应用背景等的限制，传统语音编码和音频编码一直以来都是语音频信号处理领域的两大独立研究分支，由此导致不同网络间存在的码流格式不兼容问题，已经成为制约多媒体技术进一步发展的瓶颈。另外，实际生活中人们所接触的声音信息极为复杂，除了单纯的语音和音频外，还包含了自然声、混合音频等诸多信息，基于语音与音频单独编码的传统服务系统，因无法高效地处理复杂的混合信息，给不同网络、服务系统之间的融合带来障碍。可见，若能够对语音和音频信号采用统一的编码模型进行处理，既能够保证系统高质量地编解码语音和音频信号，又能够为不同服务系统之间码流的兼容提供可能。

语音与音频通用编码，从广义上讲，是在现有语音编码和音频编码技术的基础之上，利用统一的编解码模型，实现对语音、音频以及语音和音频混合信号的无差别编码。从而在同等码率约束条件下，对语音、音频及其混合信号均能够取得高质量的合成音质，以弥补传统单一类型的语音或音频编码器仅适合处理单一信号，对于其他类信号或混合信号无法获得优良编码性能的不足。现如今，对于语音和音频信号的通用编码正逐渐引起国内外学者和研究机构的关注，适合移动音频和网络在线娱乐音频的语音与音频通用编码的标准化也正成为MPEG和ITU-T等国际组织的重点工作之一。

语音与音频通用编码算法是对现有语音编码和音频编码技术的拓展和完善，因此，现有的语音频编码技术、声学感知理论、率-失真理论及其相关的最新研究成果均可以借鉴，从而为通用编码算法的研究提供了坚实的理论基础和技术支撑。同时，对通用编码算法的研究，紧密契合了包括移动音频、手机电视、音视频会议、流媒体音乐、音视频娱乐点播在内的4G或5G多媒体应用对语音和音频编码的需求，具有重要的现实意义。

5.1 语音与音频编码技术概况

5.1.1 语音与音频压缩的必要性

语音与音频压缩技术指的是对原始数字音频信号流运用适当的数字信号处理技术，在不损失有用信息量或所引人损失可忽略的条件下，降低其码率，也称为压缩编码。它必须具有相应的逆变换，称为解压缩或解码。在多媒体音频信号处理中，一般需要对数字化后的声音信号进行压缩编码，使其成为具有一定字长的二进制数字列，并以这种形式在多媒体网络内传输和存储。在播放这些声音时，需要经解码器将二进制编码恢复成原来的声音信号播放。由于数字音频文件的信息量是非常大的，例如，未经压缩的 1min 立体 CD 音乐所需的存储量为(44.1×1000×16)×2×60/8=10584000B≈10.1MB(存储量的计算公式：存储量=(采样频率×采样精度×声道数×时间)/8)，数据量大得惊人。例如，一套双声道数字音频若取样频率为 44.1kHz，每样值按 16bit 量化，则其码率为：2×44.1kHz×16bit=1.411Mb/s，而 1GB 的容量只能存储约 1 分钟的彩色电视信号数据。在通信网络上，大多数远程通信网络的速率都在几兆每秒以下，这样大的数据量不仅超出了计算机的存储和处理能力，更是当前通信信道的传输速率所不及的。为了音频的普及，数字音频压缩技术显得尤为重要，尤其是无损压缩，更符合人们对于音乐的要求。

数字音频压缩编码在保证信号在听觉方面不产生失真的前提下，对音频数据信号进行尽可能大的压缩。数字音频压缩编码采取去除声音信号中冗余成分的方法来实现。所谓冗余成分指的是音频中不能被人耳感知到的信号，它们对确定声音的音色、音调等信息没有任何的帮助。

冗余信号包含人耳听觉范围外的音频信号以及被掩蔽掉的音频信号等。

音频信号是多媒体信息的重要组成部分，它可以分成电话质量的语音信号、调频广播质量的音频信号和高保真立体声信号。音频编解码技术是随着音频信号数字化而产生的，目前主要应用在数字音频通信和数字音频存储两个领域。

由于简单地由连续音频信号抽样量化得到的数字音频信号，在传输和存储时要占用较多的信道资源和存储空间，因此，如何在尽量减少失真的情况下，高效率地对模拟语音信号进行数字表达，即压缩编码，就成为音频编码技术的主要内容。数字语音压缩编码技术由于具有加密容易、保密性强；易于纠错编码、抗干扰能力强、便于传输；便于对语音信号进行数字化处理；有利于提高话路容量等优点，使其广泛应用于多媒体语音通信系统。

声音信号能进行压缩编码的基本依据主要有 3 点：

(1) 声音信号中存在着很大的冗余度，通过识别和去除这些冗余度，便能达到压缩的目的。

(2) 音频信息的最终接收者是人，人的视觉和听觉器官都具有某种不敏感性。舍去人的感官所不敏感的信息对声音质量的影响很小，在有些情况下，甚至可以忽略不计。例如，人耳听觉中有一个重要的特点，即听觉的“掩蔽”。它是指一个强音能抑制一个同时存在的弱音的听觉现象。利用该性质，可以抑制与信号同时存在的量化噪音。

(3) 对声音波形采样后，相邻采样值之间存在着很强的相关性。

语音编码与音频编码的主要目的都是在保证一定主观听觉质量的前提下，最大程度地去除输入信号的统计冗余和感知冗余来实现数据量的压缩，以满足不同传输和存储条件下的需求。

图 5-1 给出了语音处理的基本过程。国际电信联盟已经制定了多个语音编码标准，表 5-1 详细列出了各种标准的各种参数和性能指标；图 5-2 给出了语音与音频编码标准的速率与质量关系。

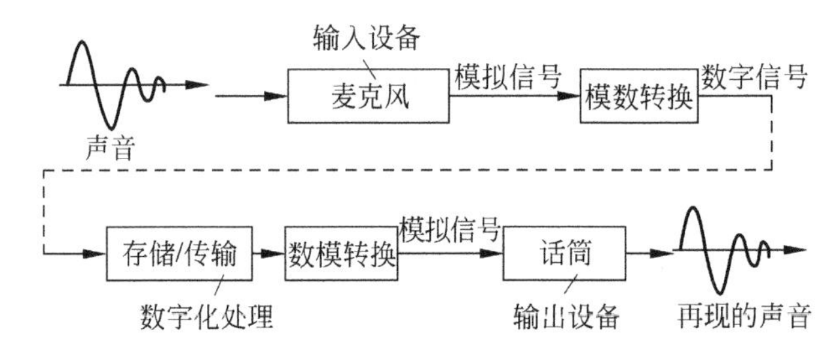

图 5-1 音频处理基本过程

表 5-1 语音编码国际标准及参数

标 准	算 法	码率/(kb·s^{-1})	算法时延/ms	复杂度/MIPS	语音质量/MOS
G.711	PCM	64	0.125	1	4.3
G.723.1	ACELP	5.3	37.5	25	3.5
	MP-MLQ	6.3	37.5	16	3.8
G.726	ADPCM	32	0.125	10	4.0
G.728	LD-CELP	16	0.625	50	4.0
G.729	CS-ACELP	8	15	30	4.0

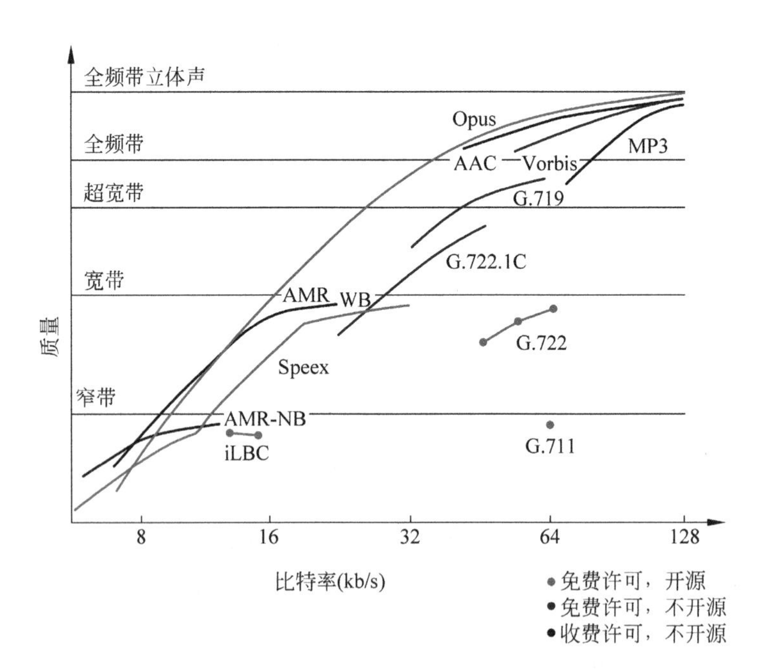

图 5-2 语音与音频编码标准的速率与质量关系

5.1.2 语音与音频压缩的区别

虽然语音编码和音频编码同属信源编码，但由于输入信号特征和应用背景的不同，二者在核心算法上往往存在着巨大的差异。通常，语音编码的输入为由人的发声器官所发出的频段在 80Hz～3400Hz 之间的语音信号，信号来源单一，频谱结构相对简单。因此，语音编码技术往往基于人类语音的产生模型，通过去除信号远样点间和近样点间的相关性，在较低码率下实现了语音信号的高质量编码，最具典型的例子就是移动通信中普遍使用的码激励线性预测(Code-Excited Linear Prediction，CELP)语音编码。而音频编码的处理对象为人耳可以听到的、频率在 20Hz～20kHz 之间的音频信号，信号的来源包括了人耳能感觉到的所有声音，声源较多、信号复杂，无法用统一的声源模型来处理。另外，在应用背景方面，语音编码主要应用于数字通信、移动无线电和蜂窝电话等系统，因此算法延迟、数据速率和语音质量是算法设计考虑的重点。音频编码则主要应用于数字广播、网络流媒体和影视音像等娱乐场合，对算法延迟和数据速率的要求较之语音编码相对宽松，在算法设计上更多地侧重于音频信号的合成音质和感知舒适度。

目前，对于语音编码标准的制定，主要由 ITU-T 来实现；而音频编码的标准则主要由国际电工委员会第一联合技术组(ISO/IEC JTC1)的运动图像专家组 MPEG 来完成。

5.1.3 音频压缩方法

音频信号的压缩方法如图 5-3 所示。按照压缩原理的不同，声音的压缩编码可分为 3 类，即波形编码、参数编码和混合型编码。

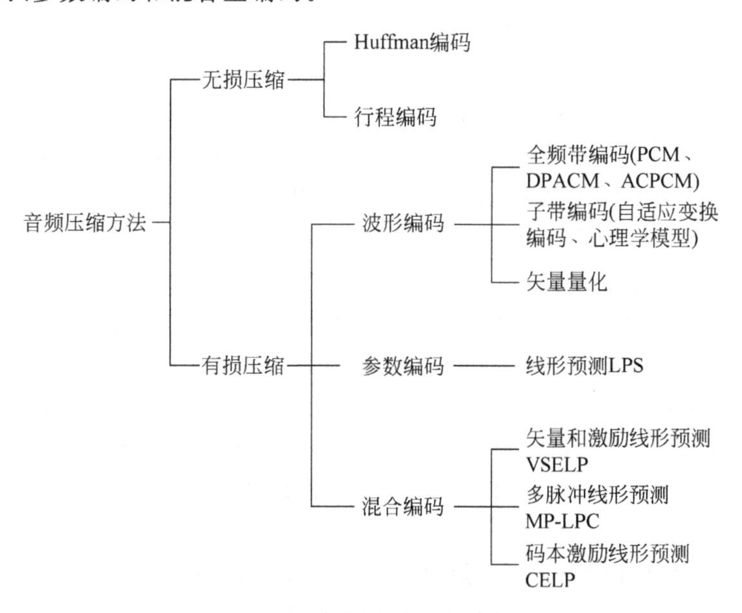

图 5-3 音频信号压缩方法

1. 波形编码

这种方法主要利用音频采样值的幅度分布规律和相邻采样值间的相关性进行压缩，目标是力图使重构的声音信号的各个样本尽可能地接近于原始声音的采样值。这种编码保留了信号原始采样值的细节变化，即保留了信号的各种过渡特征，因而复原的声音质量较高。波形编码技术有脉冲编码调制(Pulse Code Modulation，PCM)、自适应增量调制和自适应差分脉冲编码调制等。

2. 参数编码

参数编码又称为声源编码，是把音频信号表示成某种模型的输出，利用特征提取的方法抽取必要的模型参数和激励信号的信息，并对这些信息编码，最后在输出端合成原始信号。参数编码是一种对语音参数进行分析合成的方法。语音的基本参数是基音周期、共振峰、语音谱、声强等，如果能得到这些语音基本参数，就可以不对语音的波形进行编码，而只要记录和传输这些参数就能实现声音数据的压缩。这些语音基本参数可以通过分析人的发音器官的结构及语音生成的原理，建立语音生成的物理或数学模型通过实验获得。得到语音参数后，就可以对其进行线性预测编码(Linear Predictive Coding，LPC)。

线性预测编码及其各种改进型都属于参数编码。这种编码方式的编码速率可达到2～4.8kb/s，甚至更低。所付出的代价是计算量大以及语音质量的下降：语音的清晰度尚可，但自然度不好，且对背景噪声相当敏感。但它的保密性能非常好，因此这种编码在军事上获得了广泛应用。

随着一些复杂的算法得以硬件实现，突破了波形编码与参数编码的界线，提出了混合编码。

3. 混合型编码

混合型编码将波形编码和参数编码两者结合起来，很好地解决了两者的缺点，混合型编码是一种在保留参数编码技术的基础上，引用波形编码准则去优化激励源信号的方案。混合型编码充分利用了线性预测技术和综合分析技术，其典型算法有码本激励线性预测、多脉冲线性预测、矢量和激励线性预测等，尽量保留了两者的优点。混合编码可将编码速率压缩到4～8kb/s，在4～8kb/s范围内能达到良好的语音质量。

得到广泛研究的混和编码算法是基于线性预测技术的分析合成编码方法(Linear Prediction Analysis-by-Synthesis，LPAS)。最早实用的LPAS方案的是由Atal和Remede提出的多脉冲线性预测编码，另外较典型的方案还有规则脉冲激励线性预测编码。但最重要的一种LPAS算法是由Atal和Schroeder提出的码激励线性预测编码(Code Excited Linear Prediction，CELP)，也称随机编码、矢量激励编码或随机激励线性预测编码。现在一般把以LPAS为基础的采用VQ(Vector Quantization，向量量化)技术对激励信号进行量化编码的算法统称为CELP，它不再单指一项特定的编码技术，而是一类重要的编码技术。它在4～16kb/s编码速率中可以得到比其他算法更高的重建语音质量，而且以CELP为基础的多种算法已成为国际标准，其中包括G.728建议的LD-CELP和G.729建议的CS-ACELP算法。

波形编码器试图保留被编码信号的波形，能以中等比特率(32kb/s)提供高品质语音，但无法应用在低比特率场合。声码器试图产生在听觉上与被编码信号相似的信号，能以低比特率提供可以理解的语音，但是所形成的语音听起来不自然。混合编码器结合了两者的优点。

(1) RELP：在线性预测的基础上，对残差进行编码。机制为：只传输小部分残差，在接受端重构全部残差(把基带的残差进行复制)。

(2) MPC(Multi-Pulse Coding,多脉冲激励编码):对残差去除相关性,用于弥补声码器将声音简单分为 voiced 和 unvoiced,而没有中间状态的缺陷。

(3) CELP(Codebook Excited Linear Prediction):用声道预测其和基音预测器的级联,更好地逼近原始信号。

(4) MBE(Multiband Excitation):多带激励,目的是避免 CELP 的大量运算,获得比声码器更高的质量。

5.2 语音与音频编码技术

在进行信源编码时,既希望最大限度地降低码率,又希望尽可能不要对音源造成损伤,两者是矛盾的,随着比特率的进一步压缩,势必要影响信源的失真度。一般来讲,根据压缩后的音频能否完全重构出原始声音,可以将音频压缩技术分为无损压缩及有损压缩两大类。无损压缩时根据统计学观点分析数据流,仅从数据量减少数据率,有损压缩是从声音怎样被听到的基础上来减少数据率,利用人的听觉不能检测某些信号损失,从而可以大量减少比特率。而按照音频压缩编码方式的不同,又可将其划分为时域编码(包括预测编码、增量编码)、频域编码(包括变换编码、子带编码)、统计编码(熵编码、哈夫曼编码)以及多种技术相互融合的混合编码等。对于各种不同的压缩编码方法,其算法的复杂程度(包括时间复杂度和空间复杂度)、重建音频信号的质量、算法效率(即压缩比),编解码延时等都有很大的不同,因此其应用场合也各不相同。下面介绍几种主要的波形编码方式。

5.2.1 时域编码

时域编码是指直接针对音频 PCM 码流的样值进行处理,通过静音检测、非线性量化、差分等手段对码流进行压缩。此类压缩技术的共同特点是算法复杂度低,声音质量一般,压缩比小(CD 音质下将大于 400kb/s),编解码延时最短(相对于其他技术)。此类压缩技术一般多用于语音压缩,低码率应用(源信号带宽小)的场合。

1. 脉冲编码调制(PCM)

下面介绍波形编码方案中常用的 PCM 编码。

香农(Claude E. Shannon)于 1948 年发表的"通信的数学理论"奠定了现代通信的基础。同年贝尔实验室的工程人员开发了 PCM 技术,虽然在当时是革命性的,但今天脉冲编码调制被视为一种非常单纯的无损耗编码格式,音频在固定间隔内进行采集并量化为频带值,其他采用这种编码方法的应用包括电话和 CD。脉冲编码调制是一种对模拟信号数字化的取样技术,将模拟语音信号变换为数字信号的编码方式,特别是对于音频信号。PCM 对信号每秒钟取样 8000 次;每次取样为 8 个位,总共 64kb。

PCM 主要有三种方式:标准 PCM、DPCM(Differential pulse code modulation,差分脉冲编码调制)和自适应 DPCM。

PCM 主要经过 3 个过程:抽样、量化和编码。抽样过程将连续时间模拟信号变为离散时间、连续幅度的抽样信号,量化过程将抽样信号变为离散时间、离散幅度的数字信号,编码过程将量化后的信号编码成为一个二进制码组输出。如图 5-4 所示。图中 $S(k)$的是发送端编码器的输入信号,$S_r(k)$是接收端译码器输出的信号。

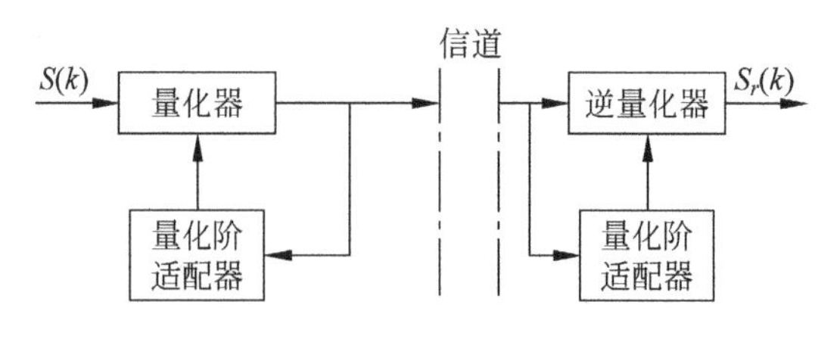

图 5-4 PCM 示意图

2. 差分脉冲编码调制(DPCM)

DPCM 只对样本之间的差异进行编码。前一个或多个样本用来预测当前样本值。用来做预测的样本越多,预测值越精确。真实值和预测值之间的差值叫残差,是编码的对象。

差分脉冲编码调制的思想是,根据过去的样本去估算下一个样本信号的幅度大小,这个值称为预测值,然后对实际信号值与预测值之差进行量化编码,从而就减少了表示每个样本信号的位数。它与 PCM 不同的是,PCM 是直接对采样信号进行量化编码,而 DPCM 是对实际信号值与预测值之差进行量化编码,存储或者传送的是差值而不是幅度绝对值,这就降低了传送或存储的数据量。此外,它还能适应大范围变化的输入信号。

差分脉冲编码调制的概念示于图 5-5。图中差分信号是离散输入信号和预测器输出的估算值之差。(注意:是对的预测值,而不是过去样本的实际值。)DPCM 系统实际上就是对这个差值进行量化编码,用来补偿过去编码中产生的量化误差。DPCM 系统是一个负反馈系统,采用这种结构可以避免量化误差的积累。重构信号是由逆量化器产生的量化差分信号与对过去样本信号的估算值求和得到。它们的和,即作为预测器确定下一个信号估算值的输入信号。由于在发送端和接收端都使用相同的逆量化器和预测器,所以接收端的重构信号可从传送信号获得。

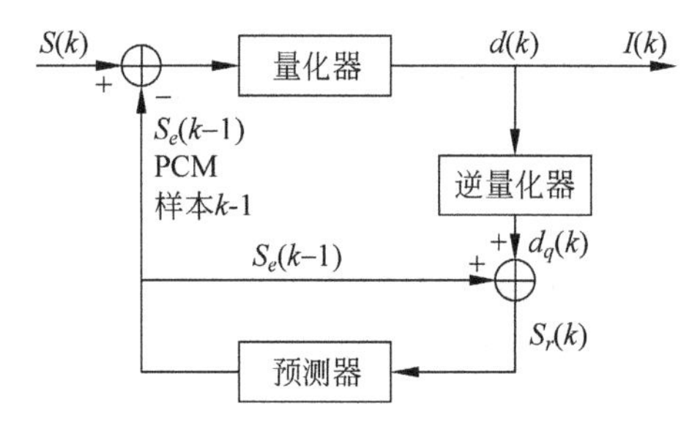

图 5-5 DPCM 示意图

图 5-5 中,差分信号 $d(k)$是离散输入信号 $s(k)$和预测器输出的估算值 $S_e(k-1)$之差。注意,$S_e(k-1)$是对 $S(k)$的预测值,而不是过去样本的实际值。DPCM 系统实际上就是对这个差值 $d(k)$进行量化编码,用来补偿过去编码中产生的量化误差。DPCM 系统是一个负反馈系统,采用这种结构可以避免量化误差的积累。重构信号 $S_r(k)$是由逆量化器产生的量化差分信号 $d_q(k)$,与对过去样本信号的估算值 $S_e(k-1)$求和得到。它们的和 $S_r(k)$,即作为预测器确定下一个信号估算值的输入信号。由于在发送端和接收端都使用相同的逆量化器和预测器,所以接收端的重构信号 $S_r(k)$可从传送信号 $I(k)$获得。

3. 自适应差分脉冲编码(ADPCM)

自适应差分脉冲编码(Adaptive Differential Pulse Code Modulation,ADPCM)。即在

DPCM 的基础上，根据信号的变化，适当调整量化器和预测器，使预测值更接近真实信号，残差更小，压缩效率更高。

它的核心思想是：利用自适应的思想改变量化阶的大小，即使用小的量化阶(step-size)去编码小的差值，使用大的量化阶去编码大的差值；使用过去的样本值估算下一个输入样本的预测值，使实际样本值和预测值之间的差值总是最小。

它的编码简化框图如图 5-6 所示。接收端的译码器使用与发送端相同的算法，利用传送来的信号来确定量化器和逆量化器中的量化阶大小，并且用它来预测下一个接收信号的预测值。

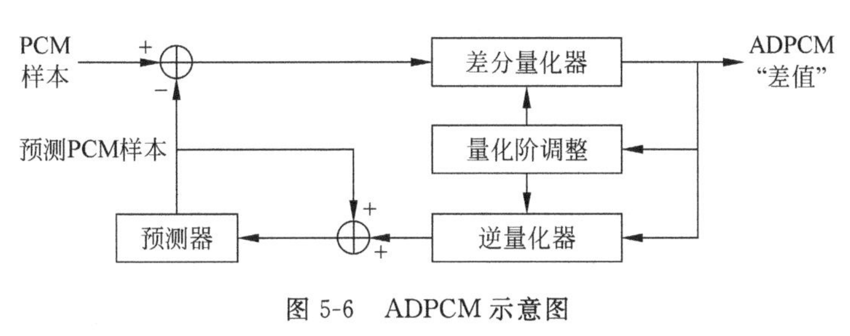

图 5-6　ADPCM 示意图

5.2.2　频带编码

1. 子带编码

子带编码(Sub-band Coding，SBC)是一种以信号频谱为依据的编码方法，是将原始信号由时间域转变为频率域，然后将其分割为若干个子频带，并对其分别进行数字编码的技术。它是利用带通滤波器(BPF)组把原始信号分割为若干(例如 m 个)子频带(简称子带)。将各子带通过等效于单边带调幅的调制特性，将各子带搬移到零频率附近，分别经过 BPF(共 m 个)之后，再以规定的速率(奈奎斯特速率)对各子带输出信号进行取样，并对取样数值进行通常的数字编码，其设置 m 路数字编码器。将各路数字编码信号送到多路复用器，最后输出子带编码数据流。

子带编码理论的基本思想是将信号分解为若干子频带内的分量之和，然后对各子带分量根据其不同的分布特性采取不同的压缩策略以降低码率。SBC 编解码原理图见图 5-7。

在采用子带编码时，利用了听觉的掩蔽效应进行处理。它对一些子带信号予以删除或大量减少比特数目，可明显压缩传输数据总量。例如，不存在信号频率分量的子带，被噪声掩蔽的信号频率的子带，被邻近强信号掩蔽的信号频率分量子带等，都可进行删除处理。另外，全系统的传输信息量与信号的频带范围、动态范围等均有关系，而动态范围则决定于量化比特数，若对信号引进公道的比特数，可使不同子带内按需要分配不同的比特数，也可压缩其信息量。

子带编码技术具有突出的优点。首先，声音频谱各频率分量的幅度值各不相同，若对不同子带分配以合适的比例系数，可以更公道地分别控制各子带的量化电平数目和相应的重建误差，使码率更精确地与各子带的信号源特性相匹配。通常，在低频基音四周，采用较大的比特数目来表示取样值，而在高频段则可分配以较小的编码比特。其次，通过公道分配不同子带的比特数，可控制总的重建误差频谱外形，通过与声学心理模型相结合，可将噪声频谱按人耳主观噪声感知特性来形成。于是，利用人耳听觉掩蔽效应可节省大量比特数。

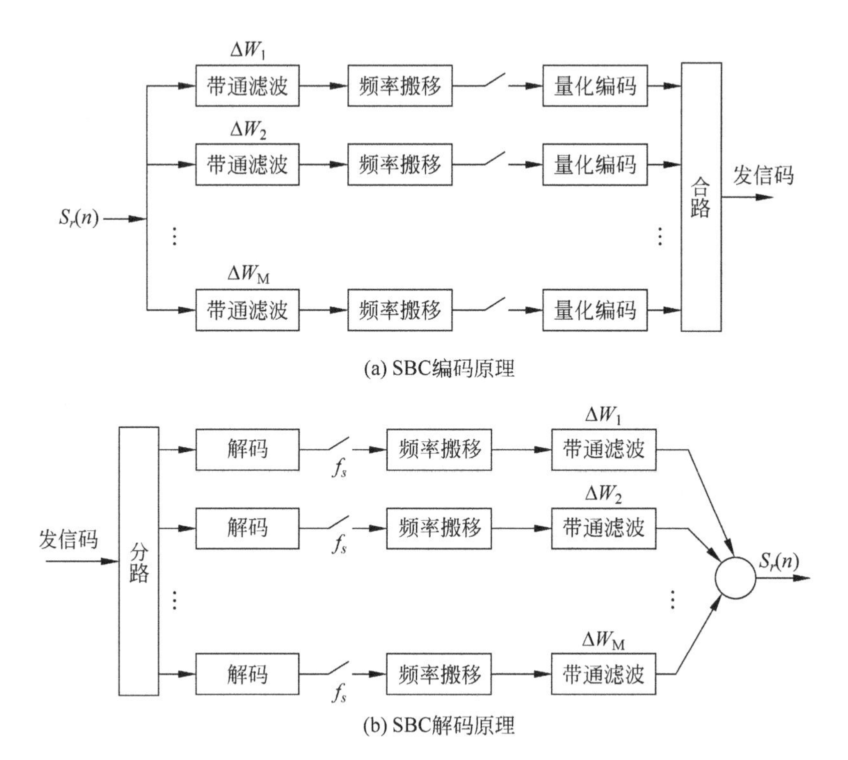

图 5-7 SBC 编码与解码原理

子带编码技术和后面介绍的变换编码技术都是利用人耳的听觉感知特性，使用心理声学模型(Psychoacoustic Model)，通过对信号频谱的分析来决定子带样值或频域样值的量化阶数和其他参数选择的，因此又可称为感知型(Perceptual)音频编码。这两种编码方式相对于时域编码技术而言要复杂得多，同时编码效率、声音质量也大幅提高，编码延时相应增加。一般来讲，子带编码的复杂度要略低于变换编码，编码延时也相对较短。

由于在子带编码技术中主要应用了心理声学中的声音掩蔽模型，因而在对信号进行压缩时引入了大量的量化噪声。然而，根据人耳的听觉掩蔽曲线，在解码后，这些噪声被有用的声音信号掩蔽掉了，人耳无法察觉；同时由于子带分析的运用，各频带内的噪声将被限制在频带内，不会对其他频带的信号产生影响。因而在编码时各子带的量化阶数不同，采用了动态比特分配技术，这也正是此类技术压缩效率高的主要原因。在一定的码率条件下，此类技术可以达到"完全透明"的声音质量(EBU 音质标准)。

2. 变换编码

变换编码是当前音频编码标准普遍采用的压缩技术。变换域编码属于频域编码，把信号从时域变换到频域，再对其频谱系数进行量化编码。变换编码充分利用人耳在频域上的听觉特性(掩蔽效应和临界频带)来实现对音频信号的压缩，是一种高效的编码技术。在标准化组织 ISO/IEC 制定的音频编码标准 MPEG1-3 和 MPEG-AAC 都使用了改进余旋变换 MDCT，可有效消除 DCT(离散余弦变换)的块边界噪声。

变换编码技术与子带编码技术的不同之处在于该技术对一段音频数据进行"线性"的变换，对所获得的变换域参数进行量化、传输，而不是把信号分解为几个子频段。通常使用的变换有 DFT(离散傅氏变换)、DCT、MDCT(改进的离散余弦变换)等。根据信号的短时功率谱对变换域参数进行合理的动态比特分配可以使音频质量获得显著改善，而相应付出的代价则是计算复杂度的提高。

5.3 目前主流音频压缩编码标准及应用

音频压缩技术的应用面很广，电信、计算机、消费电子产品中大量使用了音频压缩技术，因而人们见到的压缩方法也非常多，甚至不同厂商的压缩标准也不同。本文集中介绍用于广播电视的主流音频压缩编码标准和它们的应用。

5.3.1 MPEG-1

在音频压缩标准化方面取得巨大成功的是MPEG-1音频标准(ISO/IEC11172-3)，它是世界上第一个高保真音频数据压缩标准。

MPEG-1压缩编码原理方框图如图5-8所示。它采用的压缩技术方案是子带压缩，子带分割的实现是通过时频映射，采用多相正交分解滤波器组将数字化的宽带音频信号分成32个子带；同时，信号通过FFT(快速傅里叶变换)运算，对信号进行频谱分析；子带信号与频谱同步计算，得出对各子带的掩蔽特性，由于掩蔽特性的存在，减少了对量化比特率的要求，不同子带分配不同的量化比特数，但对于各子带而言，是线性量化。另加上循环冗余校验(Cyclic Redundancy Check，CRC)校验码，得到标准的MPEG码流。在解码端，只要解帧，子带样值解码，最后进行频-时映射还原，最后输出标准PCM码流。在MPEG-1压缩中，按复杂程度规定了三种模式，即层Ⅰ、层Ⅱ、层Ⅲ。层Ⅰ的编码简单，用于数字盒式录音磁带；层Ⅱ的算法复杂度中等，用于数字音频广播(DAB)和VCD等；层Ⅲ的编码复杂，用于互联网上的高质量声音的传输，如MP3音乐压缩10倍。

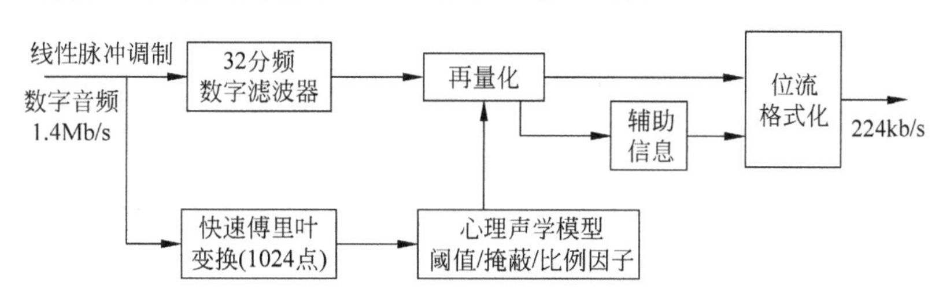

图5-8 MPEG-1编码器方框

1. 层Ⅰ

数字的多相正交滤波器组把信号分成32个子带信号，因为层Ⅰ是均匀地划分，所以每个子带频宽为625Hz。这种划分与关键频宽段的概念不一样，在低端只有一个子带625Hz，这样对低频的量化比较简单，容易引起低频端的量化误差。心理声学模型：使用512个点的FFT变换得到信号的短时频谱功率信息，输出的电平和时频映射的子带样值同步计算，得到每个子带的掩蔽阈值。最后将该子带的最大信号/掩蔽阈值率输入给量化器。VCD中使用MPEG-1层Ⅰ的音频压缩方案。

2. 层Ⅱ(即MUSICAM，又称MP2)

时频映射和层Ⅰ类似，不同之处在于每个子带不是均匀频带宽，低频取的带宽窄，即意味着对低频有较高频率分辨率，在高频端时则相对有较低的分辨率。这样的分配，更符合人耳的灵敏度特性，可以改善对低频端压缩编码的失真。但这样做，需要较复杂一些的滤波器组。其心理声学模型和层Ⅰ类似，但是使用的FFT精度高一些，是1024点的FFT(快速傅里叶变换)运算方式，提高了频率的分辨率，得到原信号的更准确瞬间频谱特性。MUSICAM广泛应用在数字演播室、数字音频广播(Digital Audio Broadcasting，DAB)、数字视频广播(Digital Video Broadcasting，DVB)等数字节目的制作、交换、存储、传输中。

3. 层Ⅲ(又称MP3)

层Ⅲ比层Ⅱ更为复杂，它使用了多相正交滤波器组之外，还使用了DCT变换滤波器组，提高频率的分辨率，还应用了预测心理声学模型，使用更为复杂的量化和编码，允许不同的帧码流。MP3广泛应用于数字无线电广播的发射和接收，数字声音信号的制作与处理，声音信号的存储，Internet传输，消费电子产品(MP3播放机)等方面。

5.3.2 MPEG-2

1. MPEG-2概述

MPEG-2定义了两种音频压缩算法。一种称为MPEG-2后向兼容多声道音频编码(Backward Compatible Multichannel Audio Coding，MPEG-2BC)，它与MPEG-1音频编码算法是兼容的，考虑前、后兼容以及多声道环绕声等特点，在压缩算法承袭了MPEG-1的绝大部分技术，并为在低码率条件下进一步提高声音质量，还采用了多种动态传输声道切换、动态串音等新技术。事实上，正是由于MPEG-2BC与MPEG-1的兼容性，使其不得不以牺牲数码率的代价来换取较好的声音质量，一般情况下，MPEG-2BC需640kb/s以上的码率才能基本达到EBU(European Broadcasting Union，欧洲广播联盟)“无法区分”声音质量的要求。由于MPEG-2BC标准化的进程过快，其算法自身仍存在一些缺陷。这一切都成为MPEG-2BC在世界范围内得到广泛应用的障碍。另一种称为MPEG-2先进音频编码(Advanced Audio Coding)标准，简称MPEG-2 AAC，它放弃了原有的兼容性要求，显著地提高编码的效率，因为它与MPEG-1音频编码算法是不兼容的，又被称为MPEG-2 NBC(Non Back Compatible)编码。MPEG-2 AAC支持的采样频率为8～96kHz，编码器的音源可以是单声道、立体声和多声道的声音。AAC标准可支持48个主声道、16个低频增强声道、16个配音声道和16个数据流。MPEG-2 AAC在压缩比为11∶1，即每个声道的数码率为(44.1×16)/11=64kb/s，5个声道的总数码率为320kb/s的情况下，很难区分还原后的声音与原始声音之间的差别。与MUSICAM相比，MPEG-2 AAC的压缩比可提高1倍，而且音质更好；与MP3相比，在质量相同的条件下数码率是它的70%。

MPEG-2 AAC压缩编码原理：为了实现低比特率的数据流、提高编码效率，采用去除声音信号中的冗余度及无关分量的做法是基本原则。但因采用的措施不同，降低比特率的程度也随之不同。AAC采用音频采样信号和采样样本统计特性之间的关系除去冗余；利用人耳听觉系统在频域和时域中的掩蔽效应除去不可闻的无关分量以及利用心理声学模型对声音信号进行量化和无噪声编码。AAC编码原理方框图如图5-9所示，时域里的PCM信号先通过滤波器组(进行加窗MDCT变换)分解成亚采样频谱分量，变成频域信号，同时时域信号经过心理声学模型获得各子带的掩蔽阈值、M/S以及强度立体声编码需要的控制信息，还有滤波器组中应使用长短窗选择信息。时域噪声整形(TNS)模块将噪声整形为与能量谱包络形状类似，控制噪声的分布。强度立体声编码和预测以及 M/S 立体声编码都能有效降低编码所需比特数，随后的量化模块用两个嵌套循环进行了比特分配，并控制量化噪声小于掩蔽阈值，之后就是改进了的哈夫曼编码。这样，与前面各模块得到的边带信息一起，就能构成 AAC 码流了。把上述过程逆过来就是解码。

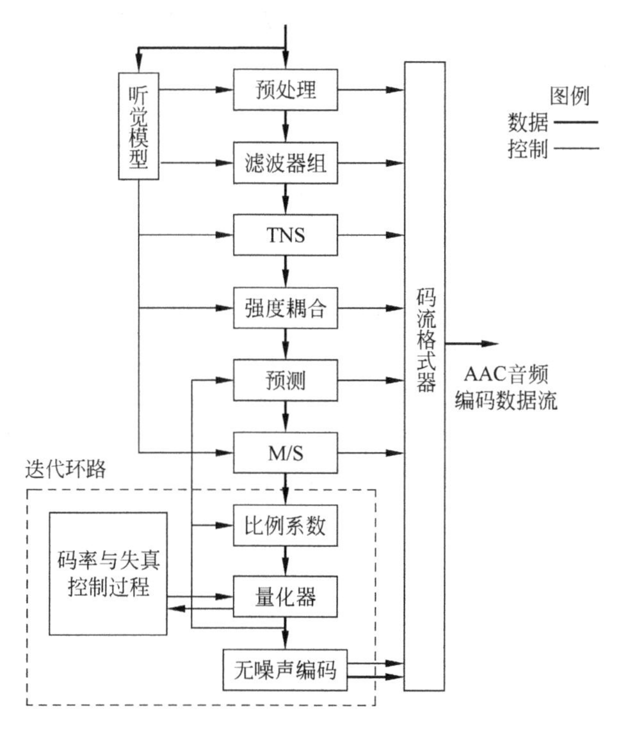

图 5-9 MPEG-2 ACC 编码器方框图

为了能够适应于不同的应用场合，在 AAC 标准中定义了三种不同复杂度的子集(Profile)框架。分别为：

(1) 主子集(Main Profile)或主框架，在这种框架具有最高的复杂度，可以用于存储量和计算能力都很充足的场合。在这种框架中，利用了除增益控制以外的所有编码工具来提高压缩效率。

(2) 低复杂性子集(Low Complexity Profile)或 LC 框架，这种框架用于要求在有限的存储空间和计算能力的条件下进行压缩的场合。在这种框架中，没有预测和增益控制这两种工具，TNS 的阶数比较低。

(3) 可伸缩采样子集(Scalable Sample Rate Profile)或 SSR 框架，在这种框架中使用了增益控制工具，但是预测和耦合工具是不被允许的，具有较低的带宽和 TNS 阶数。对于最低的一个 PQF 子带不使用增益控制工具。当带宽降低时，SSR 框架的复杂度也可降低，特别适应于网络带宽变化的场合。

2. MPEG2 AAC 系统描述

1) 系统框图

编码框图其整体 AAC 编解码系统，如图 5-9 所示，其编码流程概述如下：当一音频信号送至编码端时，会分别送至听觉心理模型以求得编码所需之相关参数及增益控制(Gain

Control)模块中，使信号做某个程度的衰减，以降低其峰值大小，如此可减少 Pre-echo 的发生。之后，再以 MDCT 将时域信号转换至频率域，而送入至 TNS(Temporal Noise Shaping，暂时噪音成形)模块中，来判断是否需要启动 TNS，此模块系利用开回路预测(Open-loop Prediction)来修饰其量化噪声，如此可将其量化噪声的分布，修饰到原始信号能量所能包括的范围内，进一步减少 Pre-echo 的发生，若 TNS 被启动，则传出其预测差值；反之，则传出原始频谱值。AAC 为了提升其压缩效率，则使用了 Joint Stereo Coding 与预测(Prediction)模块来进一步消除信号间的冗余成分。在 Joint Stereo Coding 中又可分为 Intensity Stereo Coding 与 M/S Stereo Coding。在 Intensity Stereo Coding 模块中，是利用信号在高频时，人耳只对能量较敏感，对于其相位不敏感之特性，将其左右声道之频谱系数合并，以节省使用之位；在 M/S Stereo Coding 模块中，利用左右声道之和与差，做进一步地压缩，若其差值能量很小，如此便可以用较少之位编码此一声道，将剩余之位应用于另一声道上的编码，如此来提升其压缩率。而预测模块的主要架构是使用 Backward Adaptive Predictors，利用前两个音频帧来预测现在的音频帧，若决定启动此模块，则传出其预测差值，如此一来可以减少其数据量，达数据压缩之目的。经过上述处理频谱信号上的压缩 tools 程序后，则将其数据予以量化与编码，为了达到量化编码的最佳化，AAC 使用了双巢状式循环(Two Nested Loop)的量化编码结构，以得最佳的压缩质量，最后则将其位串送至解码端，而完成整个编码程序。

表 5-2 三种不同 profile 所需使用的 tools

Took Name	Main	LC	SSR
Noiseless	coding	Used	Used
Quantizer	Used	Used	Used
M/S	Used	Used	Used
Prediction	Used	Not	Use
Intersity/Coupling	Used	Not	Use
TNS	Used	Limited	Limited
Filter	Bank	Used	Used
Gain	Control	Not	Use

为了允许其系统可对音频质量与内存/处理功率要求之间做一舍取，因此 AAC 系统提供了三种 profiles：Main profile、Low Complexity(LC) profile、Scaleable Sampling Rate (SSR)profile。且每一种 profile 所使用的 tools 皆不同，表 5-2 表示其三种不同 profile 所需使用的 tools。

2) MPEG2 AAC 码流格式与数据结构层次

MPEG2 AAC 规定了 2 种码流格式：ADIF 和 ADTS，前者用于属于文件格式用于存储；后者属于流格式，用于传输。

MPEG2 AAC 规定 1024 个 sample 数据为一个 frame，一个 frame 的 sample 从时域通过 MDCT 映射到频域时，由于引入 50%交叠，所以变成 2048 个谱线。如果是长块变换，则一个 frame 只有一个 window group，每个 window group 有一个 window，每个 window 有 2048 个谱线。如果是短块变换，则可能有若干个 window group，每个 window group 可能有若干个 window，但是所有 window group 的 window 个数加一起一定为 8 个，此时每个

windows 有 256 个谱线。需要注意的是：分 window group 的意义在于同一个 window group 的谱线数据使用一个 scalefactor。而每个 windows 又可以分为 n 个 section($1\leqslant n\leqslant$ max_sfb,“一个 frame 内最多的 scalefactor band 的个数”)，每个 section 有若干个谱线数据(Spectral Data)，但需要注意，section 的边界必须和 scalefactor band 的边界重合，所以也可以说每个 section 有若干个 scalefactor band。提出 section 的意义在于统一个 section 的谱线数据(Spectral Data)使用同一个 huffman table 编码。

MPEG2 AAC 提出的 window group 和 section 的个数都是不确定的，所以编码端要在比特流中加入相关的 side info 用来指示 window group 和 section 分割方法。在 isc_info()中的 scale_factor_grouping 和 section_data()中的 sect_len_incr 就是起到这样的作用。

3) 码流解析

码流可以分为 side info 的解析和压缩数据的解析，side info 解析出的状态信息和控制信息都使用定长码。解码只要按照格式解析出来即可。由于解码简单和篇幅限制，本书就不再提及，请查阅 13818-7 标准语法部分。其次是对压缩数据的解析，压缩数据属于无损编码，主要是变长码。

3. MPEG-2 AAC 的主要技术

1) 滤波器组与块交换(Filter Bank and Block Switching)

滤波器组(Filter Bank)是 MPEG-2 AAC 中一个基本的组件，扮演着将音频信号从时间域转换至频谱域之表示，其在解码端则反向处理。对 Filter bank 而言，它必须具备对音频编码有着完美的重建的特性，然而，有时其音频还原似乎不是如此完美，其主要因素在于，处理时间域转换至频谱域时的音频信号，是以逐帧(frame by frame)的方式送至 Filter bank，也就是将目前的音频信号切割成多个音频帧来处理，因而会造成音频帧间的边缘信号，给予不同精确度的编码，并造成信号的不连续性，都将造成日后还原时，所发生的质量影响。这种效应，称之为块效应(Blocking Effect)，为了解决此问题，其块间的信号在送入 Filter bank 之前，一个 overlapping windowing 的方式将被采用，以减少其信号不连续性。

2) MDCT and IMDCT

在 AAC 或其他音频信号的编解码器上，最普遍解决上述问题的 filter bank 设计，即为在编码端上的 MDCT(Modified Discrete Cosine Transform)及解码端上的 IMDCT(Inverse Modified Discrete Cosine Transform)。MDCT/IMDCT 使用了一种技术，称为 TDAC(Time Domain Aliasing Cancellation)，它使用了一种名为 window-overlape-add 的处理方式来消除时间域上的交迭(aliasing)，如图 5-10 所示为 AAC Filter bank 的框图表示，对一个输入音频信号的目前音频帧，是取前一个音频帧的后面 50%与目前输入的音频帧音频值前 50%作为此次处理的音频。

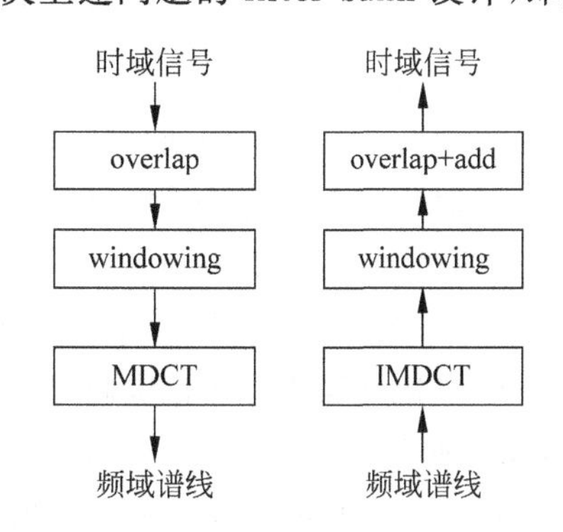

图 5-10　AAC Filter bank 的框图表示

3) 窗块切换(Windowing and Block Switching)

对一个 MDCT filter bank 的频率响应的分辨率改善，进来的音频信号在经 MDCT 转换前，需经过一个 window function 相乘后才送至 MDCT。AAC 支持两种 window shapes，即 sin window 及 KBD(Kaiser-Bessel Derived) window,KBD window 可以比 sine window 更准确地重建出原始的时间域的信号。在 MPEG-2 AAC 系统中,可以允许其 KBD 及 sin window 的切换,来达到最好的用来接受输入信号的状态,而得到更好的音质重建结果。

另外,MPEG-AAC 编码器中,为了在声音特性、编码效率与声音压缩质量上取得适合的块长度,总共提供 $N=256$(短块)与 $N=2048$(长块)两种块长度作为选择。其块的选择,是根据听觉心理模型(Psychoacoustic Model)的 PE 值来决定。

通常,长块的使用可以被选择来减少其信号的冗余部分,并得到较高的频率分辨率,来改善编码质量,但是也可能对于某些瞬时信号产生问题。一般地,当音频信号在时间域上有变化较大的瞬时信号(Transient Signal)时,则以连续的 8 个短块来处理,可以提升在音频压缩时的精确度,并减少 pre-echo 的发生;相对地,当音乐数据属于稳态的信号(Stationary signal),则使用长块来处理。而在长短块转换中,还存在着两种缓冲块,长块切换到短块必须经过起始块(Start Block)才切换到短块,从短块切换到长块也必须经过停止块(Stop Block)才切换到长块。图 5-11 显示了其块切换方式。

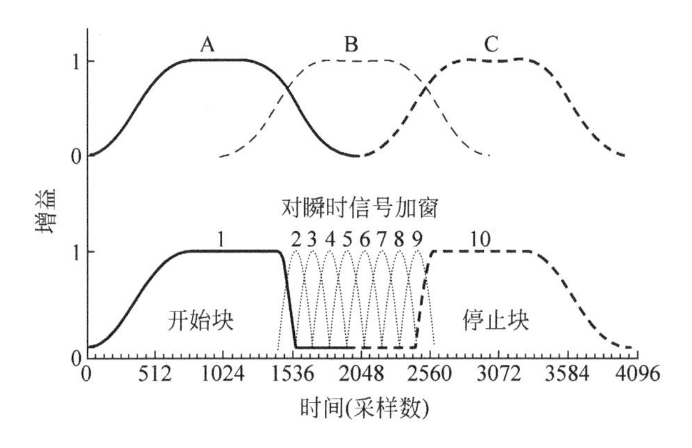

图 5-11　短块与长块块切换方式

4) TNS

由于 MPEG-2 AAC 的块大小比 MPEG-1 layer3 的还要大,因此,一般在处理单一长块信号时,假如在时间上有一个急剧变化的信号变化时,经由在时间域与频率域上的信号转换,再经量化后,转回其时间域时,有可能会增加造成 pre-echo 的现象发生。而 pre-echo 的发生,从时间域上的遮蔽效应可发现,若一较高的能量是在转换长块的前半部时,其经由量化所产生的噪声,可能被 post-masking 遮蔽,但是若较高的能量是在长块的后半部时,则散布到前半部的噪声将无法被 pre-masking 遮蔽,这就是由于对长块而言,其在时间域上的分辨率较低,因此噪声分布范围超过 pre-masking 的遮蔽范围,而造成量化的噪声将被人耳所听到,此现象,就是称为 pre-echo。

如图 5-12 所示为 pre-echo 现象发生所造成时间域上信号的失真。减少 Pre-echo 现象有许多种方式,如经由动态地切换块大小可解决此一问题,另外,在 MPEG-2 AAC 中加入了 TNS,也是用来减少 pre-echo 的现象。而 TNS 概念是使每个单一块再经过 TNS 编解码后,将量化噪声的分布能被原信号所遮蔽。

在编码端,首先将经过 MDCT 模块的频域信号送入,利用 Levinson- Durbin recursion

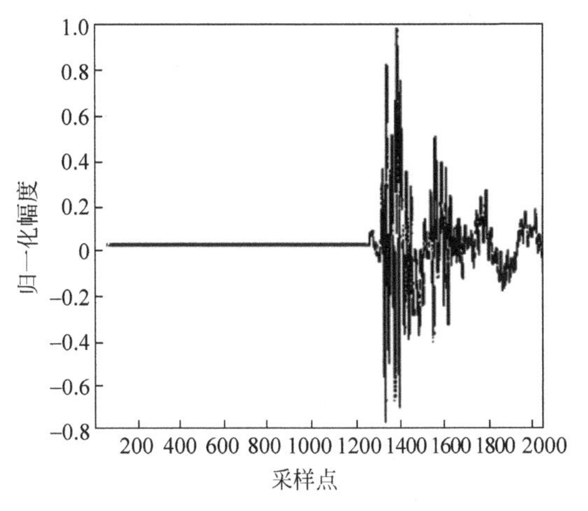

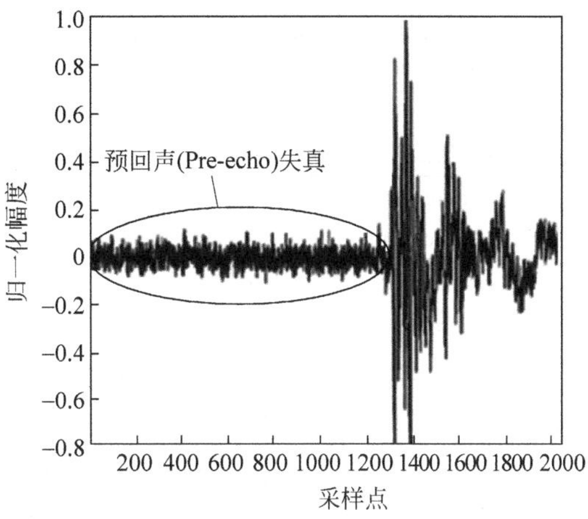

图 5-12 pre-echo 现象

方法取得此音频块的反射系数(Reflection Coefficients)与预测增益(Prediction Gain),当求得的预测增益大于 MPEG2-AAC 标准中所设定的常数值,则使用 TNS 模块。首先,为了减少反射系数传送所需的比特率,将反射系数进行量化,然后再经过 Truncate coefficients 来调整 TNS 系数的阶数,开始会根据不同 profile 所定义的系数阶数,将后面系数小于 0.1 的系数值舍去,来调整系数阶数,使得产生的 LPC 预测系数阶数少于 profile 定义的阶数,最后将反射系数经过计算求出 TNS 的预测系数,送入 TNS filter(MA)中。如果没有启动 TNS,则将原始的频域谱线送出。在编码端只需要传送量化后所需要的反射系数阶数以及整数的索引值,而不必传出所有反射系数的信息。给 Index 及 TNS order 的信息将使用在解码端,用来还原量化后的反射系数。当解码端所接收到的反射系数阶数大于 0,代表有使用 TNS 编码,在解码端就会启动 TNS 解码模块,求得编码时的预测系数送入 TNS filter (AR)中,解码出频率域上信号的数据。

加入 TNS 模块后,也有一些 side information 的项目需加入至位串(bit stream)里,以提供解码端使用,如表 5-3 所示。由于 TNS 预测级数对于 LONG window 而言,最多为 20,对于 SHORT window 而言,最多为 7,因此,TNS 在编码中对 side information,最多增加的位数目为:

- LONG window:$1+1\times(2+1+6+5+1+1+4)=97$bits;
- SHORT window:$1+8\times(1+1+4+3+1+1+7\times4)=313$bits(Joint Stereo Coding)。

MPEG AAC 的系统为了提升其编码效率及压缩质量,Joint Stereo Coding 利用了左右声道的特性,对立体音编码引进了两种技术,即 M/S Stereo 与 Intensity Stereo。

表 5-3 side information

side information	位宽	注释
TNS Present or not	1	
Number of filters	2/1	长/短窗
TNS coefficients resolution	1	
TNS filter length in band	6/4	长/短窗

续表

side information	位宽	注释
TNS filter order	5/3	长/短窗
TNS filter direction	1	
Coefficient compress or not	1	
Bit per coefficient	4	

5) M/S Stereo

在 MPEG-2 AAC 系统中,M/S(Mid/Side) Stereo coding 被提供在多声道信号中,每个声道对(Channel Pair)的组合(也就是每个通道对)是对称地排列在人耳听觉的左右两边,其方式简单,且对位串不会引起较显著的负担。一般地,当其在左右声道数据相似度大时,常被用到,并需记载每一频带的四种能量临界组合,分别为左、右、左右声道音频合并($L+R$)及相减($L-R$)的两种新的能量。然后再利用听觉心理学模型与滤波器来处理。一般地,若所转换的 Sid 声道的能量较小时,M/S Stereo coding 可以节省此通道的位数,而将多余的位应用于另一个所转换的声道,即 Mid 声道,进而可提高此编码效率。对 M/S Stereo coding,可以选择性地切换其在时间域上块与块间是否使用的时机,其切换的旗标(ms_used)将被设定与否而传送至解码端上。

6) Intensity Stereo

对低频信号而言,人类听觉系统对信号的能量与相位皆较敏感,相对于在高频信号,人耳只对其能量较为敏感,而对其相位较不敏感。Intensity Stereo coding 就是利用人耳的这种特性,被使用在高频区域里,声道对之间的不相关性条件下,这个方式在过去对立体声或多声道编码中已广泛使用,又可称为 dynamic crosstalk 或 channel coupling。其编码是利用这一因素来完成,也就是在高频声音组件的接收感觉,主要是依赖在它们的能量分析上,即时间封包(Time Envelopes)。因此,它对某些型式的信号就有可能仅需传送单一频谱值来达到,其他音频的声道在不影响其质量的情况下,可以虚拟地由此一频谱值被表示出来。而原始编码声道的能量,即 time envelopes,对每一个 scalefactor band,经由一个调整(Scaling)大小的运算因子,近似地被表示而储存,使得在解码端,对每一个声道的信号,可借由此一因子来重建。

7) 量化编码

在完成之前的频谱处理的工具后,实际位率减少是在量化处理中来达到,这个模块主要的目的是量化频谱上的数据,使得量化噪声能够满足声音心理模式的要求。迭代循环(Iteration Loop)模块被用来决定量化的 step size,并保证其允许的失真不会超过,并在满足迭代循环后,非线性的量化函数被执行。另外,对于每一个音频帧被量化的有效位数,也需在某个临界之下,一般其值与取样率及所要求的位率有关。在每个音频帧开始计算时,先将一些所需的变量初始化,如果此音频帧里所有的频域数据皆为 0,则可以跳过此音频帧不作处理,如果有频域数据,则将进入 outer iteration loop,开始进行频域数据的量化与位计算,最后将未使用的位数,保留到下一个音频帧时继续使用。

8) 无损解码

无损解码 ics_info()的参数如表 5-4 所示。

表 5-4 解码 ics_info()

	位宽	作　用
ics reserved bit	1	一定为 0
window sequence	2	窗口类型 00：长窗　01：起始窗 10：短窗　11：结束窗
window shape	1	决定使用正弦窗还是 KBD 窗 0：正弦窗 1：KBD 窗
max sfb	4/6	短窗下 4 位，其他时 6 位。表示每个窗组内的 scalefactor band 的个数
scale factor grouping	7	在短窗时有效。指明 window group 的分割方式。7 个 bit 表示 8 个窗中的 1-7 窗的分组情况。即 bit(8－n)表示 window(n)的分组属性，当 bit(8－n)＝'1'表示 window(n)和 window(n－1)是同一个组，若 bit(8－n)＝'0'表示 window(n)和 window(n－1)是不是同一个组
predictor data present	1	指示码流中是否出现预测数据
predictor reset	1	指示预测器是否全部复位
predictor reset group number	5	指示预测器组是否复位
prediction used	1	指示每个 scalefactor band 是否是由预测器

5.3.3 MPGE-4 HE-AAC

MPEG-2 AAC 通过进一步改善和增补，增加了知觉噪声代替(Perceptual Noise Substitution，PNS)等技术，使之发展成为 MPEG-4 音频标准，MPEG-4 高效先进音频编码(High Efficiency Advanced Audio Coding，HE-AAC)是由 AAC 主体，加上频带复制(Spectral Band Replication，SBR)技术组合而成的编码算法。以往的声音压缩受限于感知编码，使得高频段的声音容易产生失真，尤其是在使用低码率压缩时，因数据量大幅减少，声音质量让使用者无法接受。SBR 是数字音频中一种提高效率的压缩工具，它可以大大提升使用低码率压缩时的声音质量。

HE-AAC 承袭了 AAC 的所有优点，利用 SBR 这一种独特的带宽扩展技术来改善音频中高频段的失真现象，而所谓的高效率在于编码器仅需对低频部分编码，高频部分利用低频信号，配合一组数据量极少的参数来重建，SBR 能够使编码器仅以一半的比特率传送同质量的音频信号。

如图 5-13 所示，在编码部分，对原始的音频输入信号进行分析，其高频的谱包络及与低频相关的特性将被编译，形成 SBR 数据，与核心的编码数据流进行多路复用。在解码部分，SBR 数据首先被分离解码，解码过程分成两个阶段，第一阶段，核心的编码数据流产生低频带信号；第二阶段，以 SBR 解码作为后处理进行操作，利用解出的 SBR 数据指导频带复制过程，从而得到全频带输出信号。

MPEG-4 HE-AAC v2 是 HE-AAC 的完全扩展集，它是由 MPEG-4 音频标准技术中的 AAC、SBR、PS 三种技术结合而成的最高效的音频编码方法。为进一步提高低速率立体声

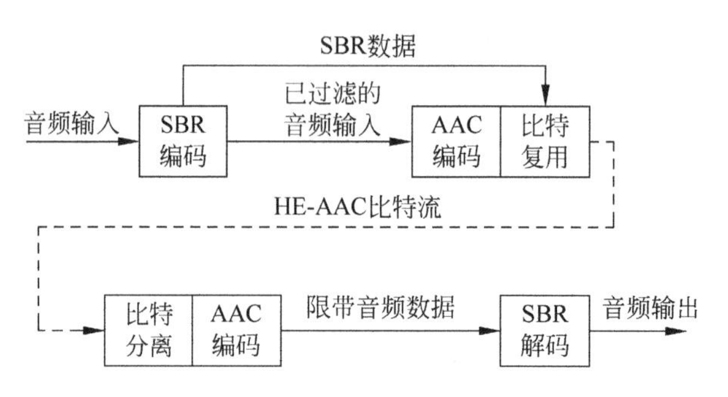

图 5-13 HE-AAC 编解码方框图

编码的性能，增加基于 SBR 框架的参数立体声(Parametric Stereo，PS)编码技术。参数立体声编码的基本思想就是传输一种描述立体声图像的数据，而这种数据是以混合单声道的边信息的形式传送的，这种立体声边信息非常简洁，虽然只占整个比特流很小的一部分，却可以使整个比特流的单声道信号获得最好的品质。PS 技术能够使低比特率的立体声信号，在编解码的效率上增加一倍。

SBR 和 PS 都是兼有前向兼容和后向兼容特性的技术，可以提高任何一种音频的编解码效率。正因为采用这几种新的高压缩比技术，HE-AAC v2 能够在速率为 128kb/s 时传输流媒体和可下载的 5.1 多声道音频信号，在速率为 32kb/s 时传输准 CD 音质，在速率为 24kb/s 时传输优质立体声音质，甚至在速率低于 16kb/s 的单声道方式下还能对混合音频内容传输较好的音质。

MPEG-4 HE-AAC 在许多国际标准化组织中都已经广泛采用。在第三代移动通信合作伙伴计划(3rd Generation Partnership Project，3GPP)中，MPEG-4 HE-AAC v2 被指定为高效音频编解码标准，新一代的数字广播 DAB＋中也采用 HE-AAC 作为信源编码技术。此外，它还在互联网流媒体联盟(Internet Streaming Media Alliance，ISMA)、3GPP2、HDTV、DVB、DVD 论坛以及其他许多标准化组织、论坛中都采纳为其规范之一。2009 年杜比实验室最新推出的 Dolby Pulse 技术也是建立在 MPEG-4 HE-AAC 标准开放音频技术之上，并与之兼容，Dolby Pulse 将 HE-AAC 先进的编码效率与杜比音频技术的性能、特点、一致性、兼容性很好地集于一身。

5.3.4 MPEG 通用语音与音频编码算法

为进一步促进语音频通用编码技术的发展，运动图像专家组于 2007 年首次提出了构建语音频通用编码器的倡议。对此，Fraunhofer IIS 和 VoiceAge 公司提出了基于类型判别的混合编码方式，该编码器将输入信号分为语音、音频两类来分别处理，采用 HE-AAC 与 AMR-WB＋相结合的方式来实现对音频和语音信号处理的无缝切换。最终，这种 AMR-WB＋与 HE-AAC 相结合的参考模型被 MPEG 组织所采纳，成为了 MPEG 通用语音频编码(Unified Speech and Audio Coding，USAC)算法，其基本原理如图 5-14 所示。

如图 5-14 所示，编码器对于输入的语音信号采用 AMR-WB＋编码，其编码原理如前所述；音频信号采用 HE-AAC 编码方法，该编码方法在低频段以 AAC 编码方法为内核，AAC 编码器是一种变换域编码方法，主要包括三个模块：

- 时频变换，将时域音频信号映射到变换域；

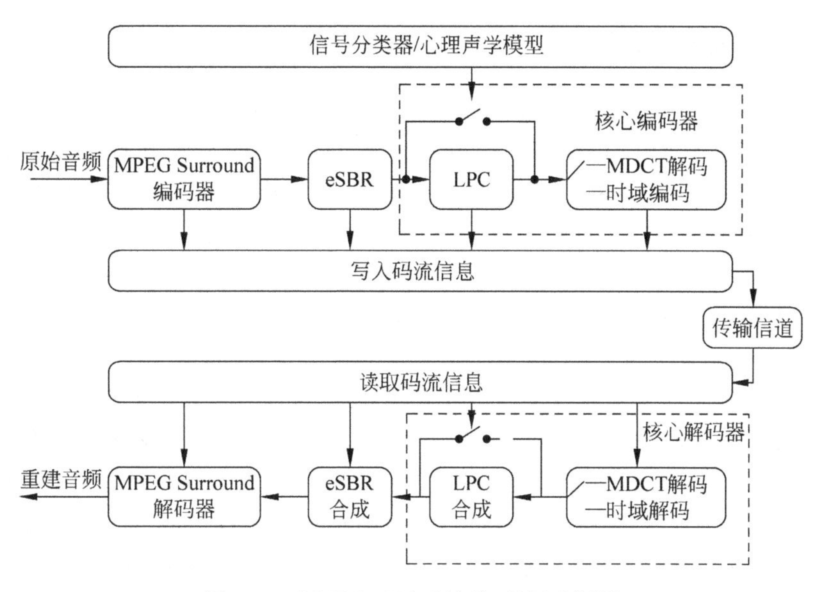

图 5-14　MPEG USAC 编/解码原理框图

- 参数量化，该模块所产生的量化误差由心理声学模型计算得到的输入信号的听觉感知特性来控制；
- 熵编码，对于量化后的频域参数和边信息通过熵编码的方式写入码流。

因此，AAC 编码器是一种由源信号控制的可变码率的编码器，结合信号自身的统计信息及听觉感知特性实现对音频信号的高质量恢复。而对于高频段音频信号，则利用频带复制技术(Spectral Band Replication，SBR)，通过复制低频段频谱信息，同时结合信号噪声和谐波性参数来恢复高频信息，从而实现码率压缩。

该编码方法充分结合了 HE-AAC 和 AMR-WB+编码器对音频和语音信号处理的优势，对于输入的信号首先进入 SBR 模块，进行高频参数的提取，对于信号的低频成分则采用 LPC 和 MDCT 编码方式进行处理。利用信号分类模块以及心理声学模型对输入信号进行判别，在编码时，时域波形编码与 MDCT 域编码方法同时进行，当输入信号为语音信号时，则启动 LPC 处理模块，若输入信号为音频信号，则仅采用 MDCT 域编码方式进行处理。由于 HE-AAC 和 AMR-WB+编码器处理帧长不同，LPC 编码与 MDCT 编码处理方式也存在很大区别，因此利用该模型实现对音频和语音信号的通用编码所需解决的核心问题是如何实现不同处理方法之间的快速切换和平滑过渡。当出现两种处理模块的切换，需要解决如下问题：

(1) MDCT 域(HE-AAC)，时域和 LPC 滤波器(AMR-WB+)之间的过渡；

(2) 消除模式切换所产生的人工产物；

(3) 在帧长不变的情况下，实现两种模式的平滑过渡。

为解决以上问题，该编码方法通过增加特殊的修正离散余弦变换(Modified Discrete Cosine Transform，MDCT)窗来消除因各帧编码模式不同所带来的块效应。然而该算法依赖于分类判别的准确率，对于语音与音频混合信号处理效果并不理想。

5.3.5* 语音频编码的未来发展方向

通过对语音和音频编码技术发展历程的回顾，可以发现，语音频编码技术在传输信号带宽、编码速率和应用场景方面都取得了长足的发展。在传输信号带宽方面，语音频编码标准的发展表现出从窄带(8kHz 采样)到宽带(16kHz 采样)，再到超宽带(32kHz 采样)，最终到全频带(48kHz 采样)的发展趋势；在编码速率方面，由起初的定速率编码(G. 711、G. 721)，到多速率编码(G. 722. 1、G. 722、MPEG-1/2)，最终发展到具有可变速率、可分层的嵌入式编码(G. 729. 1、G. 718)；在应用场景方面，从 IP 电话通信到移动互联网通信，再到如今的 3G/4G/5G 移动通信网络。

上述语音、音频编解码技术发展状况和趋势表明，随着 3G/4G/5G 移动通信的发展，以手机电视、移动音乐、流媒体音乐，以及移动音视频会议等为代表的诸多移动多媒体应用将快速发展，同时大容量存储器和宽带网络的发展，使得人们对传输带宽和传输速率的要求逐渐放宽，而随之提高了对音频质量的要求。在这种趋势下，当前对语音、音频编码的研究主要集中在空间音频编码和适合未来移动通信的语音与音频通用编码等方面。

空间音频编码(Spatial Audio Coding，SAC)是一种基于空间听觉线索的压缩编码技术，它通过高效提取和重建空间听觉信息，实现低码率高质量多声道音频编码。空间音频编码的目标是利用空间听觉冗余，以尽可能低的码率传送高质量的多声道音频信号，通过与空间视频编码技术相结合，在保证重建音频质量的前提下，完成对现实场景的完美重现。空间音频编码的基础理论是由 C. Faller 和 F. Baumgarte 提出的双耳线索编码理论，通过提取声道间的差异信息以及相关度信息实现多声道压缩编码。随后，Coding Technology、Fraunhofer IIS、Philips 以及 Agere 等 4 家国际研究机构对空间音频编码展开研究，并于 2005 年共同提出了 MPEG 空间音频编码架构，进而通过融合其他技术，最终形成 SAC 的参考模型。2006 年 7 月，MPEG 经过对 SAC 模型的不断校正和改进，颁布了世界上第一个空间音频编码标准 MPEG Surround。与传统多声道编码相比，空间音频编码在相同的音质下可有 1/2～2/3 的码率下降，在满足人们较高音质需求的同时，也减轻了目前高质量多声道音频信号对传输和存储上的压力，从而使其在广播、Internet 流媒体等领域有着巨大的应用前景。

而语音与音频通用编码作为当前语音、音频编码的另一个研究热点，其研究目标是利用统一的编码框架，实现对包括语音、音乐、语音和音乐的混合(混合音频)等复杂音频信号的高效编码，从而弥补单一类型的语音、音频编码方式仅适合处理一种类型信号的不足。

在语音与音频编码领域，目前的压缩算法大致可以分为两类，一类为基于线性预测的参数编码；另一类为基于变换的编码。基于线性预测技术的编码通常基于语音信号发声的源-系统模型，通过分析/合成的方式去除语音信号远样点和近样点之间的冗余，实现对语音信号的高效压缩。然而，由于该模型不符合音乐信号的产生机理，因此利用其处理音乐信号时，会产生明显的编码噪声。基于变换的编码通常采用基于心理声学模型的波形编码方法，适合对音乐信号进行编码，但它所需码率较高。利用其对语音信号进行编码时，在取得相同音质的条件下，压缩效率远低于基于线性预测技术的编码方法。然而，在移动多媒体应用场

---

* 编辑注：章节号标有“*”号，表示本章节为选读内容。全书同。

景中涉及的音频内容较为复杂，并非是单纯的语音或音乐信号，通常包括自然音、语音、音乐以及语音和音乐的混合音频，因此要求编码算法必须能够无差别地对上述较为复杂的音频信号实现高效编码。

基于此，人们提出了多种解决方案，如将线性预测与变换编码相结合的变换预测编码(TPC)算法。该算法以线性预测编码技术为核心，通过开环或闭环的方式，将预测残差在频域量化，通过在时域分辨率和频域分辨率之间取得折中，实现对语音和音频信号的通用编码，其典型代表为第三代合作伙伴计划3GPP于2005年制定的扩展的自适应多码率宽带(Extended Adaptive Multi-Rate-Wideband，AMR-WB＋)语音/音频编码标准。另外，Fraunhofer IIS和VoiceAge公司也于2009年联合提出了一种基于信号分类的混合编码方法，该方法通过在多个不同的编码器中使用开环信号分类法选择最佳的编码器编码，实现对语音和音频的通用编码。

5.4* 常用的音频信号处理软件

1. Adobe Audition

它是一个专业音频编辑和混合环境，原名为Cool Edit Pro。被Adobe公司收购后，改名为Adobe Audition。Audition专为在照相室、广播设备和后期制作设备方面工作的音频和视频专业人员设计，可提供先进的音频混合、编辑、控制和效果处理功能。最多混合128个声道，可编辑单个音频文件，创建回路并可使用45种以上的数字信号处理效果。Adobe Audition功能强大，控制灵活，使用它可以录制、混合、编辑和控制数字音频文件，也可轻松创建音乐、制作广播短片、修复录制缺陷。通过与Adobe视频应用程序的智能集成，还可将音频和视频内容结合在一起。

Adobe Audition(见图5-15)是一个非常出色的数字音乐编辑器和MP3制作软件。不少人把它形容为音频"绘画"程序。你可以用声音来"绘"制：音调、歌曲的一部分、声音、弦乐、颤音、噪音或是调整静音。而且它还提供有多种特效使你的作品增色：放大、降低噪音、压缩、扩展、回声、失真、延迟等。你可以同时处理多个文件，轻松地在几个文件中进行剪切、粘贴、合并、重叠声音操作。使用它可以生成的声音有噪音、低音、静音、电话信号等。该软件还包含有CD播放器。其他功能包括支持可选的插件、崩溃恢复、支持多文件、自动静音检测和删除、自动节拍查找、录制等。另外，它还可以在AIF、AU、MP3、Raw PCM、SAM、VOC、VOX、WAV等文件格式之间进行转换，并且能够保存为RealAudio格式。

2. GoldWave

GoldWave是一个集声音编辑、播放、录制和转换的音频工具，体积小巧，功能却不弱。可打开的音频文件格式种类较多，包括WAV、OGG、VOC、IFF、AIF、AFC、AU、SND、MP3、MAT、DWD、SMP、VOX、SDS、AVI、MOV等，也可从CD、VCD、DVD或其他视频文件中提取声音。内含丰富的音频处理特效，从一般特效(如多普勒、回声、混响、降噪)到高级的公式计算(理论上可以利用公式产生任何你想要的声音)，效果很多。后续版本在处理速度上有了很大提高，而且能够支持以动态压缩保存MP3文件。目前的版本为GoldWave V6。

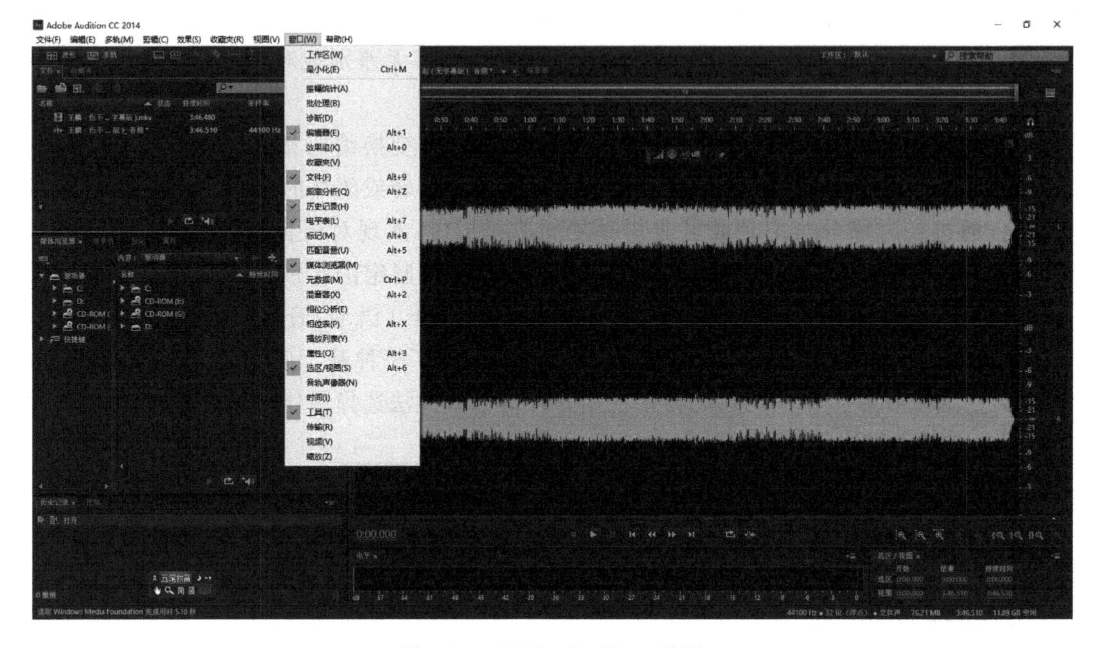

图 5-15 Adobe Audition 界面

3. NGWave Audio Editor

NGWave Audio Editor 是一个功能强大的音频编辑工具，采用下一代的音频处理技术，使用它可以在一个可视化的真实环境中精确快速进行声音的录制、编辑、处理、保存等操作，并可以在所有的操作结束后采用创新的音频数据保存格式，将其完整而高品质地保存下来。

4. All Editor

All Editor 是一个专业的多功能的声音编辑和录音工具，All Editor 是一款超级强大的录音工具，All Editor 还是一个专业的音频编辑软件，它提供了多达 20 余种音频效果供你修饰你的音乐，例如淡入淡出、静音的插入与消除、哇音、混响、高低通滤波、颤音、震音、回声、倒转、反向、失真、合唱、延迟、音量标准化处理等。

5. Total Recorder Editor

Total Recorder Editor 是 High Criteria 公司出品的一款优秀的录音软件，其功能强大，支持的音源极为丰富。不仅支持硬件音源，例如：麦克风、电话、CD-ROM 和 Walkman 等，还支持软件音源，例如：Winamp、RealPlayer、Media player 等，而且它还支持网络音源，例如：在线音乐、网络电台和 Flash 等。除此之外，还可以巧妙地利用 Total Recorder 完成一些“不可能完成”的任务。总之，“全能录音员”这一称号对 Total Recorder 来说一点都不过分。音频玩家最关心的还是录音质量，Total Recorder 的工作原理是利用一个虚拟的“声卡”去截取其他程序输出的声音，然后再传输到物理声卡上，整个过程完全是数码录音。因此，从理论上来说，不会出现任何的失真。

6. AD Stream Recorder

AD Stream Recorder 是一款流媒体录音工具，它可以对实况流媒体进行录音或者可视化分析。与同系列产品 AD Sound Recorder 可谓相辅相成之作。MP3 编码时使用的是

LAME 3.93 的 DLL 版本。它能录制 internet 主流媒体、Windows 媒体播放器播放的电影和音乐。录音和监视过程中可实时显示信号，有助于录制高质量的音频。

7. Audio Recorder Pro

Audio Recorder Pro 是一款实用、快速和容易使用的录音工具。它可录制音乐、语音和任何其他声音，并保存成 MP3 或 WAV 格式，支持从麦克风、Internet、外部输入设备（如CD、LP、音乐磁带、电话等）或者声卡进行录制。允许预设置录音质量以帮助快速设定和管理录音参数；允许定时录制，内置增强的录音引擎，允许在录音前预设定录音设备。

8. Audacity

Audacity 是一个免费的跨平台（包括 Linux、Windows、Mac OS X）音频编辑器。可以使用它来录音、播放、输入输出 WAB、AIFF、Ogg Vorbis 和 MP3 文件，并支持大部分常用的工具，如剪裁、贴上、混音、升/降音以及变音特效等功能。具有混合音轨和给录音添加效果的功能。它还有一个内置的封装编辑器、一个用户可自定义的声谱模板和实现音频分析功能的频率分析窗口。

其他音频处理软件还有 Sound Forge、Logic Audio、Samplitude、Vegas Audio、Nuendo、Band in a Box、Guitar Pro、T-Racks 等，此处不再一一介绍。

5.5* 常见的音频格式

按照压缩后的数据是否有信息丢失，数据的压缩编码分为无损压缩和有损压缩。其中，简单来说，无损压缩就是对压缩数据进行还原之后得到的数据与原来的数据是完全相同的，也称冗余压缩方法，它利用数据的统计冗余进行压缩，解码后的数据与压缩编码前的数据严格相同，没有失真，是一种可逆运算。这类方法的压缩比例一般不高，仅使用无损压缩方法不可能解决音频数据的存储和传输问题。有损压缩方法也称信息量压缩方法，它利用了人类听觉对声音的某些频率成分不敏感的特性，允许压缩编码过程中损失一定的信息。换句话说，解码数据和原始数据是有差别的。

5.5.1 无损压缩的音频编码文件格式

1. WMA

WMA（Windows Media Audio）格式是微软公司开发的基于互联网流媒体应用的数字音频压缩算法，音质要比 MP3 格式更好，以减少数据流量但保持音质的方法来达到比 MP3 压缩率更高的目的，WMA 的压缩比一般都可以达到 18∶1 左右。WMA 的另一个优点是内容提供商可以通过 DRM（Digital Rights Management，数字版权管理）方案加入防复制保护，这种内置的版权保护技术可以限制播放时间和播放次数，甚至限制播放的机器等等。另外，WMA 还支持音频流技术，适合在网络上在线播放，作为微软抢占网络音乐的开路先锋。

2. APE

APE 是流行的数字音乐无损压缩格式之一，因出现较早，在全世界特别是中国大陆有着广泛的用户群。与 MP3 这类有损压缩格式不可逆转地删除（人耳听力不敏感的）数据以缩减源文件体积不同，APE 这类无损压缩格式，是以更精练的记录方式来缩减体积，还原后的数据与源文件相同，从而保证了文件的完整性。APE 由软件 Monkey's audio 压制得到，开发者为 Matthew T. Ashland，源代码开放，因其界面上有只"猴子"标志而出名。

3. FLAC

FLAC(Free Lossless Audio Codec)是一种开源的无损压缩音频编码解码技术，FLAC 注重解码的速度。解码只需要整数运算，并且相对于大多数编码方式而言，对计算速度要求很低。在很普通的硬件上就可以轻松实现实时解码。

其他无损压缩音频还有 TTA、TAK、ALAC、WMA Lossless、WavPack 等。

5.5.2 有损压缩的音频编码文件格式

1. MP3

MP3 格式诞生于 20 世纪 80 年代的德国，所谓的 MP3 也就是指的是 MPEG 标准中的音频部分，也就是 MPEG 音频层。MP3 格式压缩音乐的采样频率有很多种，可以用 64Kb/s 或更低的采样频率节省空间，也可以用 320Kb/s 的标准达到极高的音质。MP3 的编码方式是开放的，用户可以在这个标准框架的基础上自行选择不同的声学原理进行压缩处理。

2. VQF

VQF 格式实际指的是 TwinVQ(全称为 transform-domain weighted interleave vector quantization)，是日本 ntt(全称为 nippon telegraph and telephone)集团属下的 ntt human interface laboratories 开发的一种音频压缩技术。VQF 格式技术受到 yamaha 公司的支持，VQF 是其文件的扩展名。VQF 格式和 mp3 的实现方法相似，都是通过采用有失真的算法来将声音进行压缩，不过 VQF 格式与 mp3 的压缩技术相比却有着本质上的不同：VQF 格式的目的是对音乐而不是声音进行压缩，因此，VQF 格式所采用的是一种称为"矢量化编码(vector quantization)"的压缩技术。该技术先将音频数据矢量化，然后对音频波形中相类似的波形部分进行统一与平滑化，并强化突出人耳敏感的部分，最后对处理后的矢量数据标量化再进行压缩而成。VQF 的音频压缩率比标准的 MPEG 音频压缩率高出近一倍，可以达到 18∶1 甚至更高。

但是 VQF 不使用如合适的比特分配、可变长度编码等技术。虽然 VQF 的解码/还原软件体积很小(NTT 公司称其能够对应所有的 CPU)，但是 VQF 的编码/压缩软件需要极其强劲的 CPU。但 VQF 压缩速度慢。MP3 压缩速度相对较快，在压缩速度方面 VQF 比不上 MP3 文件。

其他的有损压缩的音频编码文件格式还有 Real Media、MIDI、Ogg Vorbis、AIFF、AU、VOC 和 VOX 等，此处不再一一介绍。

习题五

5-1 声音信号能进行压缩编码的基本依据有哪些?

5-2 简述语音与音频压缩的区别。

5-3 时域编码与频带编码的特征主要有哪些?

5-4 简述差分脉冲编码调制的思想及其编码原理。

5-5 简述子带编码理论的基本思想及其编码原理。

5-6 简述自适应差分脉冲编码的基本思想及其原理。

5-7 目前主流音频压缩编码标准主要有哪些？试论述它们的区别。

5-8 简述 MPEG-2 AAC 压缩编码的基本原理。

5-9 试总结现有主流无损压缩的音频编码文件格式类型。

5-10 简述矢量化编码的原理。

第6章 视频压缩编码：以HEVC为例

CHAPTER 6

视频编码的意义，从这个技术诞生起就没有改变过。无论是对视频信号的处理、传输，还是对视频信号的存储，视频编码都具有非常重要的作用。例如，按照BT.601标准YUV 4：2：0格式，亮度色度信号采样频率分别为13.5MHz和6.75MHz，数据量可以达到160Mb/s，1GB容量的存储器只能存储不到10s的视频数据。也可以计算清晰度为1080P，按YUV 4：2：0取样，码率为30帧/秒，取样深度为8比特时，视频的码率可以达到(1920×1080×30×8×1.5)0.75Gb/s。如果不进行数据压缩，现在的网络难以流畅地传输这种清晰度的视频。

此外，如今的智能手机的分辨率都已经达到1920×1080px的分辨率了，4K×2K的电视也已在逐步普及，这对发展中的视频编码技术提出了诸多新要求。另外，虽然磁盘的价格一直在不断降低，以及4G移动互联网的普及，对视频传输和存储都起到了巨大的推动作用，但这些是远远不够的，视频编码技术本身也亟待改进和发展。

6.1 视频压缩编码概述

如图6-1所示，视频压缩的广泛应用于日常的各种交流方式之中。一段视频或其他多媒体数据需要进行压缩，是因为多媒体数据集合中存在大量重复的冗余数据，人们通过对冗余信息进行精简、消除等手段实现多媒体数据压缩。其中主要的数据冗余包括空间冗余、时间冗余、结构冗余、视觉冗余、知识冗余和信息熵冗余等，这些庞大的冗余信息给多媒体视频压缩技术提供了广大的空间。

1. 空间冗余

一幅图像中，物体和映衬物体本身背景的规则性使得其光成像数据具有很高的相关性和连贯性，这一特性在数字成像结构中就表现为冗余信息。人们可以通过一定的压缩编码手段将其中的冗余信息进行压缩，可在不影响其视觉效果的前提下，大幅度减小表示一幅图像所需的数据量。

2. 时间冗余

人们在浏览视频时，之所以看不出其中的图像延迟，是因为前后两帧图像之间的相似性，两帧图像在某一区域内亮度信息和色度信息差别不大，而编码两帧图像相减得到的差值数据信息比编码一帧原始图像的数据信息要少许多，那么解码时由第1帧图像数据信息加上差值数据就可以得出第2帧图像的数据信息，但是编码的数据量少了许多。

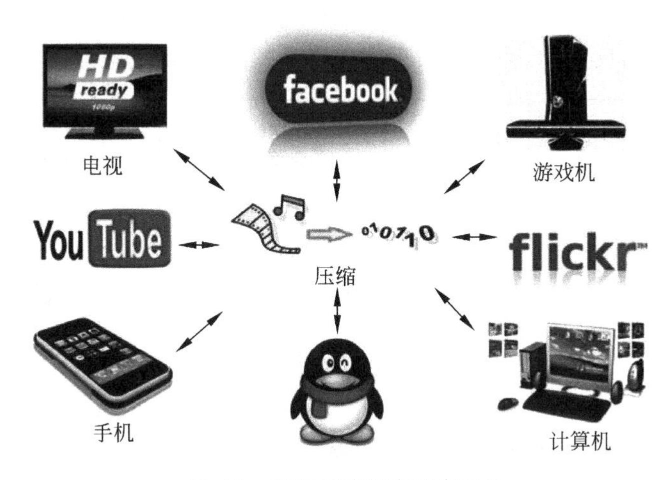

图 6-1 视频压缩的应用广泛性

3. 结构冗余

有些图像存在明显的块状分布结构，块与块之间存在着较强的纹理结构图案，在已知图像结构分布的前提下，可以通过其分布信息来推导生成图像，这样的冗余数据为结构冗余。

4. 视觉冗余

人眼识别具有非均匀特性，对一些信息较为敏感，对另一些信息不敏感，因此，在记录视频图像数据时，可以舍弃对人眼识别不敏感的信息，节省数据空间。例如，人眼对亮度信息的识别比对色度信息的识别更敏感一些，所以在保存数据的时候就可以用较少的数据去记录色度信息，采样视频数据时可以按照 YUV 分量为 4∶4∶4 或 4∶2∶2 或 4∶2∶0 的格式进行数据存储。

5. 知识冗余

某些图像具有固定的结构和规律性，这些特性可以根据先验知识得到其相关数据，例如人脸结构、楼梯结构的特定信息、学校操场的固定结构等，这些信息一般都是固定不变的，所以对数据进行相应表示时，可以将一些信息舍弃，只记录有关细节信息就可以恢复出原始图像。

6. 信息熵冗余

根据信息论知识，在信源编码过程中，如果不进行熵压缩编码而采用统一字符编码方式，就会存在信息熵冗余，因为事件发生所携带的信息量是不同的，所以可以根据事件发生的概率来定义每个字符的编码长度，大概率事件用短码字来表示，以实现更好的压缩效果。

视频编码的基本原理就是利用同一帧内数据的相关性，连续帧之间的相似性来移除冗余。通过使用运动补偿和变换编码的混合方法来压缩视频。这些视频压缩算法通过减少视频内在的冗余来压缩视频数据。

图 6-2 展示了用于减少这些冗余的多种编码算法工具。视频编码标准规定了解码过程，而不是编码过程。这样就为在编码器技术创新开辟了空间，因此编码器也要比解码器复杂很多。

当前大多数视频编码标准（包括 HEVC 和 H.264/AVC）都是基于预测和变换编码的混合视频编码框架。一个典型的视频编码框架如图 6-3 所示，编码帧通过帧内/帧间预测得到预测残差，残差经过变换、量化和熵编码写入码流并传输。同时，预测残差在经过变换与量化后，进行反变换与反量化，经过滤波后存入参考帧列表，供其他编码图像做帧间预测。

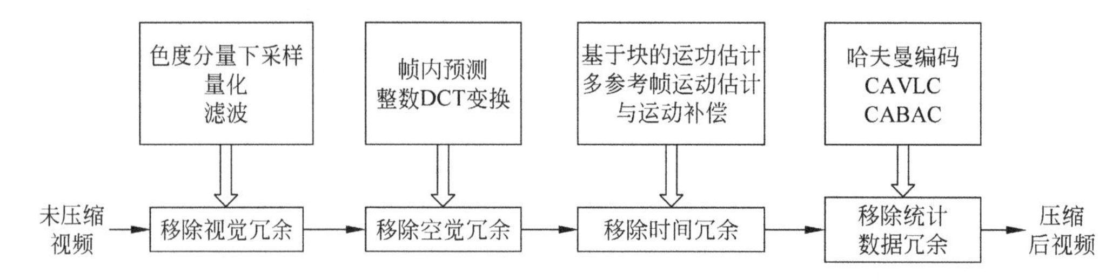

图 6-2　视频冗余及移除冗余的编码技术

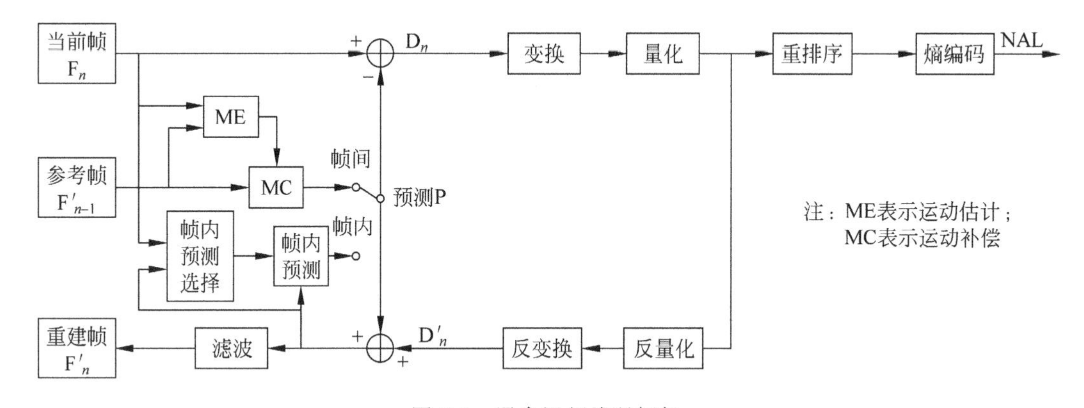

图 6-3　混合视频编码框架

视频压缩技术发展到现在已经越来越成熟，一种好的视频压缩标准不仅能够降低节省网络带宽和存储空间，而且还可以为系统提供良好的可操作性，可形成一定规模。

早在 1988 年，为了制定在数字传输领域的音视频压缩标准，ITU-T 组织就成立了 ISO/IEC 移动图像专家组(MPEG)。MPEG-1 视频压缩标准(ISO/IEC 11172-2)在 1999 年年初步完成，并于 1992 年定稿，这就给包括 Video CD、CD 交互、亚广播质量视频等的消费者提供了数字内容。第二代视频压缩编码标准的研发在 MPEG-1 视频正式发布前业已启动，它的应用也扩展到广播质量视频。1994 年，第二代 MPEG-2 视频压缩标准 ISO/IEC13818-2 由 ITU-T 视频专家组(VCEG)和 MPEG 专家共同研发完成，它的产生使得数字电视和数字视频存储(如 DVD)市场一片繁荣，完全改变了视频娱乐内容的提供方式。到了 20 世纪 90 年代末期，MPEG-2 视频编码已经可以将高清内容提供给消费者了。

进入到 21 世纪，广播电视频道和视频娱乐产业内容迅速膨胀，尤其是高清视频内容大规模成倍地增长，并应用到实时卫星传输、视频点播、存储介质、互联网视频等各个领域中。为了得到更加高效的带宽压缩技术，联合视频团队(JVT)应运而生，它是由 VCEG 和 MPEG 联合推出的一个更为标准化的团队。2003 年 JVT 发布了第三代视频压缩技术 ITU-T Rec. H. 264 ISO/IEC 1449610 MPEG-4 高级视频编码，即 H. 264/AVC，并在 2004 年、2007 年和 2009 年进一步进行了扩展。根据“拇指规则”，H. 264/AVC 能实现比 MPEG-2 提高 50%的压缩率，即同等质量条件下只需要编码率的一半。H. 264/AVC 可做到原来 MPEG-2 视频编码无法做到的低码率应用中去，可以在如移动/手持应用和在互联网上的较高质量的视频传输。H.264/AVC现在广泛应用在多个领域中，从互联网移动和自适应码率码流到存储质量选择。除了部分出于商业成本考虑的传统部署和监管限制的领域外，H.264/AVC已经取代原有的压缩方式，并成功推动了全球HDTV的应用与普及，并且也引导了3DTV的推出。

随着网络技术和终端处理能力的不断提高和发展，对于目前广泛使用的MPEG-2、MPEG-4、H.264、VC-1等，人们提出了新的要求，希望能够提供高清、3D、移动无线等需求以满足新的家庭影院、远程监控、数字广播、移动流媒体、便携摄像、医学成像等新领域的应用。VCEG和MPEG联合形成了一个新组织JCT-VC(Joint Collaborative Team on Video Coding)，制定未来新的视频编解码国际标准——高效视频编码(High Efficiency Video Coding，HEVC)标准。

6.2 HEVC概述

HEVC是高效率视频编码的英文缩写，全名为High Efficiency Video Coding，又称H.265和MPEG-H Part 2，是一种旨在通过更高速度和容量提升视频编码效率的视频压缩标准。

ITU于2013年正式批准这一新标准，该标准称为Recommendation ITU-T H.265或ISO/IEC 23008-2，其主要发展进程如图6-4所示。

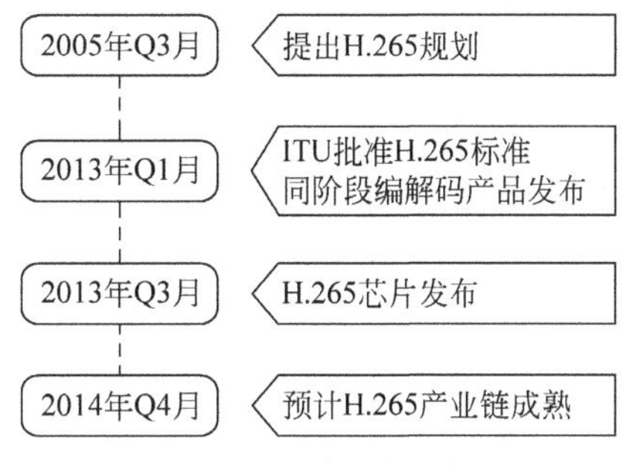

图6-4　H.265的发展历程

HEVC最初的目标是在给定视频质量的条件下提供工具传输尽可能少的数据，其基本方针与MPEG-2和H.264十分类似。HEVC依然沿用H.263就开始采用的预测加变换混合编码框架，但是为了达到较高的压缩效率，新的视频编码标准在原有的H.264/AVC基础上，使所有工具都得到了提升和改进，并采用更加灵活的编码结构来提高编码效率。另外，编码的块的大小将突破传统的大小为16×16的宏块，最大可以达到64×64，这主要是为了高清压缩编码的应用，毕竟如1080px甚至更大分辨率的视频，其空间上的一致性可能会更大面积，因此采用16×16的宏块已经不再适合，而采用更大的宏块能更有效地减少空间的冗余。变换编码的矩阵大小也在变大，H.264中有采用8×8的DCT，而HEVC将突破8×8，最大能到32×32。对于帧内预测，预测的方向更加细化，多达35种帧内预测方式，这将使帧内预测更加精确，并更有效地减少冗余。帧间预测在插值时采用了更多抽头的滤波器，以及到1/4像素精度，这都能提高帧间预测的精度，另外，运动估计也更加精确。熵编码是视频压缩编码中很重要的环节，HEVC将采用适应性更强的CABAC。环路滤波也进行了改进，主要是考虑视频的内容如边缘特性，使其更加灵活，提高视主观效果。

HEVC的应用示意图如图6-5所示。在广播电视、网络视频服务、电影院及公共大屏幕(Public Viewing)等众多领域，4K×2K和8K×4K视频发送将变得更容易实现。个人计算机及智能手机等信息终端自不用说，平板电视、摄像机及数码相机等AV产品迟早也会支持HEVC。

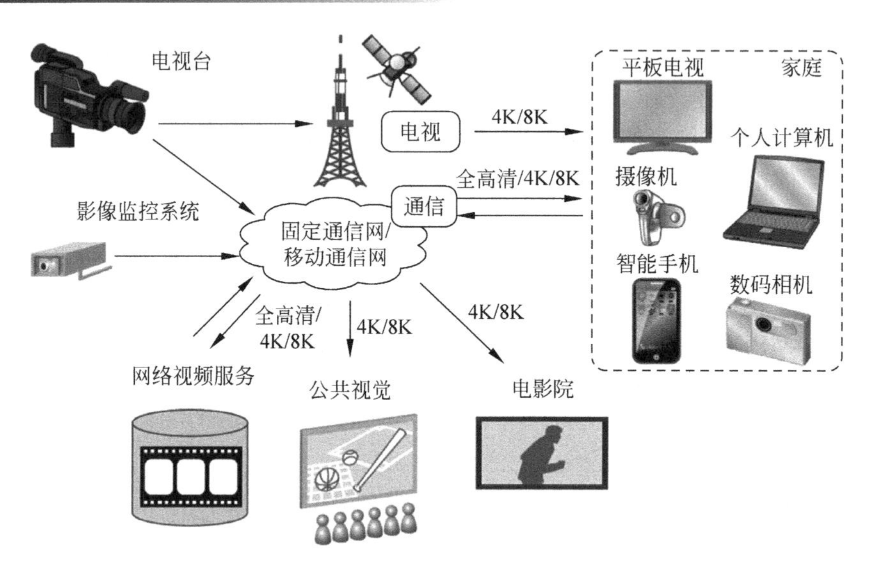

图 6-5 HEVC 的应用

H.265 的编码架构大致上与 H.264/AVC 的混合编码架构相似，主要也包含帧间预测(Inter prediction)、转换(Transform)、量化(Quantization)、去区块滤波器(De-blocking Filter)、熵编码(Entropy Coding)等模块。但在 H.265 不止于此，在上述的基础上进行大量的创新改进，这其中最有代表性的包括：

- 基于大尺寸四叉树块的分割结构和残差编码结构；
- 多角度帧内预测技术；
- 运动估计融合技术；
- 高精度运动补偿技术；
- 自适应环路滤波技术；
- 基于语义的熵编码技术。

HEVC/H.265 依然采用的是结构化的编码框架，相比于以前的标准，其基本结构是不变的，图 6-6 给出了 HEVC 的编码器框架图。

HEVC 和以前的视频编码标准一样，也采用传统的混合编码模式，其编码器框架如图 6-6 所示。HEVC 标准的编码过程大致如下：首先把图像帧分割成多个块状区域，分别传输给编码器。图像序列的第一个画面(以及每一个可被拖放的帧)只使用帧内预测编码(只使用同一帧中其他区域进行预测，不依赖其他帧)。其他帧中的块大多数使用帧间预测编码。帧间预测编码过程包括选择预测模式、参考图像的运动数据和生成每个块的运动矢量(Motion Vector,MV)。编码器和解码器根据预测模式信息和运动矢量继续运动补偿，进而重建帧间预测数据。帧内或帧间的预测结果和实际画面之间的残差数据经过空间线性变换、采样、量化、熵编码后和预测信息一起传输。解码器会重复编码器的处理循环，以保证编解码双方对子序列作出一致的预测。但编码器量化后的残差经解码器反量化和逆变换还原后，只能得到近似的残差。残差和预测的结果合并后送入一个或两个循环滤波器，以去除处块效应。最终的解码器的输出存储在缓冲区中作为视频中其他图像的预测参考。编解码后的帧序可能会和信源的帧序不一样，因此对解码器来说，需要一段缓冲区来进行帧顺序重排，使之按照显示顺序进行码流输出。

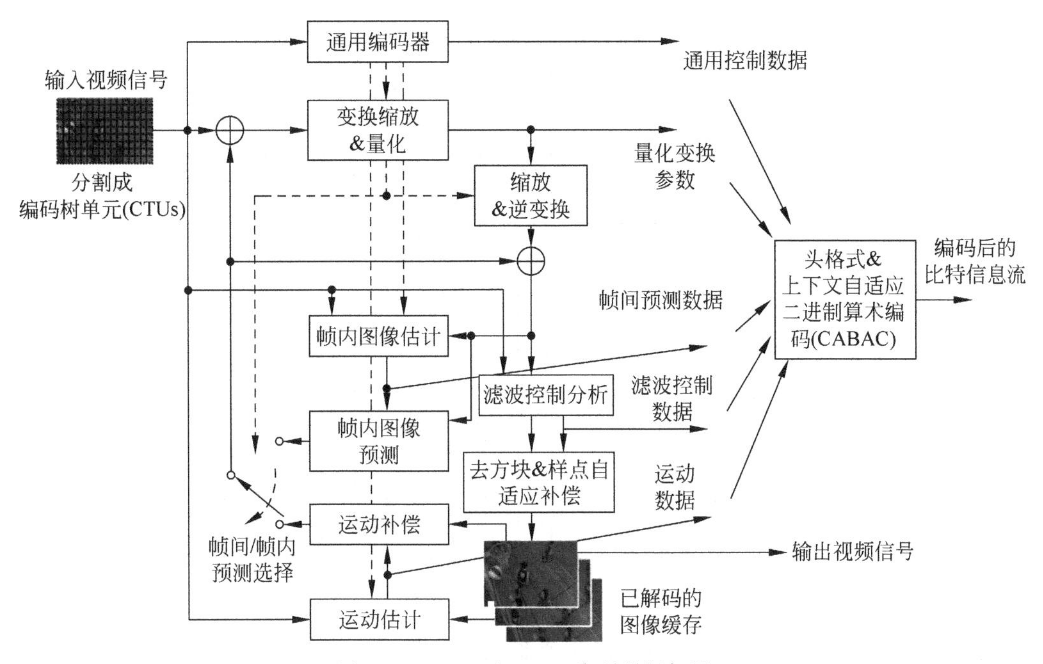

图 6-6 HEVC/H.265 编码器框架图

6.3 HEVC 中的图像分割方式

为了提高编码效率，特别是在高分辨率下的编码效率，HEVC 摒弃了 H.264/AVC 中采用的固定宏块划分方式，而采用了全新的多层次大小可变的编码块划分技术。在 HEVC/H.265 中，图像分割的基本单位为编码树单元(Coding Tree Unit，CTU)。每个 CTU 可以只包含一个(即不进行分割)编码单元(Coding Unit，CU)，或者递归分割至最适合的大小，到预定义的 CU 最小尺寸(8×8)为止，每次分割为 4 个大小相等的单元。类似地，每个 CU 可以包含一个(不分割)或者多个预测单元(Prediction Unit，PU)，或者变换单元(Transform Unit，TU)。

根据图像的颜色空间原理，视频帧图像信号也分为相应的亮度单元和色差单元。对于 CTU，每个 CTU 包括一个亮度 Luma 编码树块(Coding Tree Block，CTB)和两个对应的色度 Chroma 编码树块。同理，一个 CU 也包括一个 Luma 编码块(Coding Block，CB)和两个 ChromaCB。PU 和 TU 也可以类似分割为预测块 PB(Prediction Block)或者变换块 TB(Transform Block)。

HEVC/H.265 会把图像分割成条带(Slice)、条带片段(Slice Segment)和区块(Tiles)进行处理。区块和条带是两种独立的分割方式。条带一般包括独立的和非独立的两种元素。如图 6-7 所示。图 6-7 中一帧图像被分成两个条带，其中第一个条带包括一个独立的条带片段(图中左上角灰色区域)和两个非独立的条带片段(图中白色区域，由图中虚线所示的条带段边界隔开)。第二个条带只包含一个独立条带片段。条带的主要作用是增加编码的鲁棒性，作为一个独立编码单元，条带区域的块如果发生编码错误，不会将错误传递到其他条带部分。区块的划分也是由整数个 CTU 组成，但必须是矩形。条带和区块有这样的重叠关系：同一个条带的 CTU 均属于一个区块，或者一个区块的 CTU 均属于一个条带。

图 6-8 两个示例图说明了这种关系。其中图 6-8(a)中一个条带包含两个区块，图中条

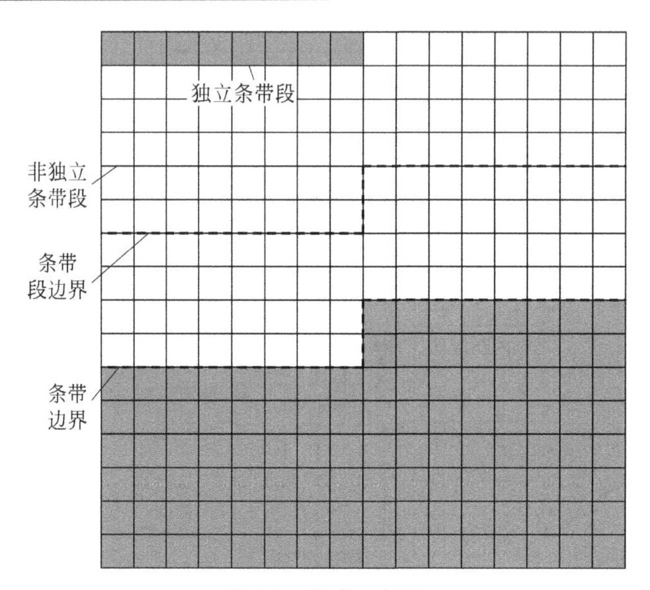

图 6-7　条带的结构

带分为 1 个独立条带片段(阴影部分)和 3 个非独立片段；图 6-8(b)中左边的区块包含两个条带，右边的区块包含一个条带。

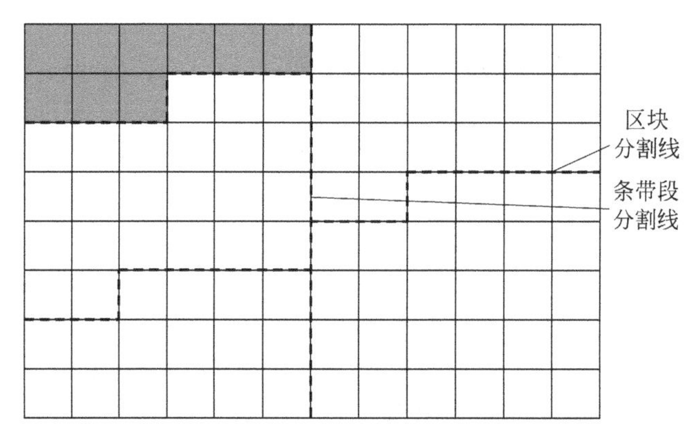

(a) 一个区块的CTU全部属于一个条带

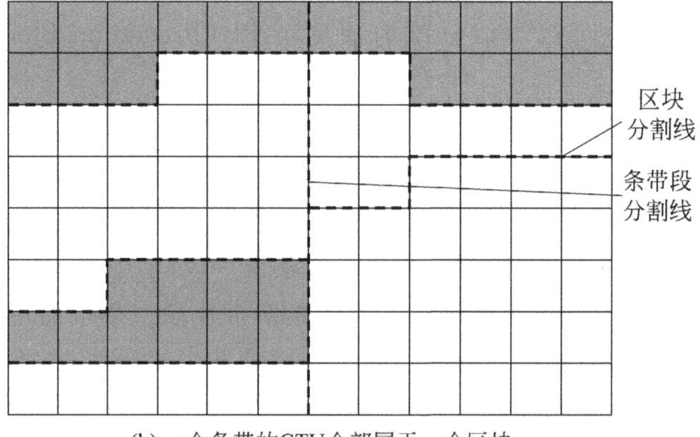

(b) 一个条带的CTU全部属于一个区块

图 6-8　区块与条带的关系

6.4 编码单元

实际的编码单元有3种：编码单元(Coding Unit,CU)，预测编码单元(Prediction Unit,PU)，变换编码单元(Transform Unit,TU)。

1. CU

CU是以CTU为最大单位，根据四叉树的格式递归划分的。其中，CTU的大小为64×64px，而最小的CU大小为8×8px。对于CU来讲，类似于H.264的宏块，但H.265的编码范围是8×8～64×64px，而H.264只能固定在16×16px，显然前者提供更灵活的范围区间，来智能化地处理图像，如图6-9所示。

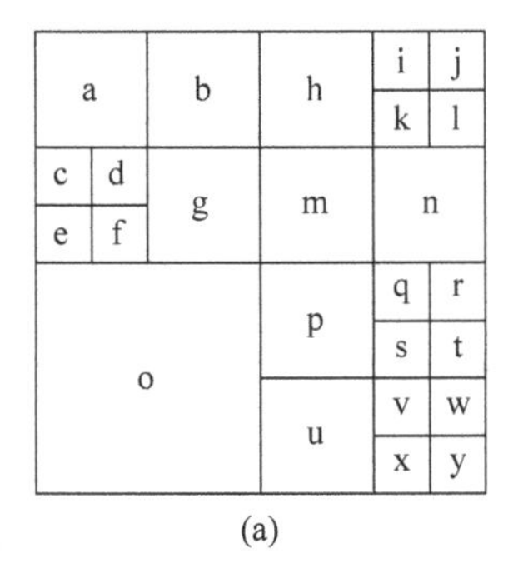

(a)

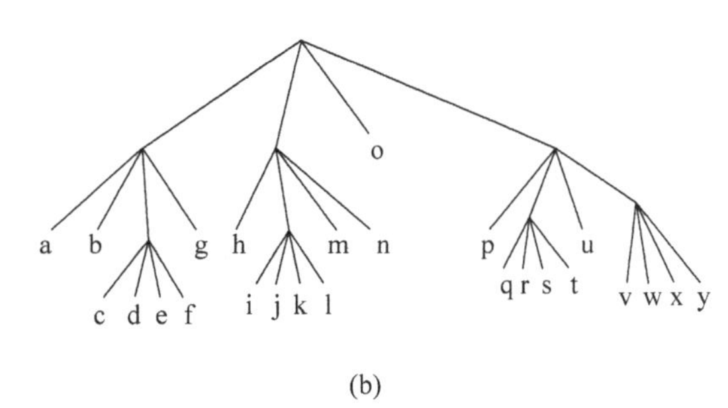

(b)

图6-9 编码树结构

图6-9(a)为传统H.264标准，每个宏块大小都是固定的；图6-9(b)是HEVC标准，编码单元大小是根据区域信息量来决定的。相比于H.264/AVC，H.265/HEVC提供了更多不同的工具来降低码率。以编码单位来说，H.264中每个宏块MB(Marco Block)大小都是固定的16×16像素，而H.265的编码单位可以选择从最小的8×8到最大的64×64。

以图6-10为例，信息量不多的区域(颜色变化不明显，例如车体的红色部分和地面的灰色部分)划分的宏块较大，编码后的码字较少，而细节多的地方(轮胎)划分的宏块就相应的小和多一些，编码后的码字较多，这样就相当于对图像进行了有重点地编码，从而降低了整体的码率，编码效率就相应提高了。同时，H.265的帧内预测模式支持33种方向(H.264只支持8种)，并且提供了更好的运动补偿处理和矢量预测方法。

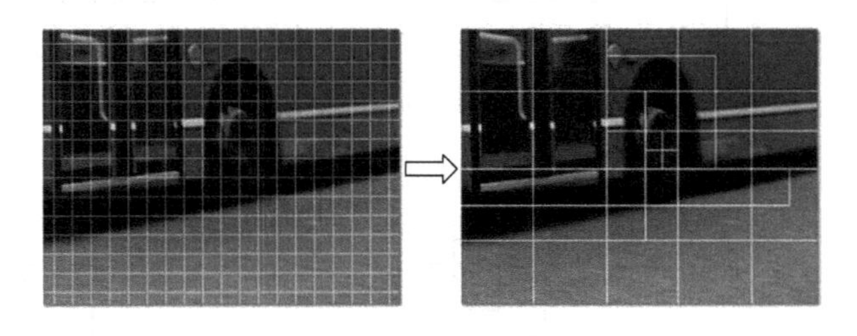

图6-10 编码树示例

2. PU

而对于每一个CU块，都要用到PU来预测分割类型，PU的分割类型分别是：不作处理、竖切、横切、横竖并切 4 种，如图 6-11 所示。PU 是对 CU 的进一步划分。如果其最佳划分方式为 $2N\times 2N$，则一个 CU 包含一个 PU。

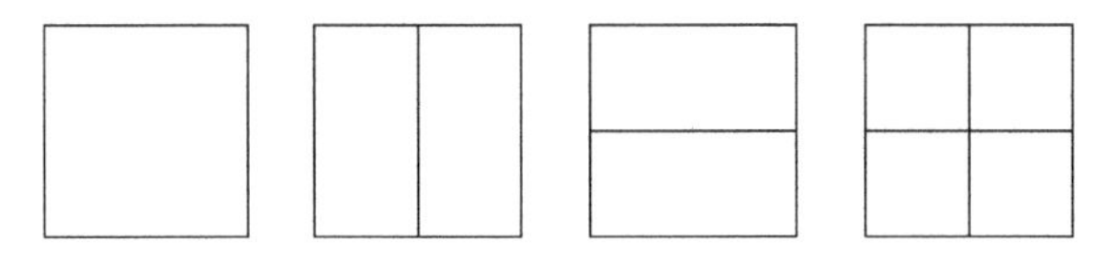

图 6-11 四种 PU 分割类型

这种预测分割是对称的，此外一种全新的预测分割也出现在 H.265，这也是它与 H.264 的最大不同点之一，这种不对称预测称为 AMP，这种预测是将 CU 分割成 1∶3 的两个 PU 块，在大 CU 块 1/4 处分割而来，也包括四种分割类型，如图 6-12 所示，AMP 的优势是在对多变的大尺寸纹理处理时可以更大地提升压缩效率。

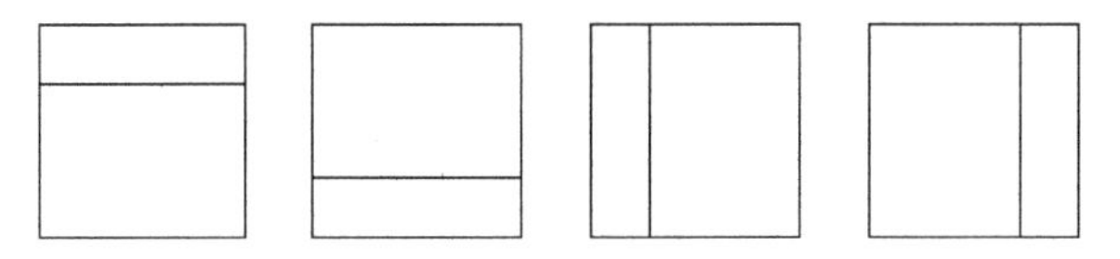

图 6-12 四种 AMP 分割类型

3. TU

为了对残差进行编码，HEVC 把 CU 分割为 TU。TU 是 HEVC 标准的基本变换与量化单元。

HEVC 标准采用了一种残差四叉树的方式对 TU 单元进行划分。TU 可划分为 $2N\times 2N$ 或 $N\times N$ 的形式，每个 TU 根据其分层深度的不同，划分为大小不同的 TU，其范围为 $4\times 4\sim 32\times 32$。HEVC 标准允许一个 TU 种包含多个 PU。变换单元 TU 是对宏块进行变换和量化的基本单元采用上述提到的四叉树变换结构，处理步骤可以用图 6-13 表示。

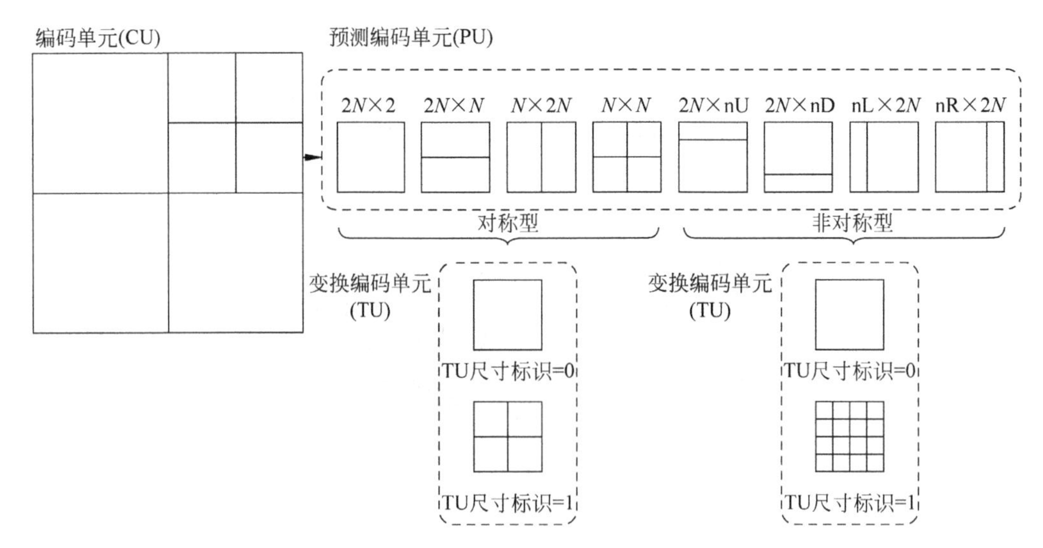

图 6-13 CU、PU 和 TU 的分割过程

6.5 帧内预测

6.5.1 帧内预测模式

在视频编码领域内，消除空间冗余最重要也是最主要的技术就是帧内预测技术。根据图像空间上邻近像素之间像素值变化不大的这一特性，用已经重建的像素来预测当前块的像素。同时在帧内预测过程中还引入了“率失真优化”模型，目的是获得解码图像高质量与低码率的最优化。

HEVC 帧内预测编码的整体原理与 H.264/AVC 相似，都是利用到了块之间的空间关联性。对于色度分量的帧内预测，HEVC 采用了 5 种预测模式，分别为水平、垂直、DC 预测、DM 模式以及 LM 模式。对于亮度分量，为了提高预测的准确度，HEVC 采用了精细的方向预测，将 H.264/AVC 原有的 9 种预测模式扩展为 35 种预测模式，这 35 种预测模式包括了 33 种方向预测、DC 预测和 Planar 预测。

H.264/AVC 标准选用方向性预测方法进行帧内预测过程，主要思想是根据不同的方向选择不同的参考像素，最后加权得到待预测像素的预测值。该标准共有 9 个不同的帧内预测模式，其中 8 个模式是带有方向性的，另外 1 个(称之为 DC 模式)是求取周围参考像素的平均值直接作为目标块的预测值。关于 H.264/AVC 标准中的 9 个预测模式，图 6-14 直观地展示了每种方向的具体预测方式。

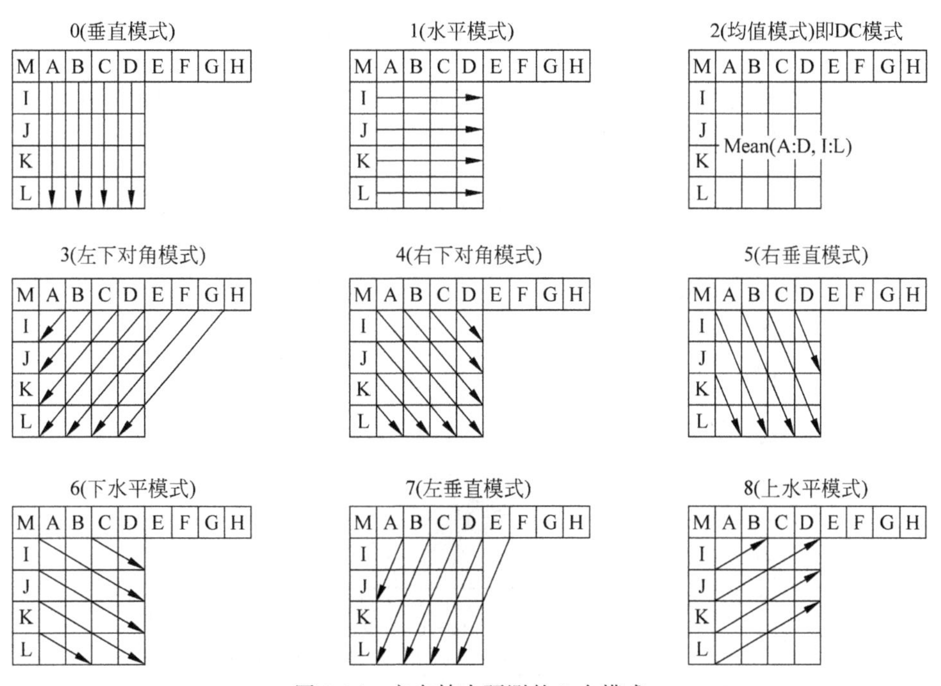

图 6-14　方向帧内预测的 9 个模式

由于预测单元尺寸的增大以及预测精度需求的提高，为了增加帧内预测的精准度，J. Lainema 及 K. Ugur 等人经过长期研究，提出了扩展 H.264/AVC 标准帧内预测的角度帧内预测方法，所以 HEVC 标准将帧内预测的 9 种预测方向扩展至 33 种，大大提高了预测准度，从而降低了帧内预测的编码单元的残差信息量，使得编码效率得到有效提升。

目前 HM 测试模型中共有 35 种预测模式，包括原有的 DC 模式(均值预测)、改进的 Planar 模式(双线性插值预测)以及 33 有角度的预测模式。帧内预测的 33 种可能的预测方向如图 6-15 所示。其中+/−[0,2,5,9,13,17,21,26,32]/32，+/−代表方向，HEVC 定义垂直轴的右方和水平轴的下方为正方向，垂直轴的左方和水平轴的上方为负方向，数字代表各方向与垂直轴和水平轴的距离。

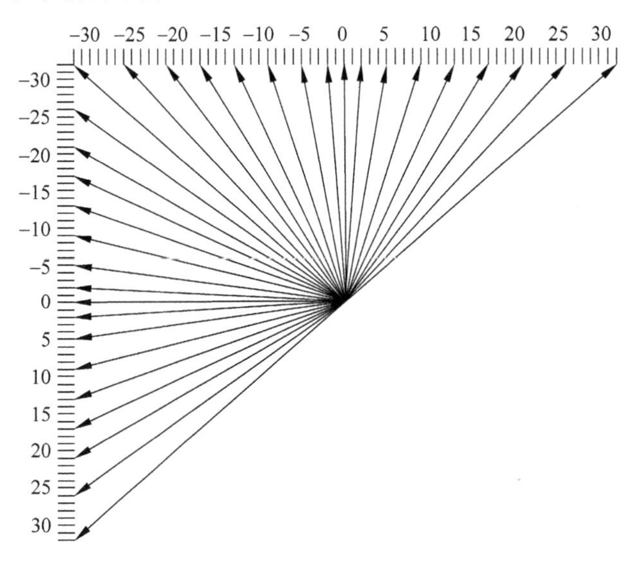

图 6-15 33 个帧内预测方向

对于帧内预测模式小于 35 的 PU 块，使用前 N 种进行帧内预测。帧内预测方向与帧内预测模式之间的映射如图 6-16 所示。

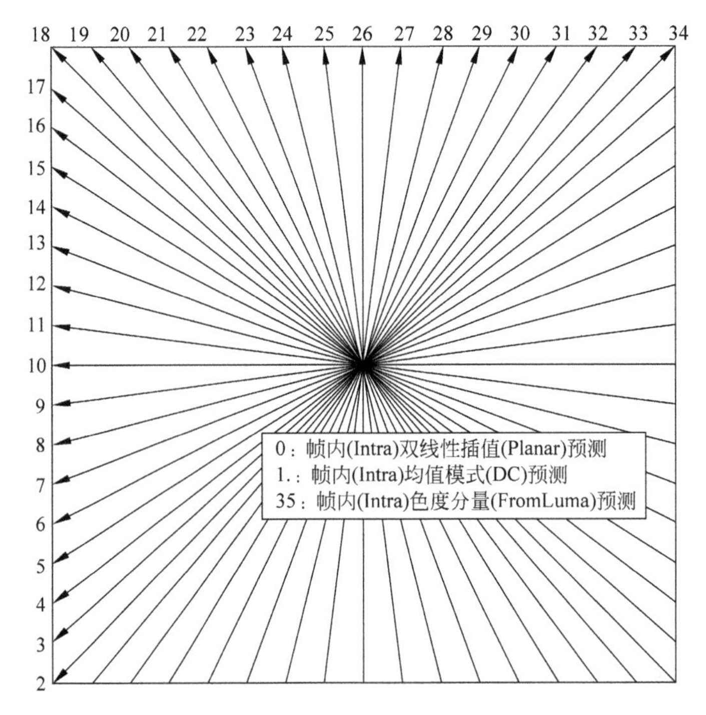

图 6-16 帧内预测方向与帧内预测模式之间的映射关系

所有预测模式的参考像素都是通过当前 PU 上边和左边重建像素插值得到的具有 1/32 像素精度的像素值。另外，HEVC 还对尺寸为 4×4 或 64×64 的预测块所能使用的帧内预测模式数目做了限制，每一种尺寸的 PU 含有不同个数的预测模式，具体每种尺寸的 PU 的预测模式数量如表 6-1 所示。

表 6-1 不同大小的 PU 支持的预测模式数目

PU 大小	对应的模式数量
4×4	17
8×8	35
16×16	35
32×32	35
64×64	35

空间帧内预测已经在 H.264/MPEG-4 AVC 得到成功应用。在 HEVC 中，TB 大小的增加，更多的是可选择的预测方向。相对于 H.264/MPEG-4 AVC 的 8 个帧间预测方向，HEVC 支持 33 种预测方向，这些角度是统计学为预测处理相邻水平和垂直边界信号。

HEVC 中的角度帧内预测是基于块进行的。如图 6-17 所示，获取当前 PU 上方以及左边的已重构像素值，参考像素个数 NUM 与被预测 PU 尺寸 N 的关系如式(6-1)所示：

$$NUM = 4 \times N + 1 \tag{6-1}$$

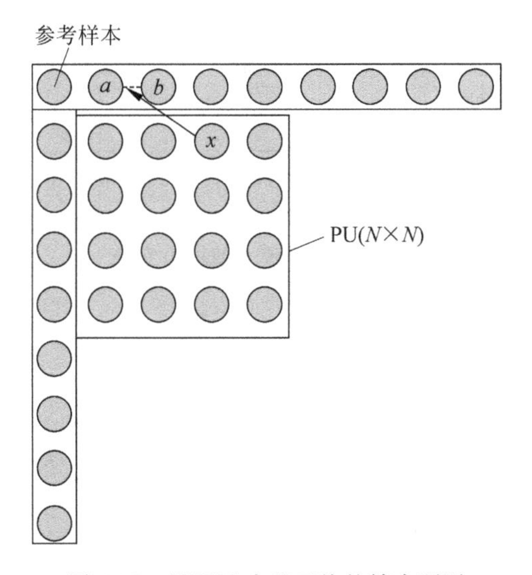

图 6-17 HEVC 中基于块的帧内预测

对于被预测 PU 内的每一个像素（见框内），基于该像素的位置以及预测角度，从参考像素集中选出两个参考像素用于插值。具体插值预测方式如图 6-18 所示，其中 x 为待预测像素，a 和 b 为参考像素，p 为插值得到的预测值，iFact 是 p 与 b 之间的距离。

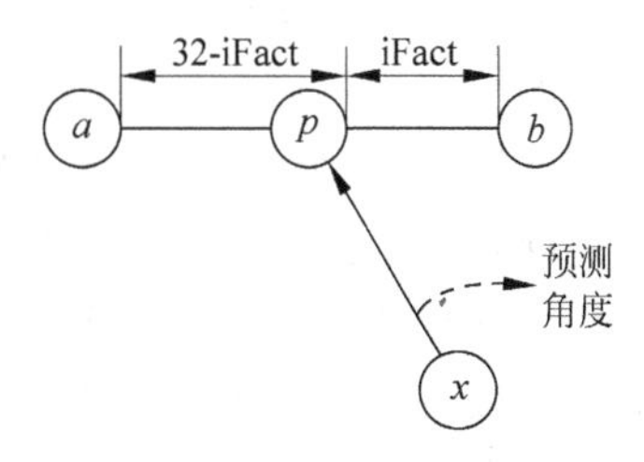

图 6-18 角度预测的线性插值

通过该像素点的位置在参考像素行的投影获得，其中参考像素行通过精度为 1/32 像素的线性插值（如图 6-18 所

示)。则该预测值可以通过式(6-2)获得:

$$p=[(32-\mathrm{iFact})\times a+\mathrm{iFact}\times b+16]/5 \tag{6-2}$$

对于帧内 PU 的色度分量,编码器可以从平面、DC、水平、垂直和亮度分量的帧内预测模式的直接复制 5 种模式中选择最佳的色度预测模式。帧内预测方向上的色度信息和帧内预测模式的数量之间的映射关系如表 6-2 所示。

表 6-2 色度与模式的关系

帧内色度预测模式	帧内预测方向				
	0	26	10	1	$x(0\leqslant x<35)$
0	34	0	0	0	0
1	26	34	26	26	26
2	10	10	34	10	10
3	1	1	1	34	1
4	0	26	10	1	×

两种非方向性预测模式——DC 模式和 Planar 模式,是应用最广泛的两种模式。DC 模式用于纹理比较平滑的区域,与 H. 264/AVC 相同,是对当前整个预测单元使用同一个预测值。为了使 DC 模式预测后的块边缘更加平滑,HEVC 采用如图 6-19 和图 6-20 所示的滤波方案,对其相应的变化单元进行处理。

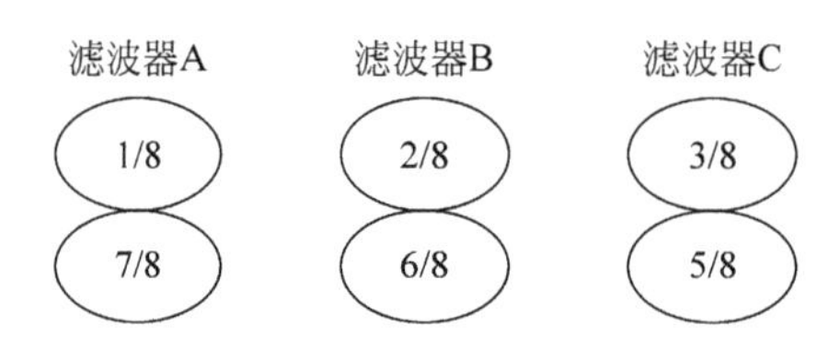

图 6-19 DC 模式滤波方案 A

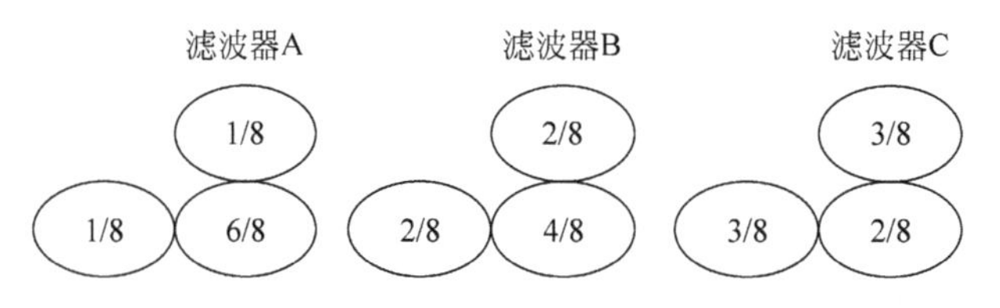

图 6-20 DC 模式滤波方案 B

对于只有一个直接相邻像素的边缘像素,HEVC 采用图 6-19 中的滤波方案,对于拥有两个直接相邻像素的边缘像素,HEVC 采用图 6-20 中的滤波方案。同时,HEVC 对于不同大小的块使用不同强度的滤波器,对于 4×4 大小的块使用滤波器 A,对于 8×8 大小的块使用滤波器 B,对于 16×16 大小的块使用滤波器 C。

DC 模式适用于整体比较平坦的区域,它使用左边一列和上边一行重构像素的平均值作为当前块所有像素点的预测值;Planar 预测模式更侧重于纹理比较平滑且有一定渐变趋势的区域。Planar 模式像素预测值的预测过程如下:首先保存当前块右下角像素点的值,然后对右下角像素点以及右下角像素点在参考行、列的投影像素点进行线性插值,得到当前块最右边一列和底部一行的像素预测值，亮度预测值为：

$$p(x,y)=\lfloor (N-1-x)\cdot b+(x+1)\cdot a+(y+1)\cdot c+(N-1-y)\cdot d+N\rfloor/(2N) \tag{6-3}$$

Planar 预测模式同样用于纹理平滑区域，但是 Planar 模式采用不同的预测值对当前块中的每个像素进行预测。如图 6-21 所示，对于块中每一个像素使用水平和垂直两个方向的线性插值作为当前像素的预测值。

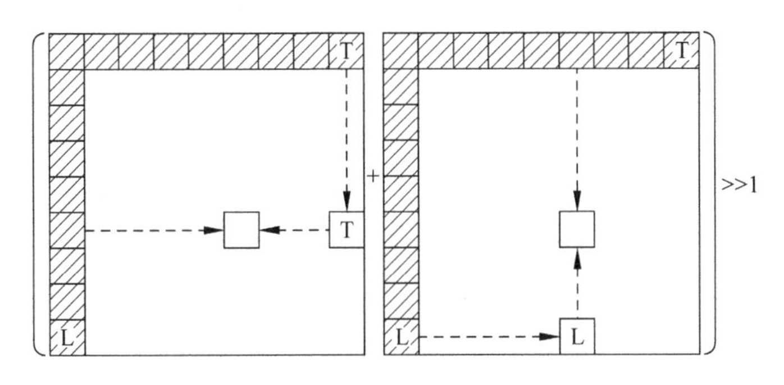

图 6-21 Planar 预测过程

用式(6-4)表示，即

$$P(x,y)=((S-x)\times P(0,y)+x\times P(0,S)+(S-y)\times P(x,0)+y\times P(S,0)+S)/2S \tag{6-4}$$

其中，$P(x,y)$表示当前要预测的像素，$P(0,y)$表示当前块左方与当前要预测像素同一行的参考像素，$P(x,0)$表示当前块上方与当前要预测像素同一列的参考像素，$P(0,S)$表示图中标为 T 的像素，$P(S,0)$表示下图中标记为 L 的像素，S 表示当前预测单元的宽度。

6.5.2 帧内预测流程

HEVC 帧内预测以 CU 作为基本的编码单元。与 H.264/AVC 只采用 4×4、8×8、16×16 三种帧内块划分尺寸不同，HEVC 的最大编码单元(LCU)大小为 64×64，包含了整个树形编码单元(CTU)，最小的编码单元(SCU)大小为 8×8。从 LCU 到 SCU，HEVC 的划分采用递归的方式，也就是四叉树结构，编码单元可以是 64×64、32×32、16×16、8×8 中的任意一种。编码单元向下划分的 4 个子单元之间相互独立，例如一个 64×64 的 LCU 划分成 4 个 32×32 的 CU，这 4 个 32×32 的 CU 内部是否继续划分、划分到哪一层是相互独立的。一个 LCU 的最终划分需要穷尽计算(2^8)=256 种可能性。此外，在帧内预测时，如果 CU 的划分为 8×8，则还存在 $2N\times 2N$ 和 $N\times N$ 两种模式。因此，对于帧内预测，CU 的最终划分需要计算 $2^9=512$ 种可能。

在每层 CU 所对应的 PU 选定最佳预测模式后，为了获得较高的编码质量，HEVC 采用拉格朗日率失真优化(Rate Distortion Optimization，RDO)技术，计算每层 CU 的 RDcost，最终在递归完所有 CU 分层后，选择具有最小 RDcost 的 CU 分层作为最佳分层，整体帧内预测流程如图 6-22 所示。

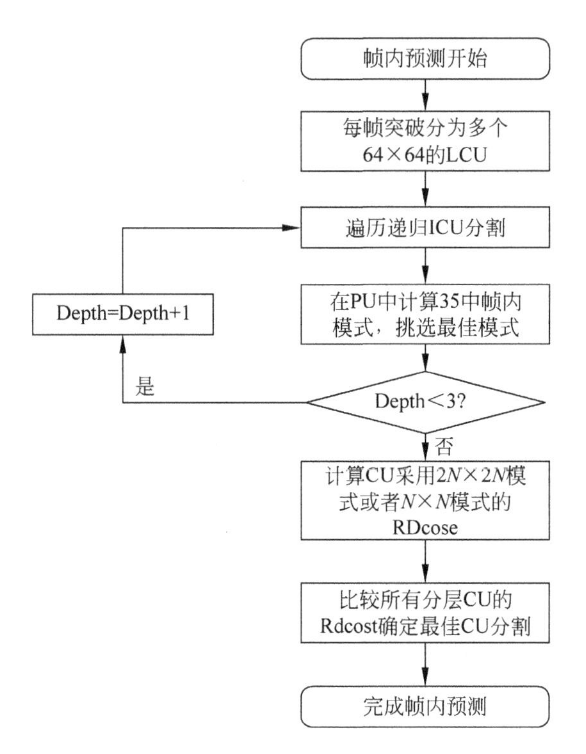

图 6-22 帧内预测流程图

6.6 运动估计与运动补偿

运动视频图像在时间上有很强的相关性。帧间预测编码正是利用这种时间上的相关性，通过预测来消除时间上的信息冗余，来达到图像压缩的目的。运动估计和运动补偿是帧间预测中主要的两个概念。所谓运动补偿，即检测运动图像序列中，物体的运动参数，并通过运动参数由前一帧预测当前帧的运动信息，进而实现对运动引起的相邻帧之间的改变进行有效压缩编码。运动估计的主要任务是检测物体的运动，并得到运动参数。

在 HEVC 官方发布的编码器软件 HM7.0 中，对于帧间编码 PU，一共定义了两种编码模式：SKIP 模式（即 PredMode ＝＝MODE_SKIP）和 INTER 模式（即 PredMode ＝＝ MODE_INTER）。在帧间编码过程中，并不只是简单地在两种模式下做选择，而是以遍历的方式，通过计算每种模式下编码的 SADcost，来选择最优模式。在 SKIP 模式下，编码采用运动合并（Motion Merge）；在 INTER 模式下，编码器可自由选择采用运动合并得到运动参数，或通过明确的计算得到每个 PU 的运动参数。

6.6.1 运动估计和运动补偿的基本原理

帧间预测的最主要的算法就是运动估计算法。帧间预测也叫运动补偿预测（Motion Compensated Prediction），运动补偿预测技术是运动估计和运动补偿技术的有机结合构成。

运动估计（Motion Estimation，ME）是一种利用视频图像的参考帧信息来预测当前帧图像信息的技术。根据参考帧的选择可分为前向运动估计和后向运动估计，前向运动估计对应的是 P-帧编码，后向运动估计对应的是 B-帧编码。运动估计通过对当前图像和参考帧图像的比较可求出运动矢量，并通过该矢量获得当前帧的预测值。运动矢量用来表示像素间的位置偏移，一个运动矢量通常包含水平方向的位移和垂直方向的位移。运动估计的基本过程就是将每一帧按照一定的规则分成若干局部结构，并设法求出参考帧中各个局部结构的位置，从而得到各局部结构对应的运动矢量。运动估计技术可以有效地去除帧间冗余，即时间相关性的冗余，对整体编码的压缩比的提高贡献很大，是视频编码技术的核心部分。

运动估计算法对编解码器性能的影响主要在以下一些方面：

(1) 编码性能，即算法在减小冗余方面的有效性；

(2) 复杂度，即算法能否有效地利用资源，并可以在相应的平台上实现；

(3) 存储或延迟，即算法引入了多少额外的延迟，以及对存储参考帧的缓存有没有提出新的要求；

(4) 辅助信息，即有多少信息需要传输到解码器，这些信息会引入额外的码字；

(5) 容错性，即系统的健壮性，对传输错误是否有相应的处理方式。

运动补偿(Motion Compensation，MC)就是应用运动估计所得到的运动矢量，将参考帧的像素值移动到运动矢量指定偏移处，作为当前帧在该位置的预测，是以运动矢量求得预测帧图像的过程。

完整的运动估计和运动补偿的技术还包含求取误差帧的过程。由于帧间的时间相关性，两帧相减所得到的误差帧编码会使编码比特数明显减少。运动补偿后得到预测帧，将预测帧和当前帧相减，根据每个局部模块的编码方式得到误差图像信息。那么，真正需要编码传送的就是该误差图像和运动矢量信息。

6.6.2　影响运动估计的主要因素

这里介绍的运动估计算法是基于块匹配的运动估计算法，即对当前编码宏块在参考帧中找到与之最佳匹配的宏块，同时也就找到了最佳运动矢量 MV。所谓运动矢量，是指当前 MB 和先前重构帧中最佳匹配的矩阵之间的位移矢量。由于是位移矢量，MV 有两个分量——X 和 Y，分别表示横坐标和纵坐标上的位移。影响运动估计算法效率的主要因素有 3 个：初始点的选取、块匹配准则和搜索算法。

1. 初始点的选取

可以选取参考帧的原点(0,0)作为初始搜索点。这种方法优点是简单，但是容易陷入局部最优。如果原点不是最优点，而选择的搜索步长又不合适，快速搜索很容易离开原点周围去搜索较大的区域中较远距离的点，使搜索方向可能出现偏差，从而容易陷入局部最优。

也可以预测初始搜索点。根据相邻块之间具有很强的相关性这一特性，可以选择预测点作为搜索起点。大量的研究与实验表明，预测点更加靠近要寻找的最优匹配点，从而使搜索次数得到一定幅度的减少。

采用预测初始搜索点的方法时，以当前宏块在参考帧中对应的宏块为中心的三个参考预测量，如图 6-23 所示，MV(MVx，MVy)是当前宏块在参考帧中对应位置的宏块的运动矢量，MV1($MV1x$，$MV1y$)是当前宏块在参考帧中位置的左邻接点，MV2($MV2x$，$MV2y$)是其正上方的邻接点，而 MV3($MV3x$，

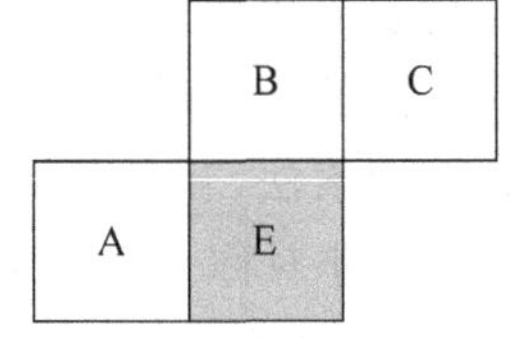

图 6-23　中值滤波的方式预测初始点

MV3y)是其对应位置的右上方的邻接点。确定参考与测量后，主要有3种方法来确定最终的初始搜索点：加权平均值法、中值法和绝对误差比较法。预测的起始搜索点MVD的坐标记为(MVDx,MVDy)。

1）加权平均值法

加权平均值法是对预测参考量按一定的权值进行平均值的计算来得到预测初始点。

预测的起始搜索点MVD(MVDx,MVDy)的坐标计算方法如下：

$$\mathrm{MVD}x = \mathrm{MV}x - (\mathrm{MV1}x \times \alpha + \mathrm{MV2}x \times \beta + \mathrm{MV3}x \times \gamma)/3 \tag{6-5}$$

$$\mathrm{MVD}y = \mathrm{MV}y - (\mathrm{MV1}y \times \alpha + \mathrm{MV2}y \times \beta + \mathrm{MV3}y \times \gamma)/3 \tag{6-6}$$

其中，α、β、γ是权值，可根据宏块编码方式和特点进行调整。

2）中值法

中值法主要是应用各参考量的中间值作为预测初始点的位置，预测的起始搜索点的计算方法如下：

$$\mathrm{MVD}x = \mathrm{MV}x - \mathrm{P}x \tag{6-7}$$

$$\mathrm{MVD}y = \mathrm{MV}y - \mathrm{P}y \tag{6-8}$$

$$\mathrm{P}x = \mathrm{Median}(\mathrm{MV1}x, \mathrm{MV2}x, \mathrm{MV3}x) \tag{6-9}$$

$$\mathrm{P}y = \mathrm{Median}(\mathrm{MV1}y, \mathrm{MV2}y, \mathrm{MV3}y) \tag{6-10}$$

3）绝对误差比较法

绝对误差比较法是计算各个参考量的绝对误差(SAD)，取最小的SAD值点作为预测的初始点。绝对误差是一种块匹配准则。

2. 块匹配准则

运动估计中常用的块匹配准则有3种，最小均方误差(MSE)、最小绝对误差均值(MAD)以及归一化互相关函数。子采样匹配准则也在特定的应用中被采用。由于匹配精度在不同的匹配准则中差别不大，所以不含除法的最小均方误差和最小绝对值误差应用较为广泛。其公式分别为：

$$\mathrm{MAD} = \frac{1}{I \times J} \sum_{|i| \leqslant \frac{I}{2}} \sum_{|j| \leqslant \frac{I}{2}} \left| f(i,j) - g(i-d_x, j-d_y) \right|, \quad I = J = 8 \tag{6-11}$$

$$\mathrm{SAD} = I \times J \times \mathrm{MAD} \tag{6-12}$$

最佳匹配点就是得到最小SAD的点。

3. 搜索算法

对当前预测编码图像的宏块在参考帧中、搜索窗口内搜索判断，根据SAD准则在搜索窗口内寻找最佳匹配块$f(x,y)$和运动矢量$Mv(\mathrm{d}x,\mathrm{d}y)$，运动估计原理图如图6-24所示：$\mathrm{d}x = x - x1$，$\mathrm{d}y = y - y1$，图中$Mh$表示水平方向，$Mv$表示垂直方向。

搜索策略的选择对运动估计算法的正确性和效率都有很大的影响。根据不同的搜索路径有不同的搜索运动估计算法，如全局搜索、三步搜索法或者菱形搜索法、大小钻石搜索法、六边形搜索法、预测运动矢量场自适应快速搜索法(PMVFAST)、增强预测区域搜索法(EPZS)、非对称十字多层六边形搜索法(UMHexagonS)等。下面仅简要介绍三步搜索、菱形搜索和EPZS搜索策略。

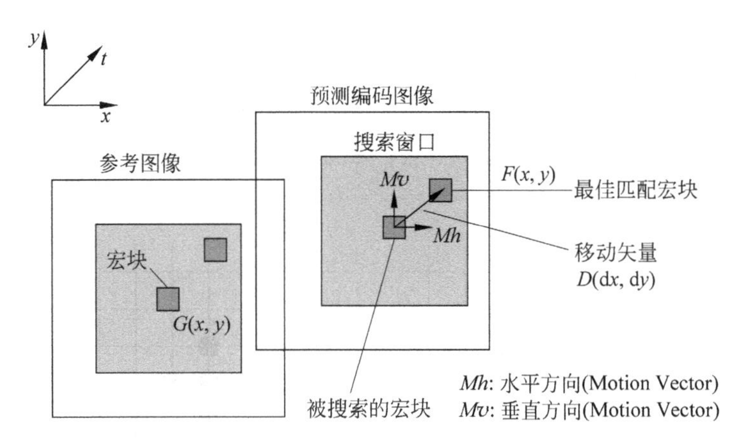

图 6-24 运动估计原理图

6.6.3 搜索策略

1. 三步搜索策略

三步搜索(Three Step Search)采取由粗到精的搜索模式，起始步长通常为搜索窗口大小的一半或者接近一半开始。

其具体搜索过程如图 6-25 所示：从起始点开始，每一步搜索 9 个位置点，搜索步长为 3。对每一个搜索位置，计算 SAD/MAD，比较得到这九个位置点最小的失真方向，在最小的失真方向上的搜索区域减少一个搜索步长，搜索到 9 个新的位置点。直到搜索步长为 1，此时得到的拥有最小 SAD 值的宏块为最佳匹配块，记录当前的运动矢量 MV。

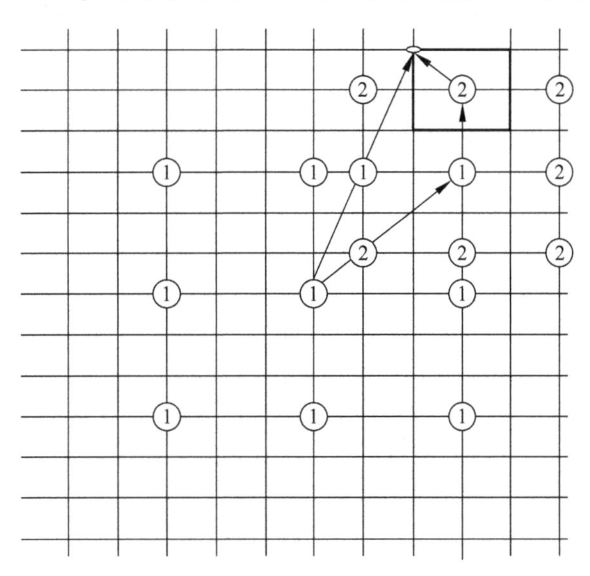

图 6-25 三步搜索算法

三步搜索作为快速搜索算法的一种，很大的一个优势就是搜索速度较快。因为它必定在三步之内完成搜索。但是，因为它初期搜索步长较大，所以适合运动幅度较大的视频序列。对于运动幅度较小的视频序列，容易陷入局部最优，而不能得到良好的匹配精度。

2. 菱形搜索策略

菱形搜索(Diamond Search,DS)又称为钻石搜索算法,于1997年提出后,经过多次修改,目前已经发展为最为有效的快速搜索算法之一。该算法使用了两种搜索模式,第一种是大菱形搜索模式,搜索包括中间点的9个点;第二种是小菱形搜索模式,搜索包括中间点的五个点,如图6-26所示。

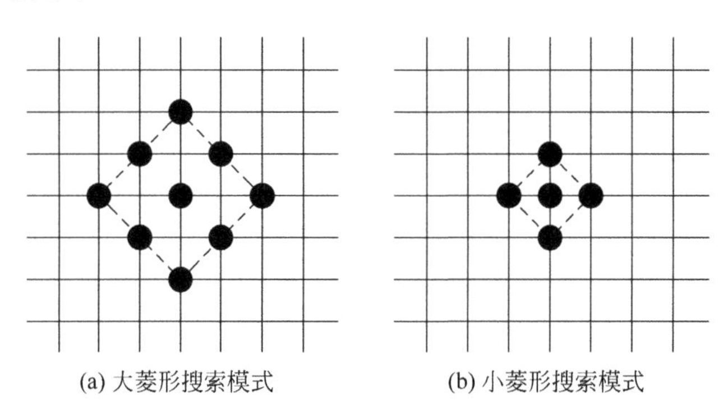

图 6-26 菱形搜索算法的两种模式

菱形搜索算法先进行初定位,然后再搜索小菱形,较好地避免了进入部分最优匹配的情况,使得搜索速度有很大提升。但另一方面,要转入小菱形搜索,需要最佳匹配位置出现在大菱形的中心点,如果不是,则一直迭代,会对速度有一定的影响。同时,菱形的搜索窗口包括了8个运动方向,所以后期的层次性搜索算法都有采用类似的搜索窗口。

算法步骤如下:

① 定位初始搜索点为运动矢量 ***O***(0,0)的点,计算该点的SAD值,然后计算图6-28中标记为1的点的SAD。

② 如果初始点(即 ***O*** 点)的SAD最小,则继续以 ***O*** 点为中心进行小菱形搜索,即计算图6-27中标记为2的4个点的SAD。这样搜索出来得到的拥有最小SAD的点就是最佳匹配的点,搜索结束。

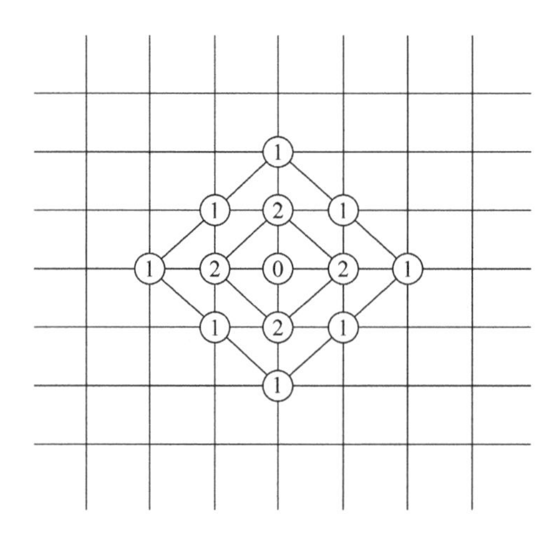

图 6-27 菱形搜索大菱形、小菱形模板和中心点

③ 如果当前最小 SAD 点是大菱形边上的点(如图 6-28(a)所示,为右上方的边)或者大菱形的顶点(如图 6-28(b)所示,右边顶点的大菱形扩展),那么以该点为中心点即迭代的 ***O*** 点,扩展出一个新的大菱形(之前迭代中搜索过的点不再计算),转到步骤①。

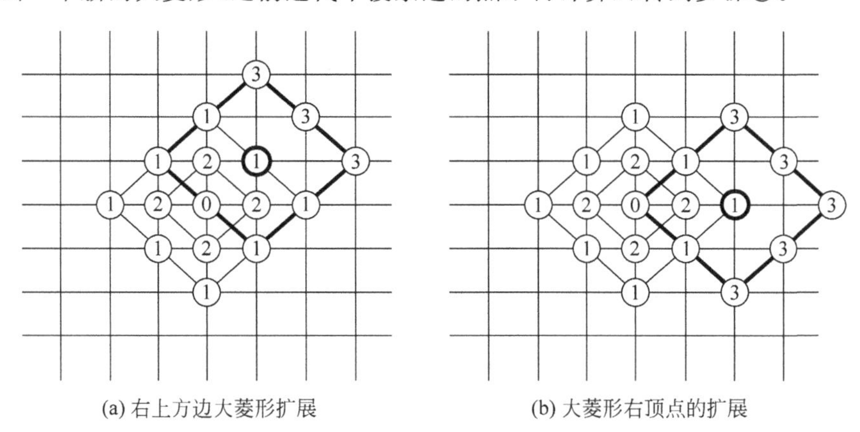

图 6-28 大菱形扩展

算法流程如图 6-29 所示。菱形算法最大的创新点在于它提出来接近运动矢量分布的菱形搜索路线,相较于三步搜索,其搜索步长变小,使搜索精度提高,但是相应的运算复杂度也提高了,所以算法的搜索效率不是很令人满意。

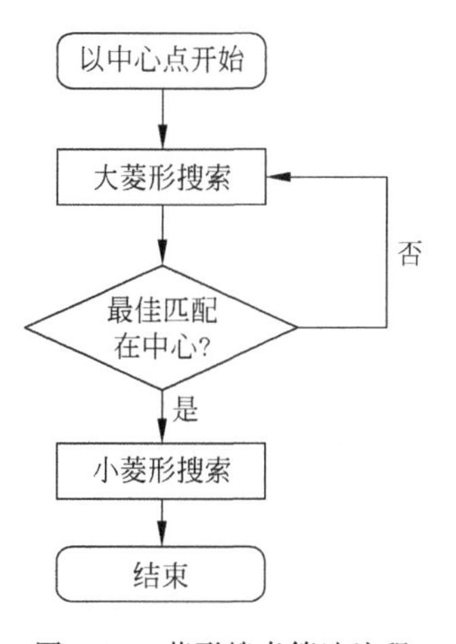

图 6-29 菱形搜索算法流程

3. EPZS 策略

EPZS 策略由 A. M. Tourapis 提出,是运动估计算法 PMVFST 和 APDZS 的改进版。所做的改进主要在两个方面:

(1) 提出了更可靠的运动矢量预测者,这样可以更有效地使用早终止机制;

(2) 可以根据实现的不同选择一种搜索模式,这样可以减小复杂度,两种搜索模式包括菱形或者矩形。这两种搜索模式也使用在 HM 的搜索算法中。

区域搜索算法中,影响性能的关键因素之一是预测者的选择,算法 PMVFST 中证实了运动矢量的中值预测者是比较适合的运动估计预测者,放在一个集合 A 中,其他所有的预测者包括左边、上边、左上边相应块的运动矢量以及零运动矢量等都放在另一个集合 B 中。对于运动矢量预测模式,EPZS 提出了加速的运动矢量预测者(Accelerator Motion Vector)的概念。这主要是考虑了视频序列中的物体在图像中出现了非匀速运动的情况,而参考了前面几个参考帧中运动矢量的速度情况。

同时,该算法也考虑到简化算法的设计,以及为了让算法更加适合硬件的实现,EPZS 考虑使用简化的搜索模式,即小菱形搜索模式和矩形搜索模式,如图 6-30 所示。

通过使用这两种简化的模式,不仅降低了算法的复杂度,还降低了算法的实现难度。同时,可以根据具体的应用进行具体实现或者在硬件中实现。

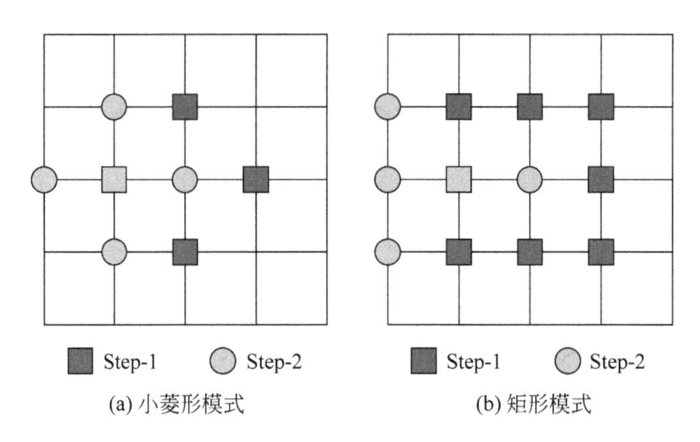

(a) 小菱形模式　　(b) 矩形模式

图 6-30　简化搜索模式

6.6.4　HEVC 中的运动估计流程

帧间预测的复杂度大部分都是集中在运动估计这个模块，本节将介绍 HM 中运动估计算法的流程。相比于之前的标准，HEVC/H.265 里面的运动估计并没有太大的变动，只是对原有的 JMVC(Joint Multiview Video Coding)里面的 TZSearch 算法做了相应的改进。

下面介绍新标准里的运动估计算法，并对所做出的改进进行说明。新标准里的运动估计算法分为 3 个步骤，首先是搜索起始点，然后进行初始搜索，接着进行加强搜索。之后就根据最佳匹配位置计算出最优运动矢量和残差。

如图 6-31 所示，起始点的搜索的过程包括对当前的 0 矢量，当前位置的左边、上边、右上方，以及均值等做比较，得出最佳起始点，如图 6-32 所示。

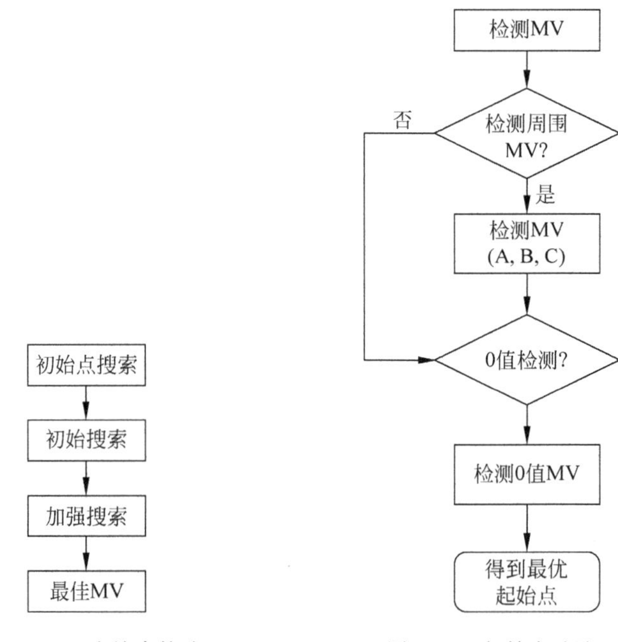

图 6-31　三步搜索策略　　图 6-32　起始点选取

初始搜索时，有三种搜索模式：菱形搜索、矩形搜索以及光栅扫描式(Raster)搜索。其中，菱形搜索和矩形搜索是两个选项，可以根据配置文件选择一个。在进行完这两个模式其中一个的搜索之后，如果最佳搜索距离为1，则进行两点搜索。两点搜索是为了完善第一次未搜索到的搜索距离为3的点，这也是考虑到了运动矢量分布在距离零矢量较近的位置。光栅扫描式搜索需要在初始搜索结束后，最佳搜索距离大于预先定义的变量iRaster(HM中定义为5，之前的JMVC中定义为3)，则满足进行光栅扫描式搜索的条件。

图6-33为三种初始搜索模式示意图。其中，中心的圆点表示当前位置，其他方块表示不同搜索模式下候选搜索位置。相同颜色的方块与起始点的距离相同，其中圆点表示初始点，搜索的层次是从中心开始，往外进行。同时，初始搜索有早停止机制选项，如果将控制早停止机制的开关变量置为1，同时初始搜索的迭代次数到达了预先设定的值，便停止初始搜索。此时所得到的最小残差位置设为最佳位置，此时的运动矢量作为最佳运动矢量。

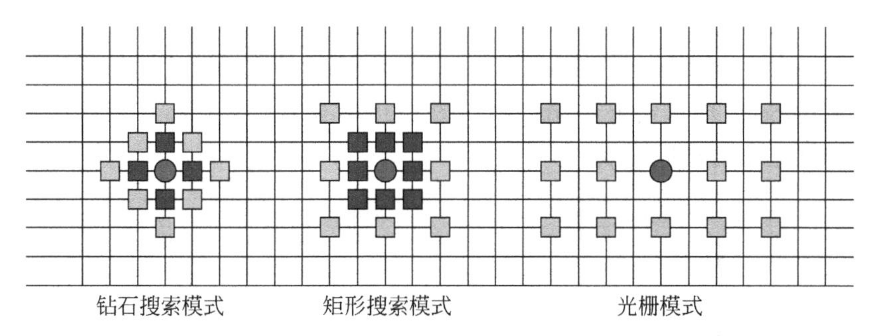

图6-33　三种初始搜索模式示意图

加强搜索时，需要初始搜索得到的最佳起始点不在中心位置，就使用初始搜索得到的最优点为最佳起始点，重新开始一轮搜索，以得到最佳的运动矢量MV。

6.6.5　运动融合

HEVC标准中极具创新的一点就是有了运动融合(Motion Merge)技术。该技术将H.264/AVC标准中的略过模式和直接模式进行了糅合。

当编码端的PU块被指定为运动融合模式(Merge Mode)时，当前PU的运动信息都可以通过相邻的PU信息获得，这些运动信息包括参考方向、运动矢量、参考索引号等。运动融合技术需要构造一个融合候选列表(Merge Candidate List)，存储的是运动矢量，通过计算列表中每个运动矢量的代价，选择最小代价的运动矢量作为最终的融合索引号(Merge Index)。

如前所述，编码模式为Merge Mode的PU块无须传送其他任何运动信息，仅仅只需要传输运动融合索引(Merge Index)和运动融合标识(Merge Flag)。当CU四叉树划分成多个PU时，第一个预测单元在满足以下条件时，不能使用运动融合技术：

(1) 编码单元深度为最大值；

(2) 编码单元划分方式为$2N\times N$或$N\times 2N$。

使用运动融合模式时，运动融合候选列表由3部分组成：空间相关的候选子集、时间相关的候选子集以及生成得到的候选子集。目前，HEVC标准中规定运动融合候选列表元素总个数不能超过MaxNumMergeCand(默认值为5)。其选择的过程按照4个来自于空间相关候选子集，1个来自于时间相关候选子集，生成得到的候选子集包含以下几个步骤：

① 对运动融合候选列表中所有元素进行去重复操作，保证候选运动矢量的唯一性；

② 当融合候选列表元素总个数 $K<$MaxNumMergeCand 时，HEVC 规定需要补充其余的候选元素，具体添加步骤可以参考 HEVC 标准规范；

③ 直到列表元素达到 MaxNumMergeCand 后，其余的候选过程将不再进行，这时才完成运动融合候选列表的构造工作。

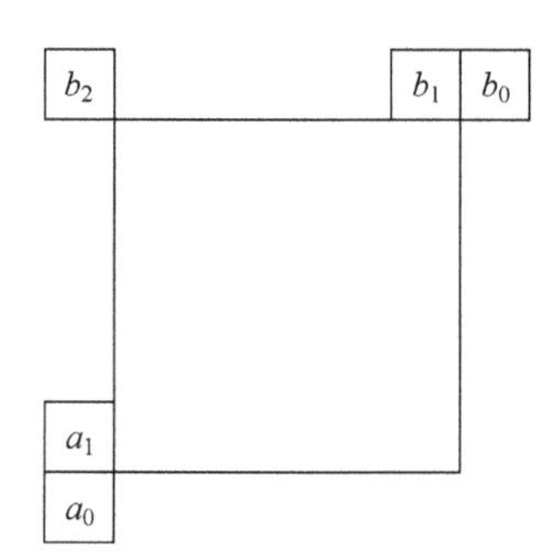

图 6-34　运动融合空间相关候选

空间候选集中的4个运动矢量按照如图 6-34 所示的5个空间相邻预测单元中选取，其选取顺序按照$\{a_1, b_1, b_0, a_0, b_2\}$顺序进行。在当 a_1、b_1、b_0、a_0 四个位置的预测单元不可获得或者采用帧内编码时，b_2 才能作为空间候选集的一个候选。

当候选集总数达到 MaxNumMergeCand 时，将最优候选索引进行熵编码，并传送给解码端解码。图 6-35 具体描述了运动融合候选集的选取步骤。

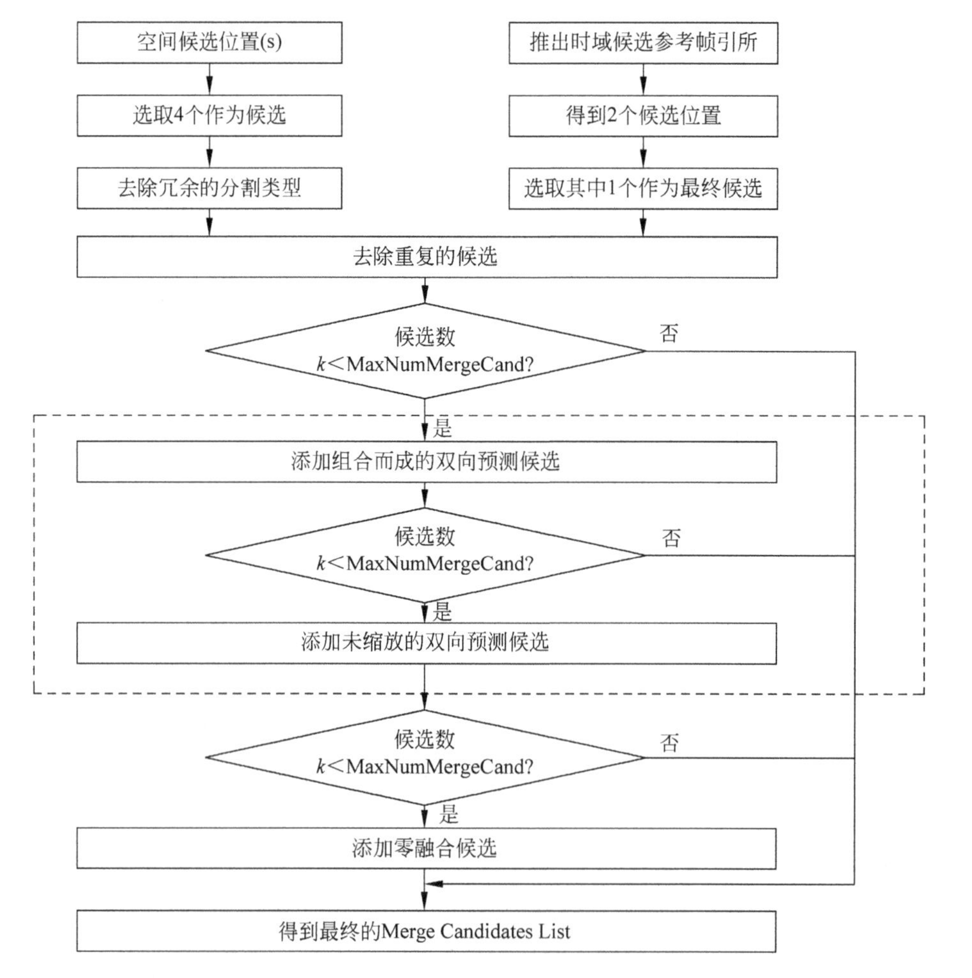

图 6-35　运动融合候选集的选取步骤

6.6.6　高级运动矢量预测

对于一般的帧间预测 PU 块，HEVC 标准运用了另一种新的帧间运动技术，即高级运动矢量预测技术（Advanced Motion Vector Prediction，AMVP）。由于周边相邻 PU 块的运动信息与当前 PU 块之间存在较多的时空相关性，正是利用这一点，使得在帧间预测过程中，AMVP 技术要比之前标准的运动矢量预测技术更加精确，因为 AMVP 充分考虑了来自空域和时域两个方面的运动信息。

和 6.6.5 节所述的运动融合技术类似，AMVP 也需要通过空间上相邻 PU 块以及时域相邻 PU 块的运动矢量信息构造出一个运动矢量候选列表，HEVC 草案中规定该运动矢量候选列表元素的个数为 2，然后再遍历候选集中的两个运动矢量，根据率失真优化模型计算，获得最佳的预测运动矢量。图 6-36 给出了运动矢量预测集的构造过程。

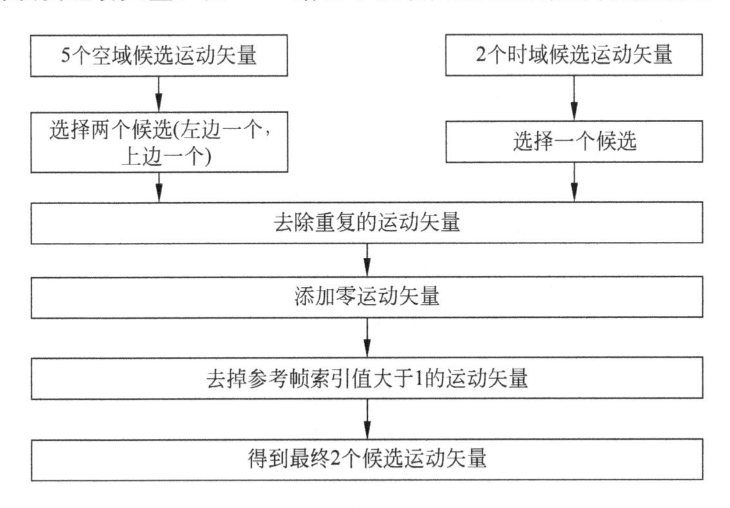

图 6-36　运动矢量预测集构造的步骤

AMVP 技术也是获得空域相邻的 5 个预测单元的运动矢量，但不是全部需要，而是从当前 PU 块的左边和上边各选取一个最优的运动矢量作为来自空域上的运动矢量候选元素。而时域方向上的候选运动矢量则是获得两个来自不同时域帧对应位置的 PU 的运动矢量，再根据率失真优化模型选取代价最小的其中一个作为来自时域方向上的候选运动矢量。最后，合并时域和空域上的候选运动矢量元素，并去掉重复的运动矢量。另外，还要检查整个运动矢量候选列表元素的个数是否超过 2；对于候选元素超过 2 个的 PU 块，需要去掉所有参考索引大于 1 的运动矢量，否则就将零运动矢量加入到候选集中。

空域运动矢量预测候选集中，最多能拥有 2 个运动矢量，选取的位置和如图 6-34 所示的位置一致，只是顺序有所不同：

（1）左侧相邻 PU 顺序：$a_0 \rightarrow a_1 \rightarrow$ 缩放的 $a_0 \rightarrow$ 缩放的 a_1；

（2）上方相邻 PU 顺序：$b_0 \rightarrow b_1 \rightarrow b_2 \rightarrow$ 缩放的 $b_0 \rightarrow$ 缩放的 $b_1 \rightarrow$ 缩放的 b_2。

对于以上的左侧以及上方的运动矢量候选集都有 4 种处理形式。大致可以分为两类：需对运动矢量进行缩放以及无须对运动矢量进行缩放。最先处理的是不需缩放的情形，然后才进行缩放情形下的缩放处理。具体细节如下：

(1) 对于不需缩放运动矢量：

- 所有空域相邻 PU 采用同一参考图像队列，且使用同一参考帧图像索引；
- 所有空域相邻 PU 参考图像队列不一致，但使用同一参考帧图像索引。

(2) 对于需缩放运动矢量：

- 所有空域相邻 PU 使用同一参考图像队列，但是不使用同一参考帧图像索引；
- 所有空域相邻 PU 参考图像队列不一样，且不使用同一参考帧图像索引。

综上所述，当所有的空域相邻 PU 均使用同一参考帧图像索引时，PU 的预测运动矢量不需进行缩放操作。否则，当参考帧图像索引不一样时，预测运动矢量需进行缩放操作。

6.7 变换与量化

变换编码作为混合视频编码框架中三大编码工具之一，是视频压缩编码的关键算法之一，但目前理论上没有突破性的进展，只是在 DCT 变换的整数域实现、快速算法、基于 KLT 变换的固定变换矩阵以及与预测模式的融合上出现新的思路。

空间图像数据通常是很难压缩的：相邻的采样点具有很强的相关性(相互关联的)，而且能量一般平均分布在一幅图像中，从而要想丢掉某些数据和降低数据精度而不明显影响图像质量，就要选择合适的变换方法，使图像易于被压缩。在视频编码过程中采用变换的方式将图像由空间域变换到变换域，将视频信号的能量集中在少数几个变换系数上，这样可以有效地简化计算过程。图 6-37 给出了离散傅里叶变换(DFT)和离散余弦变换(DCT)对同一图像做变换后的系数分布结果。

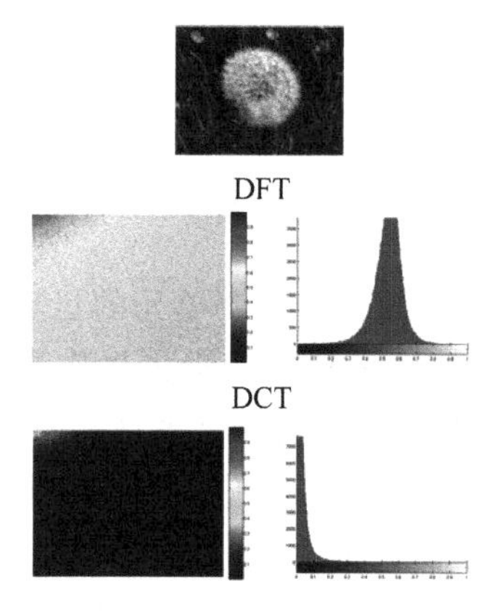

图 6-37 DFT 和 DCT 对同一图像做变换后的系数分布

变换编码在理论上出现了一些新的概念，部分思想被引入到最新的国际视编码标准 HEVC 中，早期的 HEVC 提案中：包括大尺寸整数 DCT 变换 LT、非方形变换 NSQT、正交预测模式相关变 OMDDT、多模型 KLT 变换 MMKLT、模式相关方向性变换 MDDT、自适应 DCT/DST 变换、旋转变换 ROT、逻辑变换 LOT。

6.7.1 离散余弦变换

一维 N 点离散余弦变化(DCT)为：

$$y_k = C_k \sum_{n=0}^{N-1} x_n \cos \frac{(2n+1)k\pi}{2N} \tag{6-13}$$

其中，x_n 是输入时域序列的第 n 项，y_k 是输出频域序列中的第 k 项。系数 C_k 定义为：$C_k=\sqrt{\frac{1}{N}}, k=0, C_k=\sqrt{\frac{2}{N}}, k=1,2,\cdots,N-1$。对于 y_k，$k=0$ 时的系数为直流分量，其他系数称为 AC 系数。

关于二维 $N\times N$ 点图像块的离散余弦变化(DCT)，可理解为先对图像块的每行进行一维 DCT，在对经行变换的块的每列再应用一维 DCT。可以表示为：

$$Y_{mn} = C_m C_n \sum_{i=0}^{N-1} \sum_{j=0}^{N-1} X_{ij} \cos \frac{(2j+1)n\pi}{2N} \cos \frac{(2i+1)m\pi}{2N}$$

$$X_{ij} = \sum_{i=0}^{N-1} \sum_{j=0}^{N-1} C_m C_n \cos \frac{(2j+1)n\pi}{2N} \cos \frac{(2i+1)m\pi}{2N} \tag{6-14}$$

其中，X_{ij} 为图像块中第 i 行第 j 列图像的残差值，Y_{mn} 是变换结果矩阵 Y 相应频率点上的 DCT 系数。用矩阵表示为：

$$\boldsymbol{Y} = \boldsymbol{AXA}^{\mathrm{T}}, \quad \boldsymbol{X} = \boldsymbol{A}^{\mathrm{T}}\boldsymbol{XA} \tag{6-15}$$

其中，$A_{ij} = C_i \cos \frac{(2j+1)i\pi}{2N}$。

H.264 中对 4×4 的图像块进行操作，则相应的 4×4 的 DCT 变换矩阵 $\boldsymbol{A}$ 为：

$$\boldsymbol{A} = \begin{bmatrix} \frac{1}{2}\cos(0) & \frac{1}{2}\cos(0) & \frac{1}{2}\cos(0) & \frac{1}{2}\cos(0) \\ \sqrt{\frac{1}{2}}\cos\left(\frac{\pi}{8}\right) & \sqrt{\frac{1}{2}}\cos\left(\frac{3\pi}{8}\right) & \sqrt{\frac{1}{2}}\cos\left(\frac{5\pi}{8}\right) & \sqrt{\frac{1}{2}}\cos\left(\frac{7\pi}{8}\right) \\ \sqrt{\frac{1}{2}}\cos\left(\frac{2\pi}{8}\right) & \sqrt{\frac{1}{2}}\cos\left(\frac{6\pi}{8}\right) & \sqrt{\frac{1}{2}}\cos\left(\frac{10\pi}{8}\right) & \sqrt{\frac{1}{2}}\cos\left(\frac{14\pi}{8}\right) \\ \sqrt{\frac{1}{2}}\cos\left(\frac{3\pi}{8}\right) & \sqrt{\frac{1}{2}}\cos\left(\frac{9\pi}{8}\right) & \sqrt{\frac{1}{2}}\cos\left(\frac{15\pi}{8}\right) & \sqrt{\frac{1}{2}}\cos\left(\frac{21\pi}{8}\right) \end{bmatrix}$$

$$= \begin{bmatrix} \frac{1}{2} & \frac{1}{2} & \frac{1}{2} & \frac{1}{2} \\ \sqrt{\frac{1}{2}}\cos\left(\frac{\pi}{8}\right) & \sqrt{\frac{1}{2}}\cos\left(\frac{3\pi}{8}\right) & -\sqrt{\frac{1}{2}}\cos\left(\frac{3\pi}{8}\right) & -\sqrt{\frac{1}{2}}\cos\left(\frac{\pi}{8}\right) \\ \frac{1}{2} & -\frac{1}{2} & -\frac{1}{2} & \frac{1}{2} \\ \sqrt{\frac{1}{2}}\cos\left(\frac{3\pi}{8}\right) & -\sqrt{\frac{1}{2}}\cos\left(\frac{\pi}{8}\right) & \sqrt{\frac{1}{2}}\cos\left(\frac{\pi}{8}\right) & -\sqrt{\frac{1}{2}}\cos\left(\frac{3\pi}{8}\right) \end{bmatrix} \tag{6-16}$$

设 $a=\frac{1}{2}, b=\sqrt{\frac{1}{2}}\cos\left(\frac{\pi}{8}\right), c=\sqrt{\frac{1}{2}}\cos\left(\frac{3\pi}{8}\right)$，则有：

$$\boldsymbol{A} = \begin{pmatrix} a & a & a & a \\ b & c & -c & b \\ a & -a & -a & -a \\ c & -b & b & -c \end{pmatrix} \tag{6-17}$$

$\boldsymbol{A}$ 中 a、b、c 是实数，而图像块 X 中元素是整数。对实数的 DCT，由于在解码端的浮点运算精度问题，会造成解码后的数据的失配，进而引起漂移。H.264 由于预测过程，其对预测漂移是十分敏感的，因此，对 **A** 进行改造，采用整数 DCT 技术，可有效减少计算量，同时不损失图像的准确度。

图 6-38 为 8×8DCT 基本图像。任何 8×8 图像块都可以用基本图像与变换系数乘积的组合来表示。DCT 系数矩阵左上角系数对应空间直流分量，称为 DC 系数，其他 63 个对应交流分量，称为 AC 系数。

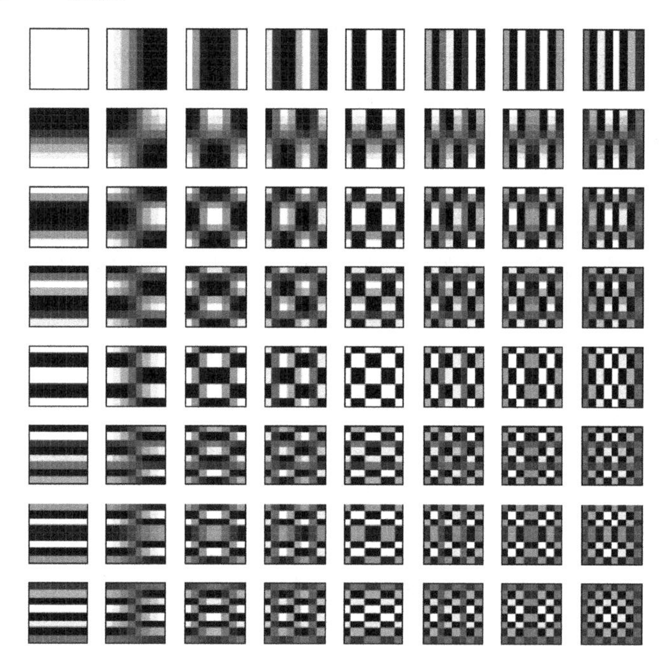

图 6-38 8×8DCT 基本图像

在 HEVC 标准中将编码单元的大小较以前 H.264/AVC 等标准的 4×4～16×16 扩展到了 4×4～64×64，所用到的 DCT 变换的类型也从以前的 4×4 的整数 DCT 变换和 8×8 的 DCT 变换，扩展到了新标准中的 4×4～32×32 的 DCT。

6.7.2 量化与量化矩阵

量化过程是对 DCT 过程产生的系数进行优化，利用人眼对高频细节信息不敏感的特性对数据进行进一步压缩，将频域上的每个成分除以一个常数，并通过四舍五入取整。量化过程有数据丢失，这是整个视频编码过程唯一一个有损压缩的过程。所以，为了能够正确解析出视频数据，在解码端要进行与编码过程对应的逆过程。

在当前的视频编码标准中，如 MPEG-2 和 H.264，这些标准中均使用到了量化矩阵以提高视频的主观质量。另外，量化矩阵在提高视频主观质量的同时，也可以避免虚拟参考解码器(Hypothetical Reference Decoder，HRD)溢出。在 H.264 中，量化矩阵这一编码工具能够消除高清影片中的噪声干扰。由于量化矩阵具备的这些特性，它被广泛用于消费级和专业级视频产品，如视频摄像机、蓝光光盘等。因此，在 HEV 中采用量化矩阵的提案已被 JCT-VC 接受，将成为 HEVC 标准的一部分。

在 HEVC 中，由于变换单元的划分大小不同，导致有 4×4、8×8、16×16、32×32 四种大小，共 32 个量化矩阵。图 6-39 显示了 HEVC 中量化矩阵的大小和种类。图 6-40 显示了一个 4×4 大小的量化矩阵在量化过程中是如何作用的。

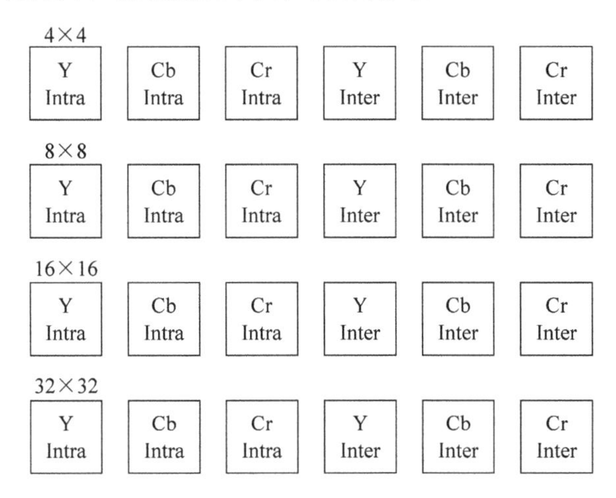

图 6-39 HEVC 中量化矩阵的大小和种类

图 6-40 量化矩阵使用示例

DCT 系数矩阵代表一个像素块进行变换后得到的系数矩阵，在不使用量化矩阵的情况下，所有系数使用同一个量化步长，使用量化矩阵的情况下，则每一个系数对应了一个量化步长。

6.8 HEVC 的后处理技术

HEVC 标准中，预测和变换都是基于块操作的，这就导致编码生成的图像块之间有明显的分割界限，影响视频的视觉质量。为了消除这种效果，视频编码标准在重构过程之后加上了环路滤波环节，去除边界效应。HEVC 中的后处理技术主要包括去方块滤波技术和样点自适应补偿技术，这两种技术都是对块分割机制中的块边界进行的操作，主要用于作为参考帧的重建图像中。

从 HEVC 编码框架图中可以看出，反变换、反量化后的重建图像被写入解码器缓存之前，需要经过几个步骤，去方块滤波过程、样点自适应补偿过程以及自适应环路滤波过程，它们的先后顺序如图 6-41 所示，这些过程称为 HEVC 的后处理技术。

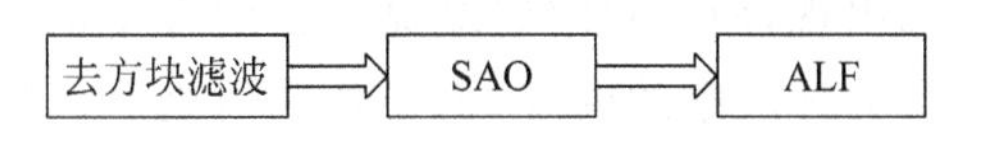

图 6-41 HEVC 后处理技术

HEVC致力于在H.264/AVC的基础上，以视觉质量不变为前提，使编码效率可以降低为H.264/AVC的50%。但由于HEVC依旧沿用的是基于块的帧内/帧间预测以及变换编码过程，因此图像中相邻块的不连续感依然存在，这些不连续的表现形式有很多种，例如，振铃效应、块效应、物体模糊等。

方块效应被认为是基于块的压缩方法中最明显可见的缺陷，因此，在H.264/AVC中，块边界处通常采用低通滤波器来自适应调整边界滤波强度，这种方法提高了视频的主观质量和客观质量。HEVC标准应用了和H.264/AVC方法类似的去方块滤波器，针对不同类型的边界类型都要判定是否进行去方块滤波操作，以及需要运用强滤波过程还是弱滤波过程，这种判定是基于边界的像素梯度和块中量化参数派生的阈值来决定的。因此，去方块滤波技术旨在减小图像编码过程中由于块分割而造成的块效应。

样点自适应补偿技术(SAO)是HEVC中提出的一种新编码工具，去方块滤波的操作只有在块边界处才会进行，而样点自适应补偿则被运用于该块中所有的样点值，这些样点值因处于不同的块而满足不同的条件。SAO在去方块滤波后实现，也属于环路滤波内部。SAO的思想主要是通过根据图像块的特点对其选择合适的分类，并为此分类下所有的样点值加入相同的补偿值，从而达到降低图像失真的效果。

在HEVC标准的发展过程中，也曾在SAO之后出现过自适应环路滤波(Adaptive Loop Filter,ALF)技术。ALF是对SAO处理过的重构像素进行滤波，对于亮度信号而言，滤波过程以编码单元为单位进行，滤波系数通过计算求得。

6.8.1 去方块滤波

图像的分块机制产生了块的独立编码过程，使得图像的块边界处产生了不连续性。当一个边界两侧的图像相关性强，并且图像很平滑的时候，块效应可以很轻易地被人的视觉系统察觉，而当边界两侧的图像内容相差很远时，则不易被发觉。如果块边界处的原始图像本身存在着很强的变化性，那么就很难判断出这样的块效应是由于编码误差带来的，还是来自于图像本身。

方块效应的产生主要来自于两个方面，第一个方面是由变换、量化引起的。由于HEVC是基于块对预测后的残差进行变换和量化，而量化过程是一个有损压缩的过程，因此，经过反量化后得到的变换系数与原始系数必然存在误差，分块边界点只用到一侧样点的加权平均，这就导致了图像还原后视觉的不连续现象。产生方块效应的另一方面原因来自于帧间预测运动补偿过程，运动补偿的预测数据通常来自于同一帧的不同位置上的内插点，也有可能是不同帧不同位置的内插点，因此运动补偿块不会绝对匹配，从而也会产生图像的不连续现象。

而编码过程中的参考帧通常都来自于这些重建图像，这就导致了待预测图像失真的不断累加。因此，为了提升图像的主观质量效果，就必须引入去块滤波器来弱化方块效应。

在视频压缩编码中加入去方块滤波器的方法有两种：后置滤波器和环路滤波器。后置滤波器不在编解码环路内部出现，而是对解码端显示器缓存中的重构图像进行去方块滤波运算。后置滤波器一般不作为标准中的内容，而是作为可选项。后置滤波器对图像质量的改善并不明显，而环路滤波器由于置于编解码环路内部，滤波后的图像将作为参考帧用于进一步的编解码过程，为了编解码器的同步，编解码端必须采用统一的滤波器，才能保证解码器中的正确解码过程。编解码器中采用统一的环路滤波时的解码器中不需要增加额外的图像缓存来存取整幅图像，因此减小了误差扩散，使方块效应在一定程度上得到了改善。环路滤波器被纳入编解码标准，作为标准的一部分。

HEVC中去方块滤波的设计防止图像块的空间独立性，对于一条边界，同时考虑两边的块的相关性，而不进行重复的滤波操作。这个过程改变了边界两边至少6个样点的值，而判定的过程至少需要边界两边4个样点值。任何垂直边界都可以与其他垂直边界并行进行滤波运算，但是经过垂直滤波后的样点值会作为输入值参与水平滤波的运算。

去方块滤波通常被用于预测单元、变换单元边界周边的点，如果这些边界同时又是图像边界，则不进行去方块滤波操作。HEVC的去方块滤波过程是基于编码单元的操作，因此一幅图像可以分成多个不重叠的8×8大小的块，每个块都包含了自身所需要的滤波数据信息，这就使得滤波操作可以对每个8×8块单独进行操作，这就是HEVC可以进行并行滤波操作的原因。

HEVC中的垂直边界与水平边界的滤波顺序也与H.264/AVC不同，在H.264/AVC中按照宏块来操作，而HEVC的滤波顺序与块的位置无关，并且在解码端滤波顺序也不改变，这样的设计降低了硬件的复杂度。为了保证编码器和解码器中的滤波过程完全一致，对每个编码图像的滤波运算必须按照规定的顺序执行。滤波是基于块的，对于需要滤波的边界应当按照以下顺序进行处理：

(1) 亮度分量的垂直边界；

(2) 亮度分量的水平边界；

(3) 色度分量的垂直边界；

(4) 色度分量的水平边界。

HEVC去方块滤波以片级结构(Slice)为单位进行去方块滤波，编码器和解码器首先都对于片级结构内部的块进行滤波运算，再对片的边界滤波，这样的设计实现了片级结构在环路滤波中的并行计算过程，如图6-42所示。

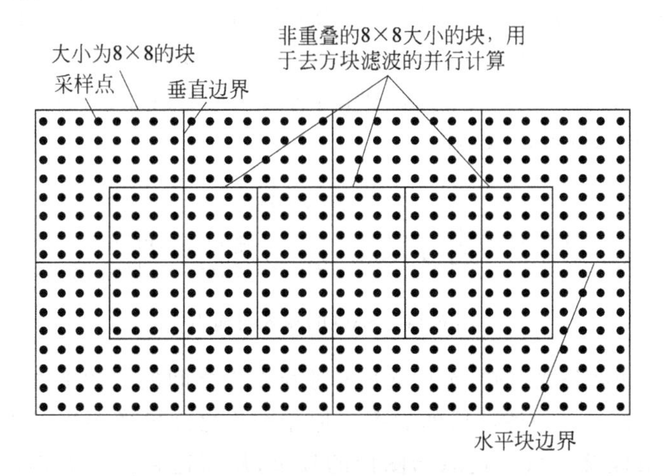

图6-42 块的垂直边界和水平边界

在去方块滤波过程中，非常重要的过程是区分图像中的真实边界，以及由编码失真而造成的块边界。HEVC中对去方块滤波强度的控制与H.264/AVC标准类似，过程主要包括边界强度判断和像素滤波处理两个步骤。由于 HEVC 对图像块的划分非常细致，导致参与滤波的数据量非常大，每个分块的边界都需要纳入去方块滤波的考虑范围，因此复杂度很高。而将去方块滤波放在图像的后处理技术中，可以不改变编码过程，同时保持压缩码率。

6.8.2 样点自适应补偿

在信号处理中，有一个很著名的吉布斯(Gibbs)现象可以模拟出大多数情况下经过视频压缩后的块效应，特别是振铃效应。如图 6-43 所示，圆点表示原始样点值，虚线表示舍弃一些高频信息后的重建样点值。通过图像可以看出，在一个固定区域，由于图像内容的变化，原始样点值分布并不均匀，存在着峰值、凸拐点、凹拐点以及局部谷点，而重建后的图像由于预测、变化、量化等过程，这些局部特殊点被弱化了，这就导致了图像细节会在一定程度上受到折损。如果能对于这样的点添加合适的正、负补偿值，将重建样点与原始样点值的差距缩小，就可以在一定程度上减小图像的失真，而这样的补偿值就可以来自重建图像与原始图像的比对，这个问题的提出就带来了 SAO 技术的发展。

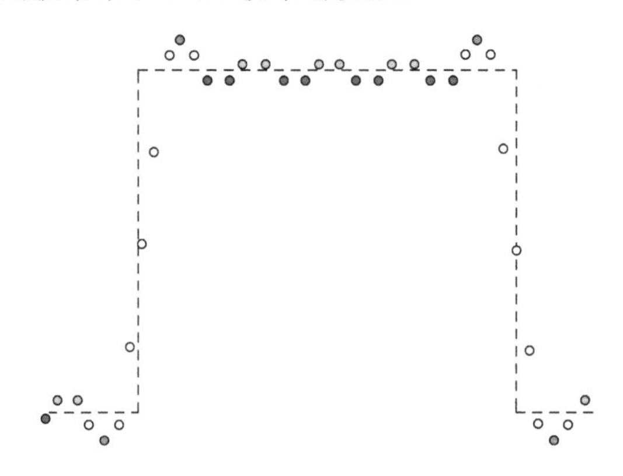

图 6-43 吉布斯现象

从编码器流程图中可以看出，SAO 是编码器环路内的操作，输入值包括原始的 YUV 图像数据和去方块滤波的输出数据，最后产生的参数需要通过熵编码过程进行编码、传输，如图 6-44 所示。SAO 是一种非线性滤波操作，它能使重建信号进行额外的细化过程，提高信号在平滑区域和边缘区域的表示。

图 6-44 SAO 的输入与输出

根据 PSNR 的计算公式可知，重构数据和原始图像之间的差的平方和是决定 PSNR 的因素。SAO 通过分析去方块滤波后的数据与原始图像之间的关系来对去块滤波后的数据进行补偿操作，使其能够尽量接近原始图像的效果，从而达到提高 PSNR 的目的。从复杂度的角度考虑，SAO 中相同的类别划分需要相当简单，因为这个过程需要在编、解码端都进行操作。

另外，SAO 只适用于经过变换、量化、预测后的重建样点值。这些特殊的要求都对

SAO的设计形成了挑战。SAO的主要思想是通过对重建图像样点值进行分类，为每一类像素值添加一个补偿值，以达到减小失真的目的，从而也可以提高压缩率，减少码流。这些补偿值形成一个特定的表格，通过编码器传输。由于SAO滤波器是根据区域实现的，依据每个LCU的自身特点，SAO会选择不同的滤波类型。滤波类型有两种：边缘补偿和带状补偿，如果像素不满足特定条件，也可以选择不使用SAO滤波器。

带状补偿模式选择的偏移值直接取决于样本大小，样本的取值范围被平均分成32段，称为带(Band)。样本值属于4条带(这是连续的32波段内)通过添加发送的值表示为带偏移的修正，这个偏移值可以为正，也可以为负。使用4个连续的带的主要原因是在平滑区域易出现分区效应，因为样点值通常只集中在少数带中。除此之外，选择4个带可以和边缘补偿中的4个偏移值相统一。边缘补偿模式的4种情况是按照样点值的梯度方向来划分，分为水平、垂直和上、下对角线4种方向。

通过前面的介绍可以看出，应用SAO的主要目的在于：SAO降低了视觉上的块效应，这些块效应可能会在以后的变换或样点内插的过程中变得更加明显；SAO通过将重建值区分不同的类别，并为每个类别添加相应的补偿值，从而来降低原始样点值与重建值的差距。从复杂度的角度看，样点分类应该相对简单，因为无论在编码端还是解码端，都要用到这个过程。另外，SAO应该运用于由变换、量化、预测而导致的重建值失真的情况。这些都是SAO技术发展的最大挑战，在发展过程中，边界样点以及特殊带的样点值已经根据样点分类进行了很大程度的简化，甚至可能达到原始样点值和重建样点值之间的平均差异为零的重建效果，可以说，SAO对于提高视觉质量有很大的帮助。

大量资料和测试结果显示，SAO平均可以节约2%～6%的码率，而编解码的复杂度只增加2%左右。从SAO的语法结构上看，由于多了SAO信息的编码和传输，码率应该处于增加的状态，但实际却相反。虽然当前帧的码率传输增加了字节，但是却使源图像与重建图像之间的失真缩小，接下来的预测残差会变小，因此反而降低了码率。

6.8.3 自适应环路滤波技术

在HEVC早前的版本中，后处理技术还包括自适应环路滤波器(Adaptive Loop Filter)。自适应环路滤波过程出现在样点自适应补偿过程后，其基本思想是在编码端计算维纳滤波参数，并且将之运用于重建图像，以减小编码过程中的块效应。这种滤波器之所以具有自适应性，是因为该滤波系数可以根据图像内容和重建图像的率失真来计算，自适应环路滤波可以恢复重建图像、最小化原始图像和重建图像的均方差。

对于不同的图像，自适应环路滤波器可以有3种不同的滤波模式：基于帧的自适应模式、基于区域的自适应模式(RA)和基于块的自适应模式(BA)。基于帧的滤波器通过one picture level标志位决定当前帧是否处于使用状态，尽管ALF可以提高图像的整体重建质量，但其有可能会影响局部区域的质量，因此出现了基于块、基于区域的自适应模式。在基于区域的自适应模式(RA)中，图像被划分成等大小的16个区域，这些区域可以合并，并且每个区域在合并以后，仍然保留了自己的滤波器系数(唯一的一套系数)。在基于块的自适应模式(BA)中，最小单位的划分块根据边界活跃度和方向，被分成了16种类型。这些种类可以合并，但合并后使用的仍然是自身的滤波系数。每个区域的滤波器系数根据原始像素和重建像素的自相关性和互相关性来进行计算(利用Wiener-Hopf等式)。可以根据LCU

到编码单元划分方式的不同，对不同图像区域选择是否使用自适应环路滤波技术。

随着 HEVC 技术的发展，自适应环路滤波技术已经在 HM8.0 的测试环境中被删除，因此不再赘述。

6.9 熵编码

熵编码是按照熵原理进行的一种无失真压缩编码方式，生成的码流可以通过解码过程无失真地将原始数据解析出来。在视频编码标准中，熵编码把所有用来表达视频序列图像的元素信息转化为压缩码流进行存储和传输，码流信息主要包含序列头信息、图像预测信息、量化残差系数及一些附加信息等。

图 6-45 为 HEVC 标准的视频码流组成结构，HEVC 提高了码流的兼容性，以便视频图像在老的设备上可以正常播放，在 SPS(Sequence Parameter Set)和 PPS(Picture Parameter Set)信息前面增加了 VPS(Video Parameter Set)信息。接下来是包含图像 Block 具体信息的图像数据，解码器在接收到编码码流之后，根据图像头信息内的信息参数，对 Block 信息进行解码处理，最终恢复出编码前的原始图像信息。

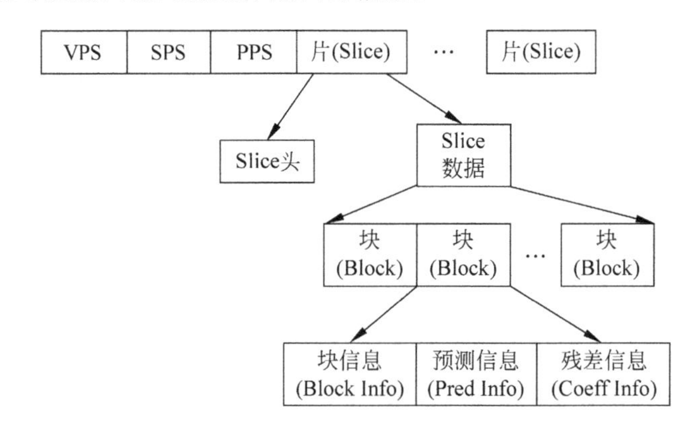

图 6-45 视频码流的组成结构

熵编码算法首先要对每一个可能出现的字符进行建模，确定每个字符可能出现的概率，字符的概率越是精确，编码所达到的效果越好。编码模型分为两种，一种是静态模型，另一种是动态模型。静态模型是指在编码前可以准确确定待编码字符流中所有可能出现的字符概率，在每次编码前，只需要统计一次所有字符的概率模型即可。但是要在编码前统计每个字符出现的概率，也就限制了整个文本的长度，不能太长。动态模型是指在编码过程中，字符出现的概率模型是不断变化的，根据已编码或未编码字符出现的概率来不断地更新字符的概率模型，这样可以使编码过程更加灵活、有效，但是这样就容易产生前后数据依赖性问题。

常见的熵编码主要有香农编码(Shannon Coding)、哈夫曼编码(Huffman Coding)和算术编码(Arithmetic Coding)。在视频编码标准中采用了基于上下文的自适应可变长编码(Context-based Adaptive Variable Length Coding,CAVLC)和基于上下文的自适应算术编码(Context based Adaptive Binary Arithmetic Coding,CABAC)两种方式。

6.9.1　CAVLC

CAVLC 主要用于对亮度和色度残差数据的编码，CAVCL 基于上下文语法元素动态地调整每个语法元素的码表，来提高编码效率。经过预测、变换、量化编码之后，得到残差信息，其能量主要集中在左上角低频部分，高频系数大多都是 0，经过 ZigZag 扫描之后，DC 系数的非零系数值较大，而高频 AC 系数值大多是 0 或 1，根据这些特点，CAVLC 将其划分为几种语法元素，通过对这些语法元素实现对残差数据的编码，主要语法元素有：

1. 非零系数数目 TotalCoeffs 及拖尾系数数目 TrailingOnes

非零系数数目的取值范围为 0.16，拖尾系数数目的取值范围为 0.3，拖尾系数为残差数据中系数为＋1 或－1 的系数，当有超过 3 个绝对值为 1 的系数时，拖尾系数则为 3。TotalCoeffs 是 CAVLC 残差编码中的第一个语法元素，通过定长编码和变长编码结合的方式对非零系数和拖尾系数进行编码，定长编码包含 6 位，高 4 位用来表示非零系数数目，低 2 位用来表示拖尾系数数目，变长编码有 4 个表格，根据块和左边、上边相邻块的非零系数个数来确定表格的选取。

2. 拖尾系数的符号 SignTrails

按照 ZigZag 逆顺序对拖尾系数进行扫描，SignTrails 表示拖尾系数的符号，0 表示系数为正，1 表示系数为负。

3. 除拖尾系数外的非零系数幅值 Levels

Levels 用来表示 4×4 块中残差数据除拖尾系数之外的非零系数，主要由两部分组成——前缀(LevelPrefix)和后缀(LevelSuffix)，在对 Suffix 数据进行编码时，体现出了上下文自适应性，因为 SuffixLength 的更新是由当前 SuffixLength 和已经解码好的非零系数 Levels 决定的。

4. 最后非零系数前零值个数 TotalZeros

TotalZeros 是指按照 ZigZag 正向顺序扫描最后一个非零系数之前 0 值的个数，根据 TotalCoeffs 值，标准中根据亮度和色度给出了 25 个变长表格，编码时直接进行查表编码。

5. 非零系数前零值个数 RunBefore

RunBefore 是指每个非零系数前 0 值的个数，编码时按照 ZigZag 反向顺序进行编码，为了节省码流，有两种特殊情况不需要进行 RunBefore 的编码——最后一个非零系数和 RunBefore 之和等于 TotalZeros 时。例如，一个 4×4 块中数据为{0,3,0,1,－1,1,0,1,0,0,0,0,0,0,0,0}时，ZigZag 扫描方式如图 6-46 所示。

由图中可知，非零系数的数目 TotalCoeffs 为 5，拖尾系数的数目 TrailingOnes 为 3，最后一个非零系数前零的数目为 TotalZeros 为 3，3 个拖尾系数的符号 SignTrails 依次为 0、1、1，然后可以依据其他数据进行查表，获得所有语法元素的编码比特流，最后将所有的比特组合起来，继续进行下一个 4×4 块的扫描编码。

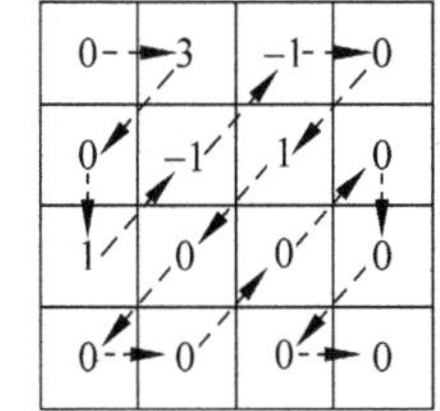

图 6-46　ZigZag 扫描方式

6.9.2　CABAC

CABAC 是采用先进的算术编码对视频图像编码前面几个步骤得出的分割类型、预测模式、预测向量和量化产生的残差系数进行进一步压缩编码，提高视频图像的编码效率。

因为输入图像数据的随机性，导致输入流中的字符概率分布是动态变化的，所以需要建立一个动态概率模型去记录字符概率的变换，处理完一个字符之后，根据概率表中的概率估计值对模型进行更新，从而保证编码过程能够顺利进行。在解码端，按照同样的方法进行模型的刷新和处理，才能正确地解码出原始数据。

按照算术编码的思想，假设字符输入流为 Inpm，当前待编码字符为 Symbol，之前已编码字符流为 Pre，当然，Symbol 和 Pre 都隶属于 Input，根据概率论原理，当前字符 Symbol 的概率即为 P(Symbol/re)，但是随着输入流 Input 编码的不断进行，条件因子 Pre 是不断增长的，这样就导致算术编码的计算量不断增大，这就需要找到一个好的处理方法来解决这个问题。

CABAC 在算术编码的复杂度和编码效率上做了一定的折中处理，通过建立一个基于查表的概率模型机制，将 0～0.5 范围内的概率量化为 64 个值，这些概率就对应于 CABAC 中的最小可能性字符(Least Probability Symbol，LPS)，假设 LPS 出现的概率为 P_{LPS}，那么最大可能性字符(Most Probability Symbol，MPS)的概率则为 $P_{\text{MPS}}=1-P_{\text{LPS}}$。字符的概率值规定在概率模型表格内，对字符概率模型的更新也无须进行计算，只要按照某个特定的法则去表格内进行查表、更新即可。

图 6-47 为 CABAC 进行概率更新时的模型，图中横坐标 σ 代表 LPS 被量化后的概率索引，纵坐标代表 LPS 的概率，实曲线代表各个索引所对应的索引值连接成的平滑曲线，虚曲线代表每一个字符将要进行的概率更新操作。如果当前字符是 LPS，说明 LPS 出现的字符概率变大，则曲线往左边跳转，如果当前字符是 MPS，说明 LPS 出现的字符概率变小，曲线向右跳转。曲线中有 3 个特殊点：

(1) $\sigma=0$，说明 LPS 的概率达到最大值 0.5，如果下一个待编码的字符仍然是 LPS，则将 LPS 和 MPS 的字符进行位置交换；

(2) $\sigma=63$ 作为保留值在 CABAC 概率模型中没有采用，如果解码端检测到这种情况，则说明输入字符流的编码结束；

(3) $\sigma=62$ 时，其概率模型刷新值为其本身，如果出现的字符持续为 MPS，则 LPS 的概率逐渐减小，直至 $\sigma=62$ 为止。

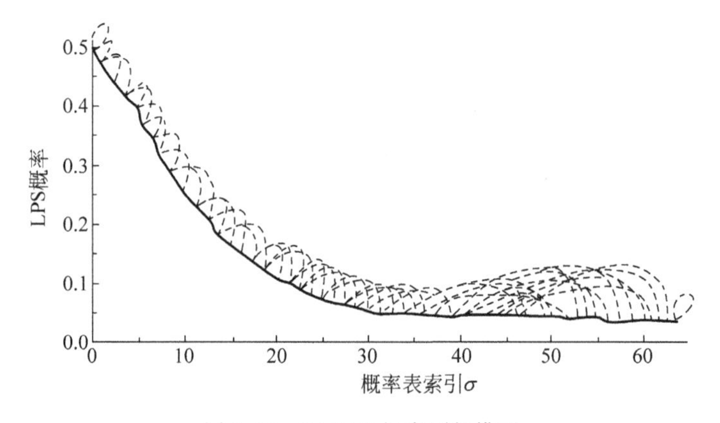

图 6-47　CABAC 概率更新模型

因为 CABAC 采用的是二进制算术编码，也就是编码过程中只有 0 和 1 两个字符。有了当前字符 Symbol 的概率，根据算术编码的原理，为了计算子区间的大小，在计算过程中还需要保存当前区间。为了便于对子区间计算，编码器一般都会对当前区间的下限 Low 和当前区间的大小 Range 进行保存，根据算术编码理论，子区间的计算为：

$$\text{Range} = \text{Range} \times P(\text{Symbol}) \tag{6-18}$$

根据待编码字符的值，对子区间的下限 Low 值和子区间大小进行更新计算，当字符 Symbol 为 0 时，Low 值保持不变，对 Range 值进行更新，当 Symbol 的值为 1 时，Low 值更新为子区间的下限值，编码流程如图 6-48 所示。

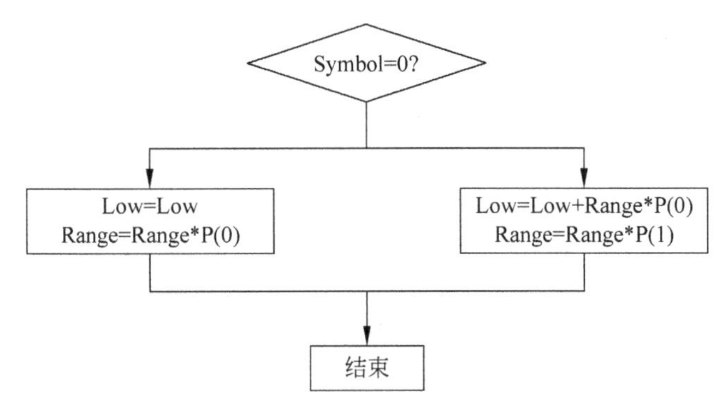

图 6-48　算术编码流程

6.9.3　HEVC 标准熵编码过程

视频码流组织结构是由一些头信息(包括视频头信息、序列头信息图像头信息和帧头信息)加上图像块编码数据组成。头信息中，因为要编码的数据信息大都是固定不变的，所以一般采用指数哥伦布或者定长编码的方式进行编码，在编码图像数据的片(Slice)信息中采用 CABAC 编码方式等。类似地，HEVC 标准中也将一幅图像进行划分，划分成多个片(Slice)或者矩形块(Tile)，这样可以增强 CABAC 编码的并行性，以片或者块为单位进行编码，还可以有效地防止误码现象的扩散。在进行编码时，编码器按照光栅扫描(Raster Scan)的模式对每个片或者块进行扫描编码。

标准中的编码引擎没有改变，仍然采用普通编码模式(Regular Mode)、旁路编码模式(Bypass Mode)和终端编码模式(Terminal Mode)这 3 种编码引擎。Regular Mode 编码模式即算术编码方法，编码中用到的上下文模型可根据 H.264/AVC 或 HEVC 标准中的规定进行更新使用；Bypass Mode 编码模式则对上下文没有数据依赖性，只是将字符流按照二进制的形式编入码流，同时根据字符计算更新区间的下限 Low 值和区间大小 Range 值；Terminal Mode 编码模式则是在每一个编码树结束时进行编码，在每个宏块结束时编码，作为一个标志位在最后进行编码标识。

图 6-49 给出了 CU 编码单元的编码流程。在对每个编码树单元 CTU 进行编码时，首先要将环路滤波过程后的自适应采样偏值 SAO 编入码流，在解码端执行同样的过程，即可将 SAO 补偿信息解析出。HEVC 标准中通过采用环路滤波和自适应采样偏值两种方式对图像进行块效应滤波，使图像看起来更加平滑、失真率更低。接下来就是对每个编码树单元 CTU 进行编码，HEVC 标准中的编码过程是以 CU 为基本单元的，在编码过程预测模块，

首先将 CTU 按照 Intra 或 Inter 取得的最佳预测模式和划分方式分成一个个 CU，然后在 CTU 内部对 CU 进行 Z 扫描编码，主要编码的信息包括划分信息、帧内/帧间预测信息、量化后残差信息等。

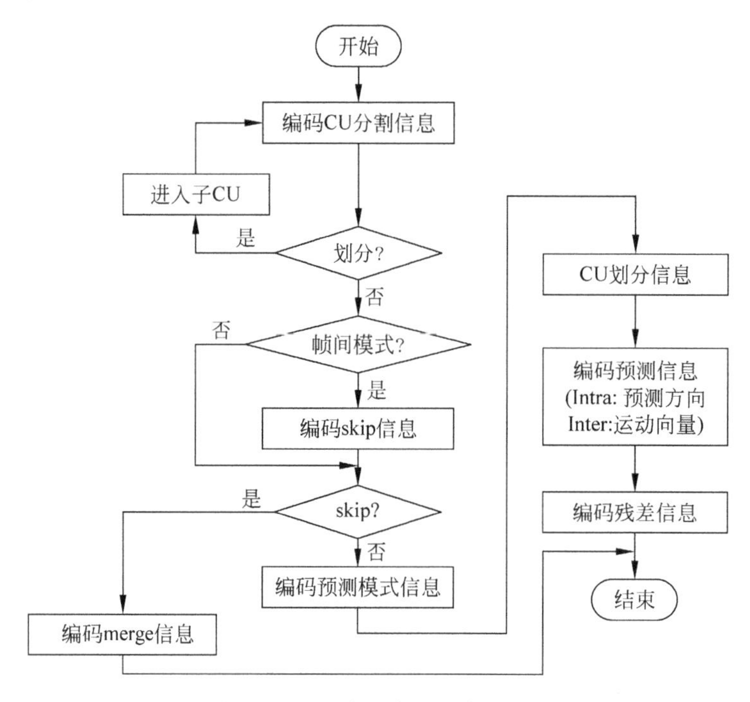

图 6-49　CU 编码单元的编码流程

6.10　并行运算优化设计

H.265 还有另外一个重要创新改进——并行运算优化设计。芯片架构从最初的单核迅速发展到如今的四核、六核、八核，在智能手机领域，八核手机已成趋势，甚至网络电视机顶盒芯片，也出现如全志 H8 等八核并行处理芯片。为了针对多核处理器的优化设计，H.265 引入了多种方案：Tile、Entropy Slice、WPP(Wave Front Parallel Processing)。

下面简单介绍 Tile 技术的具体实现。

Tile，译为"瓷砖"，顾名思义，是将一整块图像分割成若干部分的小瓷砖块，使用垂直和水平线就像切豆腐一样划分每一个矩形区域为一个 Tile，每个 Tile 不必是等同的，但必须包括整数个最大编码单元(LCU)。每个 Tile 是独立的，可以并行处理，这样针对多核处理器的设计，会全面发挥多核心并行计算能力。图 6-50 给出 Tile 技术的具体实现的示意图。

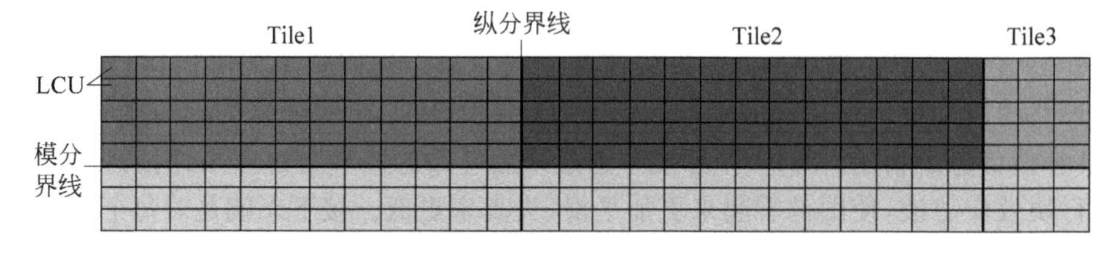

图 6-50　Tile 技术的具体实现

6.11* 码率控制

6.11.1 率失真理论

率失真理论的提出可以追溯到香农。在香农的编码理论中，他提出了这样一个理论：在信道容量为 C 的信道下可靠传输一个熵率为 H 的信源的条件为 $C>H$。这也同样表明，在 $H>C$ 的情况下，信源数据必定不可能完全可靠地接收。根据信息论中的这条定律，为了信源的可靠传输，要么需要增加信道容量 C，要么需要减少信源的熵率 H。但实际情况是，总会碰到信源熵率大于信道容量的情况，在这种情况下，假设信源可能的最小信息熵为 H，而信道可能的最大容量为 $C(H>C)$，这时虽然不能完全可靠地传输信源，但争取在当前的信道上产生最小的失真。

用率失真函数来表征信息率和失真度之间的关系。率失真理论则可以式(6-19)说明：

$$R(D) = \min I(X;Y) \tag{6-19}$$

其中，$I(X;Y)$表示信道输入 X 和信道输出 Y 的互信息量。一个典型的 $R(D)$ 曲线如图 6-51 所示。

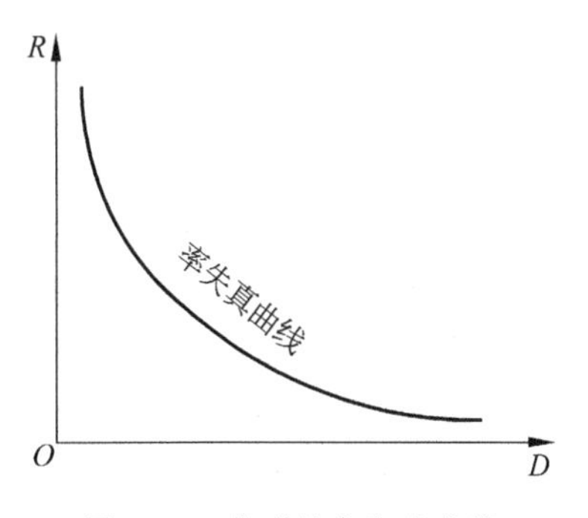

图 6-51　典型的率失真曲线

在视频编码理论中，为了提高编码效率，就需要在约定的失真率之内，尽可能地减小比特率，换句话说，也就是在一定的码率下，信源通过信道传输后产生的失真达到最小。

$$\min D(S,I)\ R(S,I) \leqslant R_c \tag{6-20}$$

其中，S 代表信源样本值的集合，$I=(I_1, I_2, I_3, \cdots, I_k)$代表编码模式的集合，$R_c$为给定的限定码流。

在实际的编码过程中，通常使用式(6-21)来选择最优的编码模式：

$$I^* = \arg\min J(S,I \mid \lambda) \tag{6-21}$$

其中，$J(S,I|\lambda)=D(S,I)+\lambda \cdot R(S,I)$，参数 λ 是拉格朗日参数。对于样本 S 以及选定的编码模式 I，当期编码后得到的比特率和失真度的线性组合 $J(S,I|\lambda)$（拉格朗日代价函数）最小时，此时的编码模式是最优的。

6.11.2 码率控制与率失真优化

率失真理论为视频编码器的优化提供了理论基础。与 H.264 一样，HEVC 仍是使用拉格朗日代价函数 $J(S,I|\lambda)$来确定编码模式。根据用途的不同，拉格朗日代价函数具有多种形式。根据用途分类，可以将拉格朗日代价函数大致分为 3 种：

(1) 基于绝对差值(Sum of Absolute Difference，SAD)的用于预测参数选择的代价函数；

(2) 基于变换绝对差值(Sum of Absolute Transformed Difference，SATD)的用于预测参数选择的代价函数；

(3) 基于平方预测差值(Sum of Squared Errors of Prediction，SSE)的用于编码模式选择的代价函数。

式(6-22)定义了基于 SAD 的用于预测参数选择的代价函数：

$$J_{\text{pred,SAD}} = SAD + \lambda_{\text{pred}} * B_{\text{pred}} \tag{6-22}$$

其中，SAD 为编码前原像素值与编码后重建像素值差值的绝对值之和，其计算公式如式(6-23)所示。其中，λ_{pred}为拉格朗日参数，B_{pred}为编码后的比特数：

$$SAD = \sum_{i,j} |\text{Diff}(i,j)| \tag{6-23}$$

式(6-24)定义了基于 $SATD$ 的用于预测参数选择的代价函数：

$$J_{\text{pred,SATD}} = SATD + \lambda_{\text{pred}} * B_{\text{pred}} \tag{6-24}$$

其中，$SATD$ 是将 SAD 进行 Hadamard 变换后得到的。与基于 SAD 的用于预测参数选择的代价函数一样，λ_{pred}为拉格朗日参数，B_{pred}为编码后的比特数。

式(6-25)定义了基于 SSE 的用于编码模式选择的代价函数：

$$J_{\text{mode}} = (SSE_{\text{luma}} + w_{\text{chroma}} \cdot SSE_{\text{chroma}}) + \lambda_{\text{mode}} \cdot B_{\text{mode}} \tag{6-25}$$

其中，SSE 代表编码前原像素值与编码后重建像素值之间的均方误差，而 w_{chroma}则是色度分量的权值。

最后，在编码过程中，通过计算拉格朗日代价函数，使得 J 最小的编码参数和模式被选择为最终的编码参数和模式。

码率控制与率失真优化息息相关。在进行率失真优化之前，需要通过码率控制得到初始量化参数，然而初始量化参数的得到需要原始图像与重建图像的差值这一参数作为输入才能计算出。可以看到：原始图像与重建图像的差值的获取需要在率失真优化完成之后才能根据编码后重建的像素值来计算得到。

习题六

6-1 多媒体数据集合中存在着哪些冗余？试简要归纳。

6-2 H.265 的编码架构除大致上与 H.264/AVC 的混合编码架构相似之外，还具有哪些创新改进？

6-3 H.264 中有采用 DCT 和 HEVC 时有什么不同？

6-4 HEVC 的预测模式有哪些？请简述 HEVC 帧内预测流程。

6-5 方块效应的产生原因有哪些？

6-6 为什么要进行速率控制？保持编码器输出恒定的代价是什么？

第7章 流媒体传输与控制

CHAPTER 7

流媒体(Streaming Media)是指利用流式传输技术传送的音频、视频等连续媒体数据,它的核心是串流(Streaming)技术和数据压缩技术,具有连续性、实时性、时序性3个特点,可以使用顺序流式传输和实时流式传输两种传输方式。流媒体实时传输是计算机技术,网络通信技术和多媒体技术共同发展的结果,语音、图像、视频等多媒体信息如何能够得到比较好的采样和传输是流媒体应用的关键。

流媒体把连续的影像和声音信息经过特殊的压缩方式分成一个个压缩包,由流媒体服务器向用户计算机连续、实时地传送。让用户一边下载一边观看、收听,而不需要等整个压缩文件下载到自己的机器后才可以观看。该技术首先在用户端的计算机上创建一个缓冲区,预先下载多媒体文件的部分数据作为缓冲,播放程序读取缓冲区内的数据进行播放。在播放的同时,用户计算机在后台继续下载多媒体文件的剩余部分填充缓冲区。这样,当网络出现抖动(Jitter)、实际连线速度小于播放消耗数据速度时,可以避免播放的中断,也使得播放质量得以维持。所以流媒体最显著的特征是“**边下载、边播放**”。

流媒体技术是音视频通信发展到一定阶段的产物,是一种解决多媒体播放时网络带宽问题的“软技术”。流媒体技术并不是单一的技术,它是融合了很多网络技术之后产生的技术。它涉及流媒体数据的采集、压缩、存储、传输以及网络通信等多项技术。可以看出,流媒体技术的核心是流媒体,实现流媒体技术的关键技术是流式传输。

7.1 流媒体技术概况

7.1.1 流式传输基础

流媒体的传输方式有两种:顺序流传输(Progressive Streaming)和实时流传输(Real-time Streaming)。

1. 顺序流方式

顺序流传输方式是顺序下载,边下载边播放前面已下载的部分,顺序下载方式不具备交互性。顺序流方式是早期在IP网上提供流服务的方式,通常采用的是HTTP(超文本传输协议)通过TCP发送,用标准的HTTP服务器就可以提供服务,不需要特殊的协议。网络状况的影响基本上表现在等待时间上。顺序流传输方式的缺点是不适合传输比较长片段的媒体,也不能提供随机访问功能。

2. 实时流方式

在实时流传输方式下，流媒体能够实时播放，并提供 VCR 功能，具备交互性，可以在播放的过程中响应用户的快进或后退等操作。一般来说，实时流方式需要专门的协议（如 RTSP），还需要专用的流媒体服务器。由于是实时播放，网络的状况对播放质量的影响表现得比较直接。当网络阻塞和出现问题的时候，分组的丢失导致视频质量变差，播放会出现断断续续甚至停顿的现象。实时流方式的优点是具有更多的交互性，缺点是需要特殊的协议和专用的服务器，配置和管理更为复杂。

图 7-1 是流式传输的基本原理。结合表 7-1，可以对顺序流式传输和实时流式传输的性能做一个比较。流媒体应用形式可以简单分为 3 类：点播型应用、直播型应用和会议型应用。

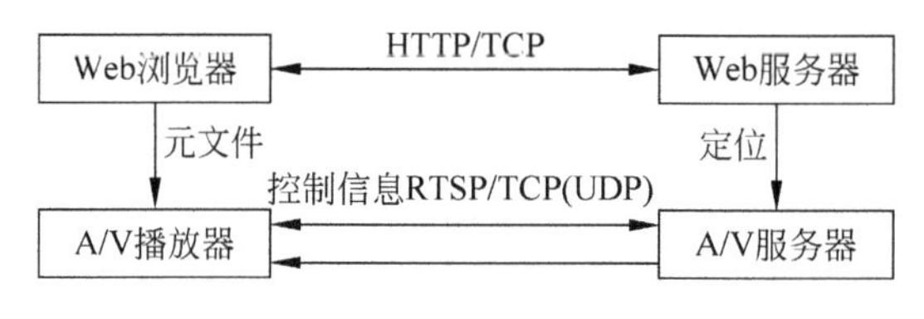

图 7-1 流式传输基本原理

表 7-1 顺序流式传输和实时流式传输的性能对比

	顺序流式传输	实时流式传输
服务器类型	HTTP 服务器	媒体服务器
等待时间	长	短
播放控制	不可以	可以
带宽对播放的影响	对下载有影响，对播放无影响	很大
对于直播和多播的支持	不支持	支持

（1）点播型应用。点播型应用中，将点播内容存放在服务器上，根据需要进行发布。在同一时间可在多点点播相同或不同的节目，即多个终端可在不同的地点、不同的时刻，实时、交互式地点播同一个流文件，用户可以通过门户查看和选择内容进行点播。根据用户的需要，点播过程中还可以实现播放、停止、暂停、快进、后退等功能。

（2）直播型应用。直播服务模式下，用户只能观看播放的内容，无法进行控制。

（3）会议型应用。会议型应用类似于直播型应用，但是两者有不同的要求，如双向通信等。这对一般双方都要有包括媒体采集的硬件和软件，还有流传输技术。会议型的应用一般不需要很高的音/视频质量。

7.1.2 流媒体播放方式

1. 单播

在客户端与媒体服务器之间需要建立一个单独的数据通道，从一台服务器送出的每个数据包只能传送给一个客户机，这种传送方式称为单播。每个用户必须分别对媒体服务器发送单独的查询，而媒体服务器必须向每个用户发送所申请的数据包复制。这种巨大冗余首先造成服务器沉重的负担，响应需要很长时间，甚至停止播放，因此需要大量的硬件空间和带宽来保证一定的服务质量。

2. 点播与广播

点播连接是客户端与服务器之间的主动的连接。在点播连接中，用户通过选择内容项目来初始化客户端连接。用户可以开始、停止、后退、快进或暂停流。点播连接提供了对流的最大控制，但由于每个客户端各自连接服务器，这种方式会迅速耗尽网络带宽。

广播指的是用户被动接收流。在广播过程中，客户端接收流，但不能控制流（见图 7-2）。例如，用户不能暂停、快进或后退该流。广播方式中，将数据包的单独一个复制发送给网络上的所有用户。使用单播发送时，需要将数据包复制多个复制，以多个点对点的方式分别发送到需要它的那些用户，而使用广播方式发送，数据包的单独一个复制将发送给网络上的所有用户，而不管用户是否需要。上述两种传输方式都非常浪费网络带宽。

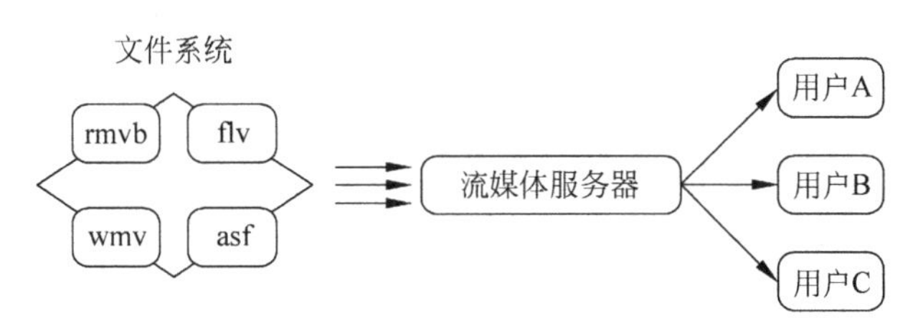

图 7-2　流媒体广播示意图

3. 组播

IP 组播技术构建一种具有组播能力的网络，允许路由器一次将数据包复制到多个通道上。采用组播方式，单台服务器能够对数十万台客户机同时发送连续数据流而无延时。媒体服务器只需要发送一个信息包，而不是多个；所有发出请求的客户端共享同一信息包。信息可以发送到任意地址的客户机，减少网络上传输的信息包的总量。网络利用效率大大提高，成本大为下降。

对比上面三种方式，组播吸收了前两种发送方式的长处，克服了它们的弱点，将数据包的单独一个复制发送给需要的那些客户。组播不会复制数据包的多个复制传输到网络上，也不会将数据包发送给不需要它的那些客户，保证了网络上多媒体应用占用网络的最小带宽。

7.1.3　流媒体系统基本结构

流媒体系统主要由前端采集编码、流媒体服务器和流媒体客户端三部分组成。前端采集编码设备负责将采集到的数据经过压缩编码后传输给流媒体服务器。流媒体服务器接收到流媒体数据后，一方面保存在磁盘上，另一方面封装成 RTP 包，发送到网络中进行传输；客户端接收到 RTP 包进行重组分析，然后将重组后的帧数据送入双缓冲等待解码播放或文件录制。

图 7-3 为系统的总体框架结构图。从图 7-3 可以看出，在经过 RTSP 控制层的身份认证并完成 RTSP 交互后，服务器才开始将采集编码后的数据经过 RTP 打包处理发给客户端。RTCP 处理模块的主要作用是提供和处理反馈信息，因为客户端在接收处理 RTP 包的同时，会统计出当前 RTP 包的接收情况（如间隔抖动和丢包率等），然后将统计信息放入共享信息区，等到下一个 RTCP 间隔到达时，发送接收者报告 RR 包，服务器则可以根据该反馈信息相应地改变码流发送速率，从而可以很好地改善网络拥塞状况，并充分地利用网络资源。

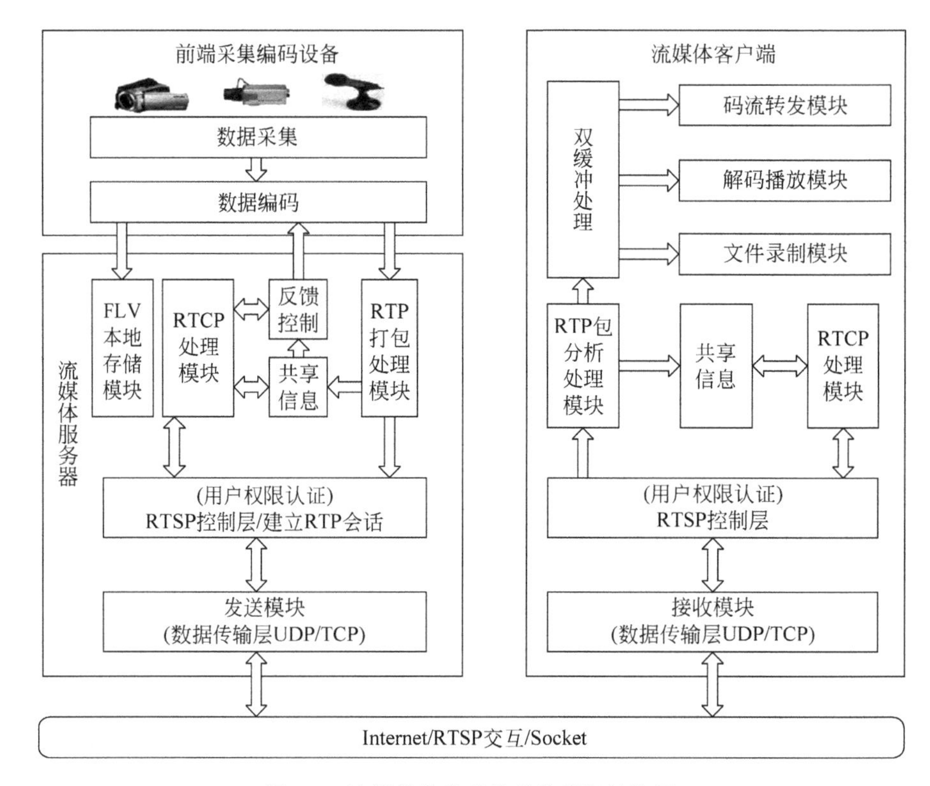

图 7-3 流媒体传输系统总体框架结构图

1. 流媒体服务器

流媒体服务器的主要任务是对编码后的媒体流进行 RTP 打包,然后发送给客户端进行处理,它包含了以下几个重要的功能模块,分别是:RTSP 交互模块、RTP 打包发送模块、RTCP 处理模块和 FLV 本地存储模块。对各模块的分析如下:

(1) RTSP 交互模块。RTSP 具有协调控制会话的功能,客户端只有在通过用户权限认证并且与服务器完成 RTSP 交互之后,才能接收到服务器发来的数据包。

(2) RTP 打包发送模块。主要负责对编码后的媒体流进行打包,封装成 RTP 数据包,经 Socket 发送到网络上。当第一次发送数据包时,数据源应产生并发送包含 CNAME 项的源描述报文 SDES 包。

(3) RTCP 处理模块。主要负责在 UDP 传输方式时接收 RR 包和生成 SR 包的工作,同时根据 RR 包反馈的信息动态地调整数据的发送速率,以很好地控制网络拥塞。

(4) FLV 本地存储模块。将编码后的数据帧直接封装成 FLV 格式,存储在服务器端,用于本地回放。

2. 流媒体客户端

流媒体客户端主要负责接收网络上的媒体流数据包,分析处理后,调用解码库进行解码播放。客户端包含的功能模块有 RTP 包分析处理模块、解码播放模块、RTCP 包处理模块、RTP 包转发控制模块和文件保存回放模块等。各模块分析如下:

(1) RTP 包分析处理模块。负责接收和处理 RTP 数据包,提取 RTP 分组中的有用信息,将具有相同时间戳的 RTP 分组合成完整的视频帧送入双缓冲,同时更新共享数据区中生成 RR 包所需要的信息。

(2) 解码播放模块。负责从双缓冲内取出视音频数据，调用相关库进行解码显示，同时根据文章中的涉及的相应算法，实现视音频同步和实时视频流的平滑控制功能。

(3) RTCP 反馈控制模块。负责接收发送者报告 SR 包，根据 SR 包信息及一个 RTCP 间隔内 RTP 包的接收状况，计算生成接收者报告 RR 包，保存在共享信息区，等待一个 RTCP 间隔到达时，发送给服务器。

(4) RTP 包转发控制模块。负责将客户端接到的 RTP 包通过用户槽位轮询机制转发给其他 PC 用户，用户 PC 机通过 VLC 访问客户端的 IP 地址，即可播放出实时画面和语音。

(5) 文件保存回放模块。负责将用户感兴趣的前端场景以文件的形式保存下来，方便以后的调用与回放。

7.2　流媒体传输和控制协议

图 7-4 给出了流媒体传输和控制协议作用示例。

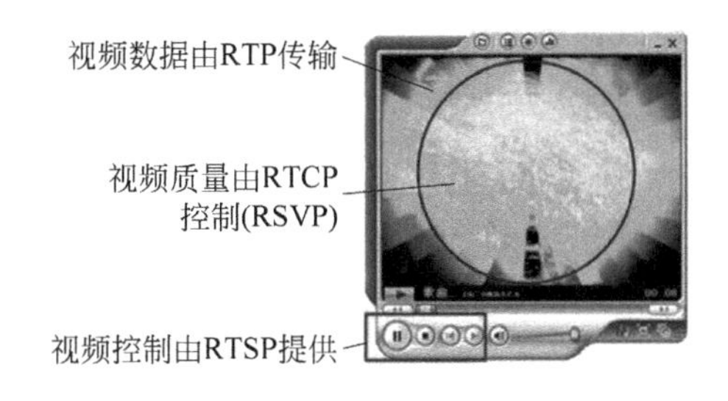

图 7-4　流媒体传输和控制协议作用示例

7.2.1　传输层协议

流媒体的实时传输系统要在网络上能够互联互通必须采用标准的 TCP/IP，整个系统应该构建在基于 TCP/IP 簇的基础之上。接口协议是一个点对点地提供无连接数据包传输机制的协议，但是，IP 对数据报文采用“尽力传递”，它不能处理数据报的丢失、延迟、乱序等问题，必须借助于传输层协议来解决。

TCP 使用确认和重传机制实现了可靠的数据报传输服务，TCP 是一种端对端的、面向连接的协议，提供了一种可靠的传输服务。在 TCP 建立一个连接后，TCP 确保数据包按顺序传递而不重复，最后终止连接。在应用程序中，通过套接字(Socket)来使用 TCP 进行数据传输。用户数据报协议 UDP 和 TCP 一样也是建立在口协议之上，但是和 IP 一样，UDP 提供无连接的数据报传输机制，但是相对于 IP 协议来说，用户数据报协议(User Datagram Protocol，UDP)唯一增加的能力就是复用机制，以保证进程之间通信。UDP 不提供可靠的数据报传输服务，因此有可能利用它来进行实时的数据传输服务，适合要求实时性很高的数据传输，例如音频、视频等。

TCP 最初是为了解决数据报只提供“尽力而为”的数据传送，不对数据进行检查和纠错，经常发生数据丢失或乱序现象而采取的一种保证措施。它主要采用了重传机制和拥塞控制机制来保证数据得到可靠的传输，同时也正是它的这些特性限制了 TCP 对于实时数据的传输。TCP 的重传机制使发送方发现有数据丢失时，将重传丢失的数据包，这将要需要一个甚至更多的周期。这种重传对于实时性要求很高的多媒体数据传输来说是灾难性的，因为接收方不得不等待重传数据的到来，从而造成了数据回放的延迟和断点。

即使是在网络状况运行良好的情况下，没有发生丢包，由于 TCP 的启动需要建立连接，因此在初始化的工作中，需要较多的时间，这样就增加了传输的延迟。由此可见，TCP 是不适合进行多媒体信息传输的，目前大多数系统采用 UDP 来进行多媒体流网络实时传输，取得了比较好的效果，这是根据实时多媒体流自身的特点所决定的(见图 7-5)。不同的通信业务对传输网络的要求是不同的，数据文件、静止图像等非实时信息传输对时延无严格要求，但是对误码率要求很高。而语音和视频业务则要求实时传输，对时延十分敏感，但可以容忍一定程度的误码，只要在不影响人的视觉感受的情况下，甚至在网络状况恶劣的情况下，可以容许传输方在丢弃图像帧的情况下满足实时性。所以如果使用 UDP 来传输实时数据，不对数据报进行校验、重组，可以使传输延迟时阈大大减小，虽然会出现乱序现象，但是可以通过一些处理(最简单的处理就是丢帧)，例如在接收端可以利用图像信息具有相关性的特点，通过接收到的一些数据，将原来的信息全部或部分恢复的方法来使信息的获取不受影响，使解码回放的质量得以保障。

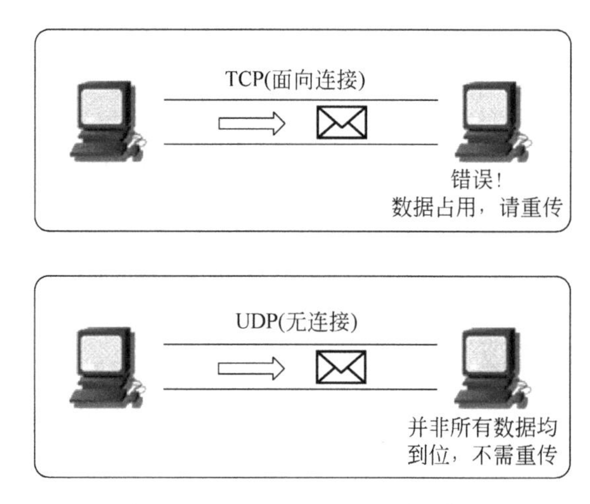

图 7-5　TCP 和 UDP 的区别示意图

然而 UDP 毕竟是一个不可靠的传输层协议，它缺乏流量控制和足够的差错控制能力使程序有可能出现问题，例如，如果不使用流量控制，接收端如果接收的报文过多，有可能出现溢出。所以，UDP 的可靠性问题需要由应用层协议提供相应的差错控制机制给予解决。

现有基于 IP 的互联网难以有效支持实时应用，对于实时传输、服务质量 QoS 等问题难以解决。因此，在这种情况下，IETF 音视频工作小组(IETF-AVT)制订了一些新的协议。目前，支持流媒体传输的协议主要有实时传输协议(RTP)、实时传输控制协议(RTCP)和实时流协议(Real-time Streaming Protocol，RTSP)等，此类协议在 IP/TCP 中的位置如图 7-6 所示。

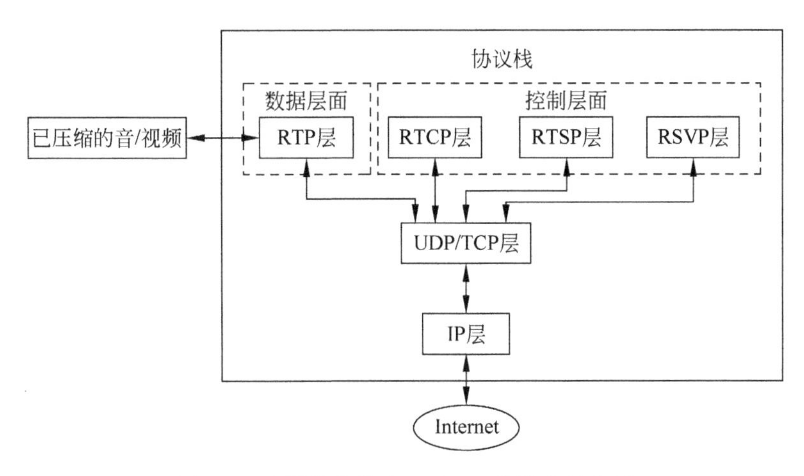

图 7-6　流媒体协议在 IP/TCP 协议中的位置

7.2.2　实时传输协议 RTP

RTP 是由 IETF 的 AVT 工作组公布 RFC 正式文档，编号为 RFC3550，是专门为交互式语音、视频等实时数据而设计的传输协议，用于 VoIP、视频传输等实时多媒体应用。RTP 与 TCP 十分相似，只是当差错造成分组丢失时，不要求重发，同时 RTP 规范中还定义了实时传输控制协议 RTCP，用于提供 QoS 监视机制。

RTP 位于传输层之上，它没有连接的概念，虽然它既可以建立在面向连接的协议上，也可以建立在面向无连接的协议上。但是一般来说，RTP 是作为实时数据传输而设计的，而建立在 UDP 之上，RTP/RTCP/UDP 一起用于视频音频流的实时传输。

RTP 用于 UDP 数据封装时的情景如图 7-7 所示。RTP 对于实时多媒体数据的传输的特点如下：

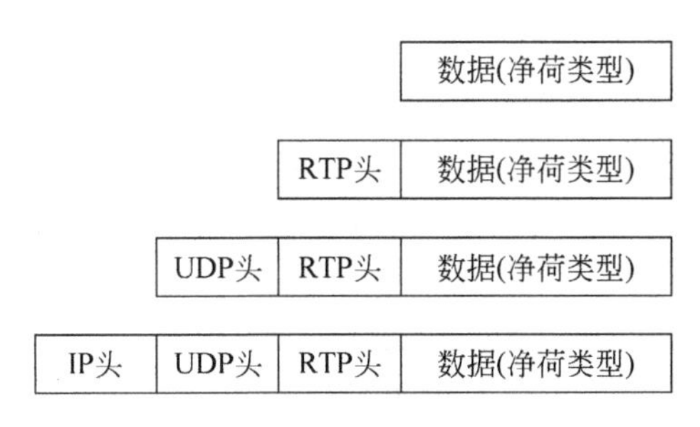

图 7-7　RTP 数据封装

(1) RTP 是一种轻型的传输协议，其提供端到端的实时媒体传输功能，但并不提供机制来确保实时传输和服务质量。协议本身相对轻型、快捷，常常与具体应用结合在一起。

(2) 灵活性：RTP 将数据实时传输与控制策略分开。协议本身只提供实时传输机制，不具体规定控制策略。开发者可以根据不同的应用环境，选择实现效率较高的算法及控制策略。

(3) 独立性：RTP 与下层协议无关，可以在 UDP/IP、IPX、ATM 的 AAL 层上实现。

(4) 良好的扩展性：不仅支持单播，还支持组播。RTP 数据分组由固定的 RTP 数据头、一个可能空的作用资源表和净荷数据(payload，如实时的音频或视频压缩编码后的数据)组成,如图 7-8 所示。

0 1	2	3	4 5 6 7	8	9 0 1 2 3 4 5	6 7 8 9 0 1 2 3 4 5 6 7 8 9 0 1
N=2	P	X	CC	M	PI(净荷类型)	序列号
时间戳						
同步源(SSRC)标识符						
贡献源(CSRC)						
RTP分组净荷(payload)						

图 7-8　RTP 分组的数据格式

RTP 的工作机制为：当应用程序建立一个 RTP 会话时,应用程序将确定一对目的传输地址。目的传输地址由一个网络地址和一对端口组成,有两个端口,一个给 RTP 包,另一个给 RTCP 包,使得 RTP/RTCP 数据能够正确发送。RTP 数据发向偶数的 UDP 端口,而对应的控制信号 RTCP 数据发向相邻的奇数 UDP 端口(偶数的 UDP 端口+1),这样就构成一个 UDP 端口对。RTP 的发送过程如下(接收过程则相反)：

(1) RTP 协议从上层接收流媒体信息码流(如 H.263),封装成 RTP 数据包；RTCP 从上层接收控制信息,封装成 RTCP 控制包。

(2) RTP 将 RTP 数据包发往 UDP 端口对中的偶数端口；RTCP 将 RTCP 控制包发往 UDP 端口对中的奇数端口。

RTP 分组只包含 RTP 数据,而控制是由 RTCP 提供。RTP 在 1025～65535 之间选择一个未使用的偶数 UDP 端口号,而在同一次会话中的 RTCP 则使用下一个奇数 UDP 端口号。端口号 5004 和 5005 分别用作 RTP 和 RTCP 的默认端口号。RTP 分组的首部格式如图 7-9 所示,其中前 12B 是必须的。

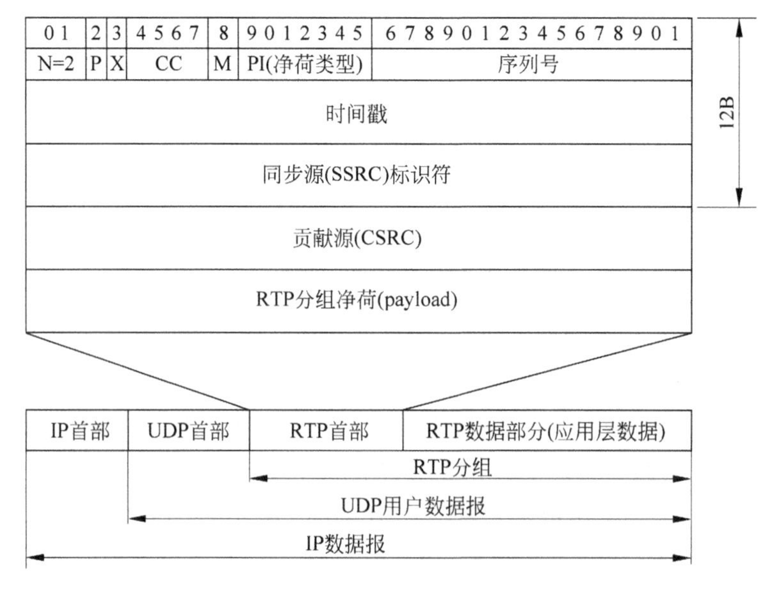

图 7-9　RTP 分组的首部格式

在 RTP 数据头中，前五项 9 位数据分别表示：

(1) V，RTP 版本号。2 位。

(2) P，填充标识。1 位，置“1”表示用户数据最后有填充位，用户数据中最后一个字节是填充位计数，它表示一共加了多少个填充位。在两种情况下可能要填充：某些加密算法要求数据块大小固定；在一个低层协议数据包中装载多个 RIP 分组。

(3) x，扩展位标识。1 位。置“1”表示 RTP 报头后紧随一个扩展报头。

(4) CC，CSRC 计数。4 位。表示在定长的 RTP 报头后的 CSRC 标识符的数量。

(5) M，标记。1 位。置“1”对于视频标识表示最后一帧，对于音频表示谈话开始。

接下来，提供了分组内数据类型的标志(Payload Type，PT)7 位，用以说明多媒体信息所采用的编码方式：在多媒体数据头部加上时间戳(Time Stamp)，依靠时间戳，可以使得用在接收端的数据包的定时关系得以恢复，从而降低了网络引起的延时和抖动；根据序列号(Sequence Number)可以在接收端进行正确排序和定位，以及统计分组丢失率。

在 RTP 分组格式中，与实时传输密切相关的字段是：序列号(Sequence Number)、时间戳和同步源标识(Synchronization Source (SSRC) Identifier)。

序列号是一个 16 位的序列空间，其初始值随机产生。在发送数据时，每个 RTP 数据将前一个分组的序列号加 1 作为自己的序列号。接收方通过检测收到的分组序列号，进行数据分组序列的重建和定位。

时间戳为 32 位，是 RTP 数据分组第一个字节的采样瞬间。这个采样时间是从一个时间单调增长的时钟获得，以便于同步和抖动计算。可以通过时间戳来提供合适传送实时信息和不同媒体之间的同步的控制机制。

同步源(SSRC)：32 位，是 RTP 分组码流的源，由一个 32 位的 SSRC 数字标识符来识别，该标识符由 RTP 头所携带。SSRC 域用以识别同步源，标识符被随机生成，以使在同一个 RTP 会话期中，没有任何两个同步源有相同的 SSRC 识别符。来自一个同步源的所有的分组构成了部分相同的定时和顺序空间，在接收端用它来区分不同的源。

贡献源(CSRC)：0～15 项，每项 32 位，对一个 RTP 混合器(Mixer)产生的组合流有贡献的 RTP 分组源。CSRC 列表识别在此包中负载的有贡献源，识别符的数目在 CC 域中给定。若有贡献源多于 15 个，仅识别 15 个。

RTP 本身不能为按顺序传送数据分组提供可靠的传送机制，也不提供流量控制或拥塞控制。但是，RTP 包含两个紧密相连的部分，即负责多媒体数据实时传送的 RTP，以及负责反馈控制、提供 QoS 检测和传递相关信息的实时传输控制协议 RTCP。

7.2.3 实时传输控制协议 RTCP

RTCP(Real-time Transport Control Protocol)是 RTP 的伴生协议，它提供传输过程中所需的控制功能。当应用程序开始一个 RTP 会话时，将使用两个端口——一个给 RTCP，另一个给 TCP。在会话期间，各参与者周期性地传送 RTCP 分组。

RTCP 允许发送方和接收方互相传输一系列报告，这些报告包含有关正在传输的数据以及网络性能的额外信息，RTCP 就是依靠这种成员之间周期性地传输控制分组来实现控制监测功能的。RTCP 报文也是封装在 UDP 中，以便进行传输。RTCP 分组中含有已发送的数据包的数量、丢失的数据包的数量等统计资料，因此，服务器可以利用这些信息动态地改变传输速率，甚至改变有效载荷类型。RTP 和 RTCP 配合使用，它们能以有效的反馈和最小的开销使传输效率最佳化。

1. RTCP 的功能

RTCP 协议的基本思想是采用和数据分组同样的分发机制向 RTP 会话中的所有参与者周期性地传送控制分组，从而提供数据传送 QoS 的检测手段，并获知参与者的身份信息。RTCP 主要实现以下功能。

1）向应用程序提供数据发布质量的反馈

这是 RTCP 最基本的功能。RTCP 包提供监控 QoS 所必须的信息，这些参数包括包丢失率、抖动、延迟、接收到的最大顺序号等。QoS 监视和网络阻塞控制，这个控制信息无论对发送端、接收端，还是第三方监视都很有用。发送端可以根据接收端反馈的信息调整数据的发送，而接收端可以得到网络阻塞的情况。

2）提供永久标识

RTCP 为每一个 RTP 资源传送 RTP 源传输层永久标识，即 CNAME。接收方可根据它来跟踪每个与会成员，还可以用它来关联同意与会者由一种 RTP 会话发出的多个相关的数据流。除了提供 RTP 时间戳，还包含绝对时间 NTP 戳，接收者可以据此实现多种媒体同步。

3）确定发送速率

RTCP 数据包在多个会话参与者之间周期性地发送，当参与者数量增加的时候，我们需要得到最新的控制信息，同时也需要限制控制通信。为了放大多点传送成员数，RTCP 必须防止调节通信量占用全部的网络资源。RTP 限制调节通信量最多能达到整体会话通信的 5%，而 RTCP 可根据可用带宽和应用规模确定其发送速率。

4）传送尽可能少的控制信息。

2. RTCP 数据包

在一个 RTP 会话中，参与者均可以周期性地相互发送 RTCP 数据包，从而得到数据传送质量的反馈以及对方的状态信息。RTCP 数据包是一个控制包，它由一个固定报头和结构元素组成。其报头与 RTP 数据包的报头相类似，一般都是将多个 RTCP 数据包合成为一个数据包在底层协议中传输。RTCP 根据携带控制信息的不同，分为 5 种类型，分别是：

（1）SR(Sender Report)：发送端报告。由活动的发送端产生，发送端同时也可以是接收端。SR 报文提供 NTP 时间戳、RTP 时间戳、发送报文数和发送字节数等信息。

（2）RR(Receiver Report)：接收端报告。接收端是指只接收但不发送 RTP 数据包的应用程序或终端。RR 包由接收端发送，它提供同步源标识符、丢包率、累计包丢失数和到达间隔抖动等信息。

（3）SDES(Source DEScription)：源描述报文。包含某一特定会话参与者的一个或多个描述，用于报告与站点相关的信息，包括规范名 CNAME。

（4）BYE：通知离开报文。表示结束参与，成员在离开时，发送该类型的 RTCP 包。

（5）APP(Application)：特定应用报文。用于调查特定的媒体类型和应用信息。

RTCP 报文由公共报文头和结构化的内容构成，报文内容的长度随着报文类型的不同而不同。SR 和 RR 报文在 RTCP 拥塞控制和视音频同步中较为常用，所以接下来以 SR 报文为例具体分析 RTCP 的报文格式。

SR 报文由 3 部分组成，分别是 RTCP 公共报头、发送者信息和接收者报告块，如表 7-2 所示。

表 7-2　发送者报告 SR 报文格式

<table>
<tr><td>V</td><td>P</td><td>RC</td><td>PT</td><td>Length</td><td>报头 8B</td></tr>
<tr><td colspan="5">SSRC 同步源 32b</td><td rowspan="6">发送者信息 20B</td></tr>
<tr><td colspan="5">NTP 时间戳高位 32b</td></tr>
<tr><td colspan="5">NTP 时间戳低位 32b</td></tr>
<tr><td colspan="5">RTP 时间戳 32b</td></tr>
<tr><td colspan="5">发送者报文计数 32b</td></tr>
<tr><td colspan="5">发送者八位组计数 32b</td></tr>
<tr><td colspan="5">SSRC_1(第一个发送源标识符)32b</td><td rowspan="6">接收者
报告块 1</td></tr>
<tr><td>丢失率 8b</td><td colspan="4">丢失包累积数 24b</td></tr>
<tr><td colspan="5">扩展最高系列号 32b</td></tr>
<tr><td colspan="5">间隔抖动 32b</td></tr>
<tr><td colspan="5">最近发送的 SR 时间(LSR)32b</td></tr>
<tr><td colspan="5">LSR 时间差(DLSR)32b</td></tr>
<tr><td colspan="5">SSRC_n(第 n 个发送源标志符)32b</td><td rowspan="2">接收者
报告块 n</td></tr>
<tr><td colspan="5">……</td></tr>
</table>

(1) 头部。共 8 字节，64 位，分别是：

- 版本号(V)，2 位，表示 RTP 版本；
- 补充位(P)，1 位，若此位置被设置，RTCP 的尾部包含一些附加的补充位；
- 接收报告计数(RC)，5 位，此包中的接收报告块数，0 是允许的；包类型(PT)，8 位，发送方报告的 RTCP 包定义为 200；
- 长度，16 位，RTCP 以 32 位计的长度；
- 同步源(SSRC)，32 位，SR 包发起者的同步源标识符。

(2) 包体。共 20 字节，160 位，它描述发送方的数据传送。

- NTP 时间戳，64 位，定义本包发送时间，可以与接收方报告包中的时间戳进行比较，估计往返时间；
- RTP 时间戳，32 位，与 NTP 时间戳对应，而且与数据包中的 RTP 时间戳有相同的单位和相同的偏移值；
- 发送 RTP 包计数，32 位，发送方从开始发送到发送本报通告为止共发送的负载字节数，如果 SSRC 定义符被改变，本字段被重置；
- 发送字节计数，32 位，发送方从开始发送到发送本报告为止发送的负载字节数，如果 SSRC 定义符被改变，本字段被重置。

(3) 包含 0 个或多个接收报告块。它取决于发送方从上次报告起知道的其他源数，每个接收报告块要表示从一个同步源 RTP 包的接收统计。当源由于冲突改变它的 SSRC 标识符时，接收方不发送统计。统计项包括：

- SSRC_*n*(源标识符)，32 位，SSRC 源标识符。
- 丢包率，8 位，自上一次发送 SR 或 RR 后，源 SSRC_*n* 的 RTP 数据丢包率。

- 累计丢失包数，24 位，接收开始后丢失包数的累计。
- 扩展的最大顺序号，32 位，低 16 位包含来自源 SSRC 11 的 RTP 数据包的最大顺序号，高 16 位使用相应的顺序号循环计数时顺序号的扩展。
- 间隔到达抖动，32 位，使用无符号整数；最近发送方报告的时间戳(LSR)：32 位，最近接收的 RTCP 发送方报告包中 NIP 时间戳的中间 32 位，如无 SR 被接收，此字段为 0。
- 自最近发送方报告之后的延迟(DLSR)，2 位，从源 SSRC_*n* 接收的最后的 SR 包到发送次接收报告块之间的延迟，如无 SR 包从源 SSRC_*n* 被接收，则 DLSR 字段置 0；接收方报告包(RR)的格式与 SR 包基本相同。不同点在于：RR 的包类型为 201，并且 5 个发送者信息被省略 NTP 和 RTP 时间戳，发送者的包和字节计数，其他字段均相同。其他几种数据包定义类似，在此不再赘述。

7.2.4 实时流传输协议 RTSP

实时流传输协议(Real Time Streaming Protocol，RTSP)是一种流媒体控制协议，它可以控制流媒体数据在 IP 网络上的发送，同时提供用于视音频流的"VCR 模式"远程控制功能，如播放、暂停、快进、快退和定位。RTSP 只传输控制信息，并不传输流媒体数据，因此必须与 RTP/RTCP 配合使用。此外，它依靠底层传输协议 TCP 来提供数据传输服务。RTSP 类似于 HTTP，它们都使用纯文本来发送信息，所不同的是：RTSP 是有状态的协议，而 HTTP 是无状态的协议。RTSP 的默认端口号为 554，默认的承载协议为 TCP。

图 7-10 给出了 RTSP 与 RTP 和 RTCP 的关系。RTSP 报文由开始行、首部行和实体主体三部分组成。它可以分为两大类：请求报文和响应报文。

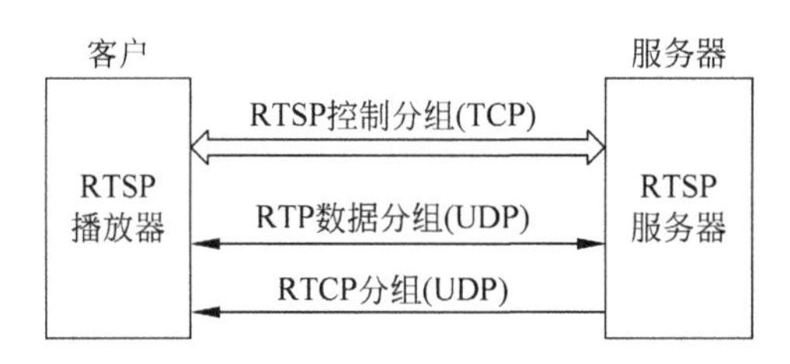

图 7-10 RTSP、RTP 和 RTCP 的关系

1. 请求报文

请求报文是指客户端发送给服务器的报文，在请求报文中，开始行即请求行。

图 7-11 为 RTSP 请求报文的语法结构。如图 7-11 所示，请求行包括方法、URL、版本和 CRLF。其中，RTSP 请求报文的方法一般包括 OPTIONS、DESCRIBE、SETUP、PLAY、TEARDOWN、PAUSE 等；URL 是指接收方的地址，如 rtsp://10.10.143.43；版本字段为 RTSP/1.0；CRLF 表示回车换行，用于每个消息行的后面，但最后一个消息行后需跟两个 CRLF。

表 7-3 为 RTSP 请求报文的常用方法和作用。需要注意的是，表 7-3 中的方法是建立 RTSP 连接的常用方法。其中，SETUP 和 PLAY 是必须的，OPTIONS 和 DESCRIBE 可以不需要，TEARDOWN 则根据系统需求的设计来决定是否需要。

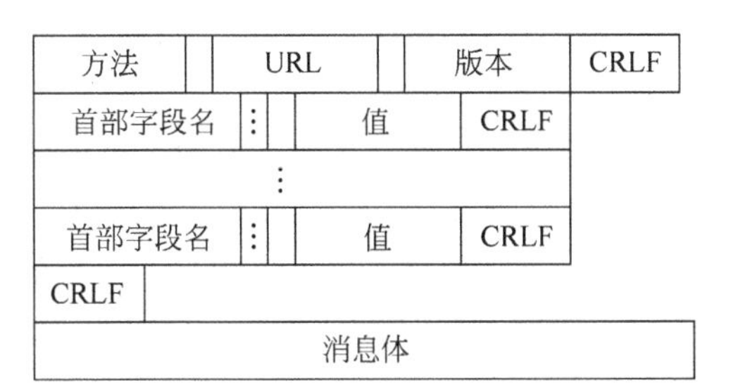

图 7-11　RTSP 请求报文的语法结构

表 7-3　RTSP 请求报文的常用方法和作用

方　　法	作　　用
OPTIONS	获得服务器提供的可用方法
DESCRIBE	得到服务器提供的会话描述信息 SDP
SETUP	确定传输模式,客户端提醒服务器建立会话
PLAY	客户端请求接收数据,准备播放
TEARDOWN	请求释放流的相关资源,结束 RTSP 会话

2. 响应报文

响应报文是指服务器返回给客户端的应答报文,响应报文中,开始行即状态行。

图 7-12 为 RTSP 响应报文的语法结构。响应报文的状态行包括版本、状态码、短语和 CRLF。和请求报文一样,其版本为 RTSP/1.0;状态码表示请求消息的执行结果,通常用一个数值表示,值为 200 时,表示成功;解释短语是指与状态码对应的文本解释,成功时,短语内容为 OK。

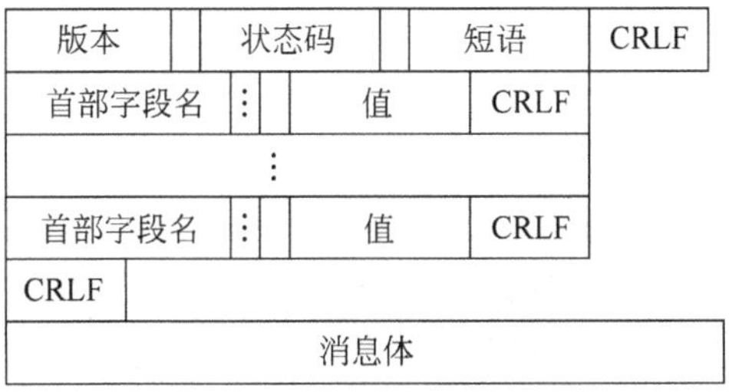

版本　状态码　短语　CRLF
首部字段名　:　值　CRLF
⋮
首部字段名　:　值　CRLF
CRLF
消息体

图 7-12　RTSP 响应报文的语法结构

7.2.5　资源预留协议 RSVP

资源预留协议(Resource Reservation Protocol,RSVP)处于传输层,互联网工程任务组(Internet Engineering Task Force,IETF)的 RSVP 工作组负责定义这个协议。其功能是在非连接的口上实现带宽预留,满足应用程序向网络请求一定的服务质量。从高层来看,实时应用包括两个阶段:在第一个阶段中,应用程序采用 RSVP 在发送方到接收方之间某条路径上的路由器中保留一定的资源;在第二个阶段中,应用程序利用这些保留的资源通过同样的路径发送实时业务流量。

RSVP 是网络控制协议,它使 Internet 应用传输数据流时能够获得特殊的服务质量。

RSVP 属 OSI 七层协议栈中传输层，与路由协议协同工作，建立与路由协议计算出路由等价的动态访问列表。

RSVP 的两个重要概念是流与预定。流是从发送方到一个或多个接收方的连接特征，通过包中"流标记"来认证。发送一个流之前，发送方传输一个路径信息到目的接收方，这个信息包括源 IP 地址、目的端口地址和一个流规格。这个流规格是由流的速率和延迟组成的，这是流的 QoS 需要的。接收方实现预定后，基于接收方的模式能够实现一种分布式解决方案。

1. RSVP 消息格式

每一个 RSVP 消息由公共首部和主体组成，主体包括各种变量、长度、类型对象。公共首部格式如图 7-13 所示。

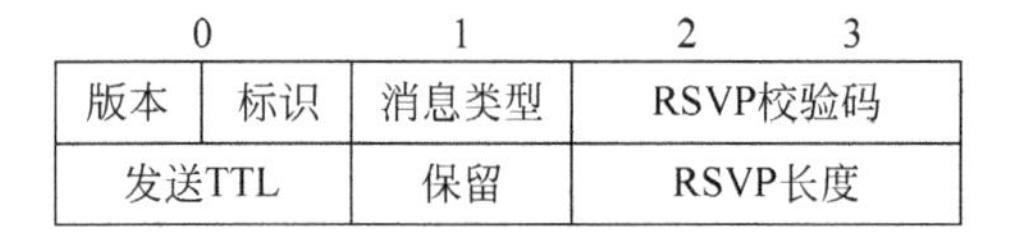

图 7-13 RSVP 公共首部

对于各个字段说明如下：

(1) 版本：4 位协议版本号，目前版本号为 1。

(2) 标识：4 位，目前没有定义标识位。

(3) 消息类型：8 位，目前已经定义的消息类型如下：

- 1＝路径；
- 2＝预留；
- 3＝路径出错(PATH Err)；
- 4＝预留出错(RESV Err)；
- 5＝路径清除(PATH Tear)；
- 6＝预留清除(RESV Tear)；
- 7＝预留确认(RESV Conf)。

(4) RSVP 校验和：16 位，对消息反码求和，再对求和结果取反。在计算校验码字段时，该字段值先填充为 0。如果传输时，该字段仍然为 0，表示没有传输校验码。

(5) RSVP 长度：16 位，RSVP 消息以字节为单位的总的长度值，包括公共的首部和随后的各个可变对象。

2. RSVP 对象格式

RSVP 对象格式如图 7-14 所示。各字段说明如下：

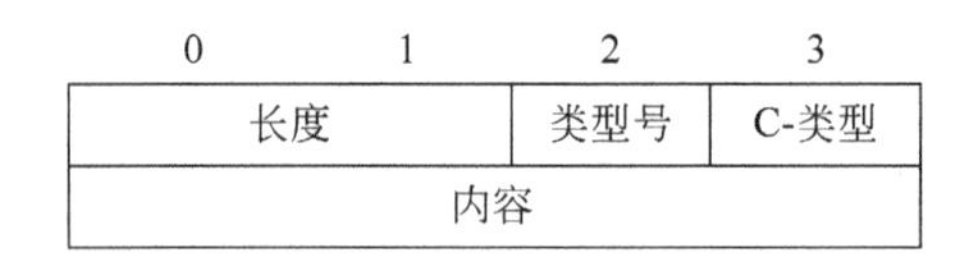

图 7-14 RSVP 对象格式

- 长度：16 位，对象以字节为单位的总的长度，它必须是 4 的整数倍，而且至少为 4。
- 类型号：8 位，指明对象类型，每一个对象类别都有一个名字。
- C-类型：对象类型，每一个类别可能有若干对象，用 C-类型在同一类别对象中唯一地标识该对象。

- 对象内容：最大长度是 65528 个字节。

7.3　基于 RTCP 反馈的拥塞控制

7.3.1　拥塞控制的方式

拥塞现象是指网络中分组数量过多，以致来不及处理而引起这部分乃至整个网络性能下降的现象。流媒体传输系统中经常伴随着网络拥塞现象的发生，从而大大影响了用户接收媒体流的质量，而拥塞控制作为一种可以有效减轻网络拥塞的方式，在实际研究中意义重大。由于 UDP 本身不具有像 TCP 那样的拥塞控制和差错控制机制，因而实际应用中丢包和拥塞现象较为严重，必须对其进行有效的拥塞控制，这里所介绍的基于 RTCP 反馈的拥塞控制机制是针对 UDP 方式设计的。

目前，基于 UDP 的端到端拥塞控制机制可以分为两类：一类是模仿 TCP"和式增加，积式减少"的 AIMD(Additive Increase Multiplicative Decrease)机制或是在此基础上进行的改进；另一类则是 TCP 友好拥塞控制机制(TCP-Friendly Rate Control，TFRC)，它是根据 Padhye 等提出的 TCP 吞吐量模型方程调整发送速率来进行拥塞控制的一种机制。

第一类方式主要是模仿 TCP 的 AIMD 拥塞控制。由于 AIMD 模型可能会带来突然的、大幅的速率改变，多媒体发送方必须根据 TCP 流而快速调整发送的速率，这并不利于多媒体的应用。一方面由于实际运用中难以找到合适的编码器来实现迅速的、大幅度变化的输出速率；另一方面，这种迅速变化也会让用户感到不适。

第二类方式 TFRC 是一种基于速率的 TCP 友好拥塞控制机制。它根据复杂的 TCP 吞吐量公式来调整码流发送速率，主要针对单播通信。接收方周期性地给服务器反馈数据包的接收情况，发送方根据反馈的信息计算出新的友好速率，从而相应地调整当前发送速率。在启动之后，发送方立刻进入类似于 TCP 的慢启动过程，将速率迅速地增加到公平带宽值。当遇到第一个丢失事件时，接收方结束慢启动过程，继而转换成基于接收方的方式。此外，TFRC 不会侵略性地抢占带宽，而是根据丢失事件率的减小而平滑地增加发送速率。它不会因一个包的丢失而迅速减小发送速率，而是等多个连续包丢失后才将发送速率减半。因此，相对于 AIMD 机制中速率的急速变化所造成的抖动因素而言，TFRC 机制的平稳性使得它更适合在流媒体传输系统中使用。

TCP 稳态流量公式(padhye 模型)如下：

$$X=\frac{S}{R\sqrt{\frac{2bp}{3}}+t_{RTO}\left[3\sqrt{\frac{2bp}{8}}\,p(1+32p^{2})\right]} \tag{7-1}$$

其中，X 为平均吞吐率，单位为字节/秒(B/s)；S 为报文大小，单位为字节(B)；R 为链路回环时间(Round Trip Time，RTT)，单位为秒(s)；t_{RTO} 为 TCP 的重传超时时间，单位为秒(s)；p 为丢包事件率，范围为 0～1.0；b 为每个 TCP 应答所确认的接收报文数，默认为 1。

7.3.2　RTCP 反馈拥塞控制的实现

本系统通过 RTCP 反馈控制的方式实现了基于速率的 TCP 友好拥塞控制机制。接收方每隔一个 RTCP 间隔将向服务器发送一个接收者报告 RR 包，发送方根据 RR 包中 RTP 包的接收信息计算出回环时间 R 和该时间内丢包事件发生率 p，然后导入 TCP 稳态流量公式，计算出当前传输应有的平均吞吐率，进而有效地控制数据发送速率。因此，想要计算出平均吞吐率，需要得到链路回环时间 R、重传超时时间 t_{RTO} 以及丢包事件率 p 等参数。接下来具体分析这些参数的获取过程及发送速率的调整机制。

1. 参数的获取

1）回环时间 R

链路回环时间是指从发送端发出一个发送者报告 SR 包开始至收到最近一个接收者报告 RR 包的这段时间。每个 RTCP 周期都有自己的相关采样 R_{Sample}，其计算公式如下：

$$R_{\text{Sample}} = R_{\text{NOW}} - R_{\text{LSR}} - R_{\text{DLSR}} \tag{7-2}$$

其中，R_{NOW} 为发送端收到 RR 包的当前时间，R_{LSR} 为接收端最近收到的 SR 包中，NTP 时间戳的中间 32 位值，R_{DLSR} 为接收端最近收到 SR 包到发送当前 RR 包的时延。R_{LSR} 和 R_{DLSR} 都存放在源端收到的接收报告块 RR 包中。

2）重传超时时间 t_{RTO}

发送端在发送数据时会启动一个计时器，若在限定时间内没有收到接收端已收到数据段的确认信息，则计时器发生超时。从计时开始到超时发生的这段时间称为计时器的超时时间 t_{RTO}。超时时间一般大于链路回环时间，否则就会出现多余的重发事件；但它又不能和回环时间相差太大，否则当发生丢失事件时，接收端会长时间地收不到重发的数据段，进而导致更大的传输延迟。本书中基于 RTCP 反馈的拥塞控制机制是针对 UDP 传输方式设计的，因而不存在超时重传问题。所以，一般将 t_{RTO} 设定为链路回环时间的 4 倍，即 $4R$。

3）丢包事件发生率 p

为实现 TCP 友好性的 RTCP 反馈控制，只获得 RR 包中的丢失包比率是不行的，因为 TCP 主要针对丢包事件做出反应，不能仅考虑到丢失包的实际数目，所以一般将一个 RTCP 间隔内的多个连续包的丢失作为一个丢失事件，期间无论丢失多少包都只是对拥塞窗口做一次减半处理。

2. 发送端速率的调整

基于 RTCP 反馈的拥塞控制方法模仿了 TCP 的慢启动方式来探测网络的可用带宽，在丢包现象出现之前，在每个 RTCP 间隔内加倍地提高发送速率。当收到 Fraction Lost 阈值非零的 RR 包时，计算出上面分析过的各个参量，代入 TCP 稳态流量公式即式(7-1)，计算出当前时刻对 TCP 友好的发送速率 X，再与当前发送速率 X_{Sample} 进行对比：

(1) 若 $X_{\text{Sample}} < X$，表明当前网络状况较好，存在多余的链路带宽。因而，发送端在接下来的 RTCP 间隔内，令 $X_{\text{Sample}} = X_{\text{Sample}} + 1/R$。

(2) 若 $X_{\text{Sample}} \geqslant X$，表明当前网络已饱和，则在下一个 RTCP 间隔内，将 X 作为当前数据发送速率，即令 $X_{\text{Sample}} = X_{\text{Sample}}$。

此后，每当发送端收到 RR 包时，就会由式(7-1)计算出对 TCP 友好的发送速率，通过与当前发送速率比较，来动态地调整数据的发送速率，从而能够很好地控制网络拥塞。

7.4　流媒体码流复接

7.4.1　基本概念

在多媒体信息与通信系统中，通常视音频数据经信源编码之后，需与辅助数据一起复用，形成基本码流(Elementary Stream，ES)。ES 是编码视频数据流或音频数据流，每个 ES 都由若干个存取单元(AU)组成，每个视频 AU 或音频 AU 都是由头部和编码数据两部分组成，1 个 AU 相当于编码的 1 幅视频图像或 1 个音频帧。图 7-15 给出了多媒体数据复用和解复用示意图。各种流的形成过程如图 7-16 所示。

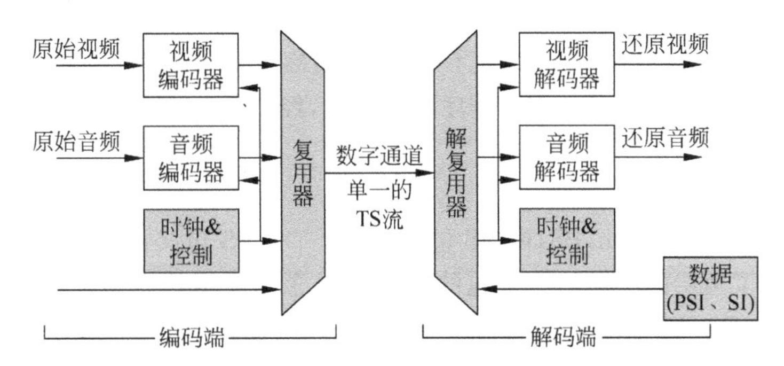

图 7-15　多媒体数据复用和解复用示意图

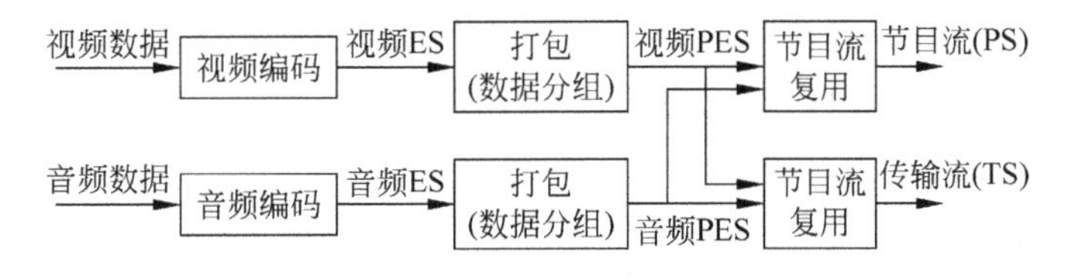

图 7-16　各种流的形成过程示意图

1. ES

基本码流(ES)经打包处理后形成打包的基本码流(Packetized Elementary Stream，PES)。它是直接从编码器出来的数据流，可以是编码过的视频数据流(H.264、MJPEG 等)、音频数据流(AAC)或其他编码数据流的统称。ES 流经过 PES 打包器之后，被转换成 PES 包。

ES 是只包含一种内容的数据流，如只含视频或只含音频等，打包之后的 PES 也是只含一种性质的 ES，如只含视频 ES 的 PES、只含音频 ES 的 PES 等。每个 ES 都由若干个存取单元(AU)组成，每个视频 AU 或音频 AU 都是由头部和编码数据两部分组成，1 个 AU 相当于编码的 1 幅视频图像或 1 个音频帧，也可以说，每个 AU 实际上是编码数据流的显示单元，即相当于解码的 1 幅视频图像或 1 个音频帧的取样。

2. PES

节目流(PS)由打包的基本码流(Packetized Elementary Streams，PES)(也称为“分组的 ES”)组合而成，即一组视频、音频和数据基本分量，它们具有共同的相对时间关系，其分组长度可变，且相对较长，一般用于传输、存储及本地播放等误码相对较少的环境。ES 形成的分组称为 PES 分组，是用来传递 ES 的一种数据结构。PES 流是 ES 流经过 PES 打包器处理后形成的数据流，在这个过程中完成了将 ES 流分组、打包、加入包头信息等操作（对 ES 流的第一次打包）。PES 流的基本单位是 PES 包。PES 包由包头和 payload 组成。

3. PTS、DTS

显示时间标记（Presentation Time Stamp，PTS）表示显示单元出现在系统目标解码器（H.264、MJPEG 等）的时间。

解码时间标记（Decoding Time Stamp，DTS）表示将存取单元全部字节从解码缓存器移走的时间。

PTS/DTS 在 PES 包的包头里面，这两个参数是解决音视频同步显示，防止解码器输入缓存上溢或下溢的关键。每一个 I（关键帧）、P（预测帧）、B（双向预测帧）帧的包头都有一个 PTS 和 DTS，但 PTS 与 DTS 对于 B 帧不一样，无须标出 B 帧的 DTS，对于 I 帧和 P 帧，显示前一定要存储于视频解码器的重新排序缓存器中，经过延迟（重新排序）后再显示，所以一定要分别标明 PTS 和 DTS。

4. PS

节目流（Program Stream，PS）由 PS 包组成，而一个 PS 包又由若干个 PES 包组成（到这里，ES 包经过了两层的封装）。PS 包的包头中包含了同步信息与时钟恢复信息。一个 PS 包最多可包含具有同一时钟基准的 16 个视频 PES 包和 32 个音频 PES 包。

5. TS

传输流（Transport Stream，TS）是节目流（PS）或基本码流（ES）的集合，它们可以以非特定关系复接到一起，其分组长度为 188 字节，而 TS 包是对 PES 包的一个重新封装（到这里，ES 也经过了两层的封装）。PES 包的包头信息依然存在于 TS 包中。通常用于网络传输等误码相对较多的环境。

TS 流与 PS 流的区别在于 TS 流的包结构是固定长度的，而 PS 流的包结构是可变长度的。PS 包由于长度是变化的，一旦丢失某一 PS 包的同步信息，接收机就会进入失步状态，从而导致严重的信息丢失事件。而 TS 码流由于采用了固定长度的包结构，当传输误码破坏了某一个 TS 包的同步信息时，接收机可在固定的位置检测它后面包中的同步信息，从而恢复同步，避免了信息丢失。因此，在信道环境较为恶劣、传输误码较高时，一般采用 TS 码流；而在信道环境较好、传输误码较低时，一般采用 PS 码流。

6. TS 单一码流、混合码流

对于单一码流，TS 流的基本组成单位是长度为 188 字节的 TS 包。

对于混合码流，TS 流由多种数据组合而成，一个 TS 包中的数据可以是视频数据、音频数据、填充数据、PSI/SI 表格数据等（唯一的 PID 对应）。

7.4.2 流程

流媒体码流复接流程示意图见图 7-17。

（1）A/D 转换后，通过压缩编码得到 ES 基本流。

（2）通过 PES 打包器，打包并在每个帧中插入 PTS/DTS 标志，变成 PES。原来是流的格式，现在成了数据包的分割形式。

（3）PES 根据需要打包成 PS 或 TS 包进行存储或传输。因为每路音/视频只包含一路的编码数据流，所以每路PES也只包含相应的数据流。

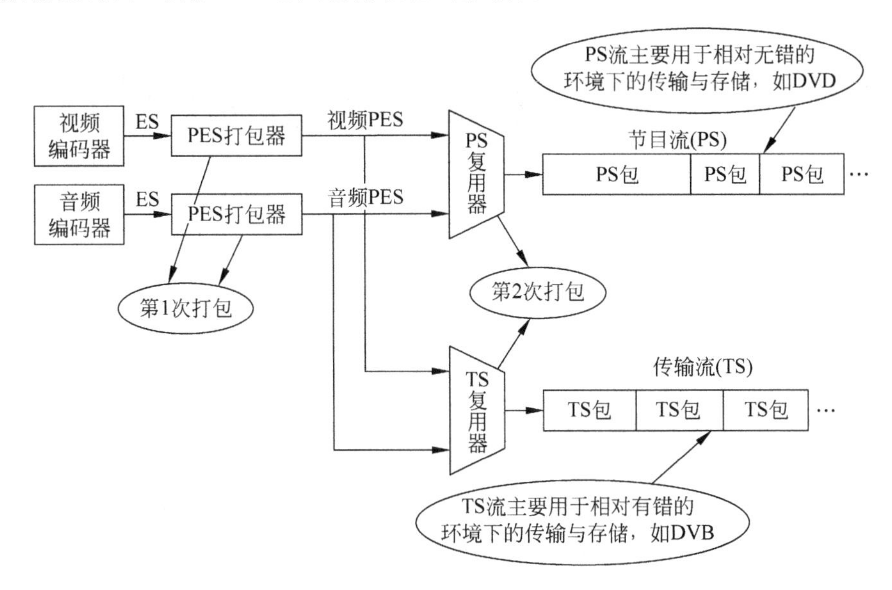

图7-17　流媒体码流复接流程示意图

习题七

7-1　流媒体的特点与传输方式分别有哪些?

7-2　简述流媒体系统的组成以及各部分的功能。

7-3　简述TCP和UDP的区别。

7-4　简述RTSP的主要功能。

7-5　基于UDP的端到端拥塞控制机制主要有哪两类?

7-6　试简述流媒体码流复接的流程。

第8章 CHAPTER 8 流媒体同步机制

音视频同步可以分为两个方面——音视频媒体内同步,音视频媒体间同步。前者(音视频媒体内同步)是后者(音视频媒体间同步)的必要条件,也就是说,只有先实现音频和视频媒体内同步,才有可能实现音频和视频媒体间同步,进行音频和视频媒体间同步控制设计才有意义。如果没有实现音频和视频媒体内同步,设计音视频同步是没有必要、没有意义的,因为无论如何设计方案,音频数据和视频数据都不会实现同步。

8.1 多媒体同步的标准

音视频媒体内同步是指保持连续的时间相关的媒体单元之间存在的固有的时间关系。以音频为例,如图8-1所示,音频包1持续时间 t_1,音频包2持续时间 t_2,……,音频包 n 持续时间 t_n。只有当音频包1播放完了,才能播放音频包2,并且必须播放音频包2,不能播放其他的音频包(例如不能播放音频包 n),否则这种时间关系就被打破了。这种时间关系是在采集这些媒体单元时形成的,在之后的许多过程中都必须遵守这种时间关系,例如编码、存储、传输、放映等过程中,这种时间关系是不变的。

图8-1 音频包序列

音视频媒体间同步是指保持连续的时间相关的媒体流之间的固定时间关系。如图8-2所示,音频包1和视频包1是同时采集的,音频包2和视频包2是同时采集,……,音频包 n 和视频包 n 也是同时采集的。在放映的时候,音频包 k(k 是指任意一个包,后出现的 k 也是这个意思)和视频包 k 必须同时呈现,此外,音频包 k 必须在视频包 $k-1$ 播放完成后才能播放,音频包也是如此。

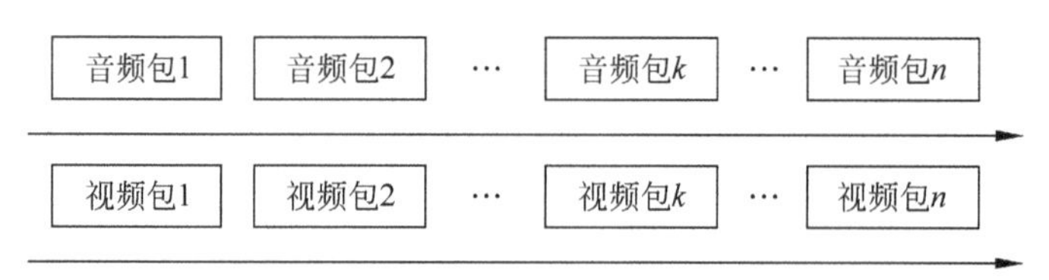

图8-2 音视频包序列

多媒体音视频同步的标准可以用感知服务质量(Perceptual Quality of Service,PQoS)来表示,PQoS会随着媒体类型和应用场景的不同而变化。为了描述同步要求,需要定义一些感知服务质量参数来量化同步性能要求,主要有两个参数,一个是时延抖动,也就是处于某一个媒体流内的两个相邻的媒体单元从信源端传输到信宿端的时间差;另一个是需要同步的两个或者多个媒体流之间相关数据单元从信源端传输到信宿端的时间差,也就是俗称的"时间偏移"。在网络传输的过程中,时延抖动和时间偏移是绝对存在的,也是无法消除的,故而我们无须绞尽脑汁地思考如何消除时延抖动和时间偏移,这是不现实的。我们要做的是将延时抖动和时间偏移控制在一定的范围内就可以了。

实验表明,只要时延抖动和时间偏移被控制在一定的范围内,从主观感受来讲,人们是察觉不到音视频失去同步的。换句话说,人们认为它们是同步的。表8-1和表8-2分别给出了通过人们主观评估所得到的关于媒体内同步和媒体间同步的测试数据。

表8-1　媒体内时延的许可范围

QoS	最大时延/s	最大时延抖动/ms	平均速率/(Mb·s^{-1})	允许的误码率	允许的错误分组率
音频	0.25	10	0.064	$<10^{-1}$	$<10^{-1}$
视频(TV)	0.25	10	100	10^{-2}	10^{-3}
压缩视频	0.25	1	2～10	10^{-6}	10^{-9}
数据	1	—	2～100	0	0
图像	1	—	2～10	10^{-4}	10^{-9}

表8-2　媒体间偏移的许可范围

媒　体		条　件	许可范围
视频	动画	相关	+/−120ms
	音频	唇同步	+/−80ms
	图像	重叠显示	+/−240ms
		不重叠显示	+/−500ms
	文本	重叠显示	+/−240ms
		不重叠显示	+/−500ms
音频	音频	紧密耦合(立体声)	+/−11μs
		宽松耦合(会议中来自不同参与者的声音)	+/−120ms
		宽松耦合(背景音乐)	+/−500ms
	图像	紧密耦合(音乐与乐谱)	+/−5ms
		宽松耦合(幻灯片)	+/−500ms
	文本	字幕	+/−240ms

8.2　多媒体同步的参考模型

流媒体同步是一个很复杂的问题,同步机制不是独立的一个部分,而是分散在传输层之上的各个模块中。

图8-3给出了流媒体同步的四层参考模型,其意义在于它规定了同步机制所应有的层

次以及各层所应完成的主要任务。通过层次化分析来理解各个相关因素,以找出解决流媒体同步的方法。

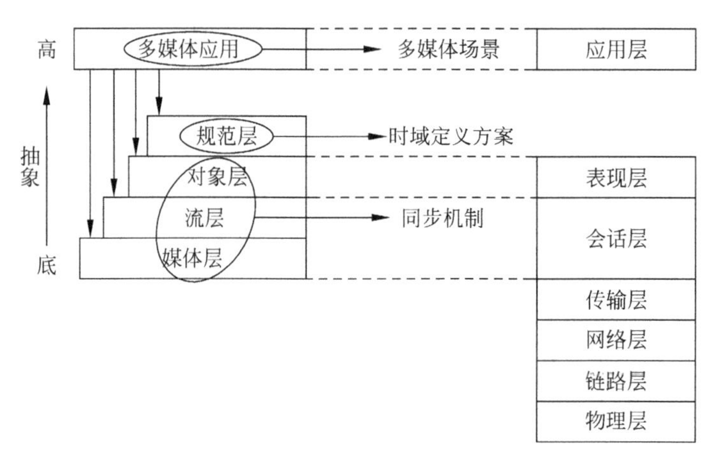

图 8-3 流媒体同步的四层参考模型

在图 8-3 中,规范层的核心是时域定义方案,其接口为用户提供了使用时间模型描述流媒体数据时域约束关系的工具,如同步编辑器、流媒体文档编辑器和著作系统等。规范层产生的同步描述数据和同步容限,经对象层适当转换后进入由对象层、流层和媒体层构成的同步机制。同步机制的任务如下:

- 根据同步描述数据生成调度方案;
- 根据同步容限和数据特点去申请所必要的资源;
- 根据同步容限的要求完成对偏差的控制。

在层次参考模型中,每一层都有对应的数据处理对象,同步参考模型体现了不同层次对于同步的要求,每一层实现一个由适当的接口提供的同步机制,这些接口可以用于定义和保证时间关系。

为实现同步所做的规划称为调度。同步机制首先依照同步描述数据生成某种调度方案,调度方案与将要进行的对流媒体数据的处理有直接的关系,它包括何时对其中哪一个媒体对象或哪个 LDU(Logical Data Unit)进行处理的安排;其次,同步机制需根据同步容限及流媒体数据的特点,申请必要的资源(如 CPU 时间、通信带宽、通信缓冲区等);执行调度方案过程中,同步机制按照同步容限要求完成对偏差的控制,使流媒体数据的时域关系得以维持。同步机制包含的媒体层、流层及对象层,具体介绍如下。

8.2.1 媒体层

媒体层的处理对象是来自连续码流(如音频、视频数据流)的 LDU,LDU 的大小在一定程度上取决于同步容限。偏差的许可范围越小,LDU 越小;反之,LDU 越大。通常,视频信号的 LDU 为 1 帧图像,而音频信号的 LDU 则是由若干在时域上相邻的采样点构成的一个集合。图 8-4 给出了连续媒体对象的各个 LDU 之间的相对时间关系。

此外,媒体层对 LDU 的处理通常有时间限制,因而需要底层服务系统(如操作系统、通信系统等)提供必要的资源预留及相应的管理措施(如服务质量、保障服务等)。在媒体层接口,该层负责向上提供与设备无关的操作,如 Read(Devicehandle, LDU)、Write

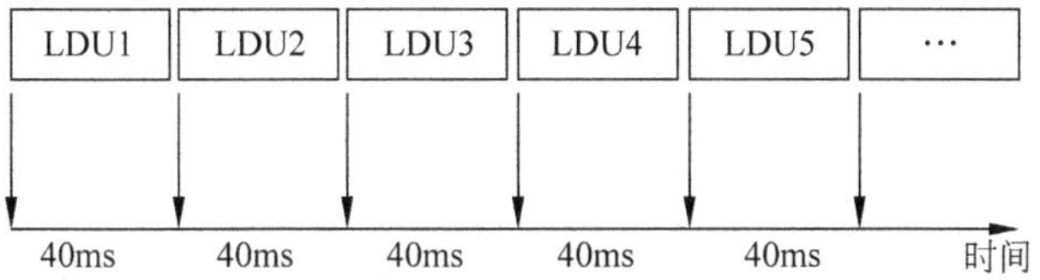

LDU1 LDU2 LDU3 LDU4 LDU5 …

40ms 40ms 40ms 40ms 40ms 时间

图 8-4 连续媒体对象的各个 LDU 之间的相对时间关系

(Devicehandle,LDU)等。其中,由 Devicehandle 所标识的设备可以是数据播放器、编解码器、文件,也可以是数据传输通道。在媒体层主要完成两项任务。

(1) 申请必要的资源(如 CPU 时间、通信带宽、通信缓冲区等)和系统服务(如服务质量、保障服务等),为该层各项功能的实施提供支持。

(2) 访问各类设备的接口函数,获取或提交一个完整的 LDU。例如,当设备代表一条数据传输通道时,发端的媒体层负责将 LDU 进一步划分成若干适合于网络传输的数据包,而接收端的媒体层则要将相关的数据包组合成一个完整的 LDU。

实际上,媒体层是同步机制与底层服务系统之间的接口,其内部不包含任何的同步控制操作。也就是说,当一个流媒体应用直接访问该层时,同步控制将全部由应用本身来完成。

8.2.2 流层

流层的处理对象是连续码流或码流组,其内部主要完成流内同步和流间同步。而流内同步和流间同步是流媒体同步的关键,故在同步机制的三个层次中,流层是最重要的一层。在接口处,流层向用户提供 start、stop、creategroup 等功能函数。这些函数将连续码流作为一个整体看待,即对该层用户来说,流层利用媒体层的接口功能对 LDU 所做的各种处理是透明的。当流媒体应用直接使用流层的各接口功能时,连续数据与非连续数据之间的同步控制要由应用本身来完成。

流层对码流或码流组进行处理前,先要根据同步容限决定 LDU 的大小及对各 LDU 的处理方案(即何时对何 LDU 作何处理)。此外,流层还要向媒体层提交必要的服务质量要求,这种要求是由同步容限推导而来,是媒体层对 LDU 进行处理应满足的条件,例如,传输 LDU 时,LDU 的最大延时及延时抖动的范围等。媒体层将按照流层提交的 QoS 要求,向底层服务系统申请资源以及 QoS 保障。

在执行 LDU 处理方案过程中,流层负责将连续媒体对象内的偏差及连续媒体对象间的偏差保持在许可范围内,即实施流内与流间的同步控制。

8.2.3 对象层

对象层能对不同类型的媒体对象进行统一处理,使用户不必考虑连续媒体对象和非连续媒体对象间的差异。实现连续媒体对象和非连续媒体对象间的同步,并完成对非连续媒体对象的处理是对象层的主要任务。与流层相比,该层同步控制的精度较低。

在处理流媒体对象前,对象层先要完成两项工作:

(1) 从规范层提供的同步描述数据出发,推导出必要的调度方案(如显示调度方案、通信调度方案等)。推导过程中,为确保调度方案合理、可行,对象层除以同步描述数据为根据外,还要考虑各媒体对象的统计特征(如静态媒体对象的数据量,连续媒体对象的最大码率、最小码率、统计平均码率等)及同步容限：同时，对象层还需从媒体层了解底层范围系统现有资源的状况。

(2) 进行必要的初始化工作。对象层先将调度方案及同步容限中与连续媒体对象相关的部分提交给流层，并要求流层初始化。然后，对象层要求媒体层向底层服务系统申请必要的资源和 QoS 保障服务，并完成其他一些初始化工作，如初始化编/解码器、播放设备、通信设备等，并处理连续媒体对象相关的设备。得到调度方案并完成初始化工作后，对象层开始执行调度方案。通过调用流层的接口函数，对象层执行调度方案中有关连续媒体对象的部分。流层利用媒体层的接口函数，完成对连续媒体对象的 LDU 的处理，同时实现流内与流间的同步控制。调度方案执行过程中，对象层主要完成对非连续媒体对象的处理及连续媒体对象和非连续媒体对象间的同步控制。

对象层的接口提供诸如 prepare、run、stop、destroy 等功能函数，这些函数通常以一个完整的流媒体对象为参数。显然，同步描述数据和同步容限是流媒体对象的必要组成部分。当流媒体应用直接使用对象层功能时，其内部无须完成同步控制操作，流媒体应用只需利用规范层所提供的工具，完成对同步描述数据和同步容限的定义即可。

8.3 典型同步模型

8.3.1 时间轴模型

时间轴模型的应用十分广泛。在时间轴模型中(如图 8-5 所示)，所有对象开始和结束的时间都对应到一个全局的时间轴上，但各个对象互相独立，修改单独的对象不会影响其他对象的时间属性。

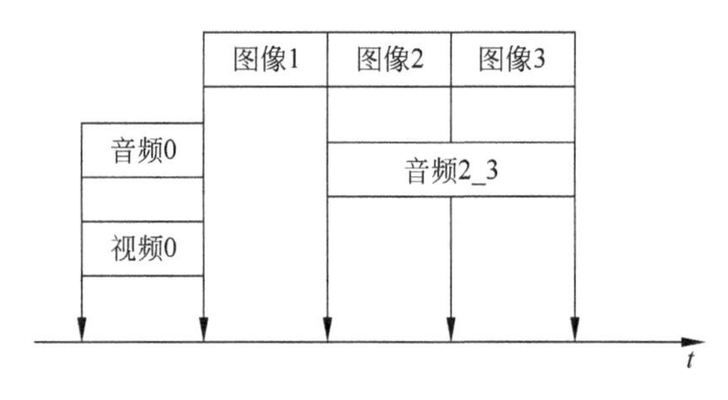

图 8-5 时间轴模型

时间轴模型十分直观，因此许多系统采用这种形式描述多媒体对象的同步关系。但由于这种模型的对象独立性，因此在实现时必须考虑以下问题：

(1) 每个对象必须保证实现和时间轴的绝对同步，由此来保证对象之间的同步；

(2) 修改一个对象的时间属性可能会引起相关的全部对象在时间轴上修改时间属性；

(3) 所有对象的时间长度必须预先知道，无法处理未知时间长度的对象。

8.3.2 时间间隔模型

时间间隔(Interval Based)模型考虑同步对象之间的时间延迟关系，两个对象之间的时间关系有多种分类方法，时间间隔模型定义了 10 个标准操作(如图 8-6 所示)，包括 4 个一元操作、5个二元操作和1个三元操作。由于描述针对两个对象而言，多个对象的描述必须进行多次描述的组合，但由于这种组合可能引起描述的不一致性，因此，必须考虑运行前对不一致性进行检查。

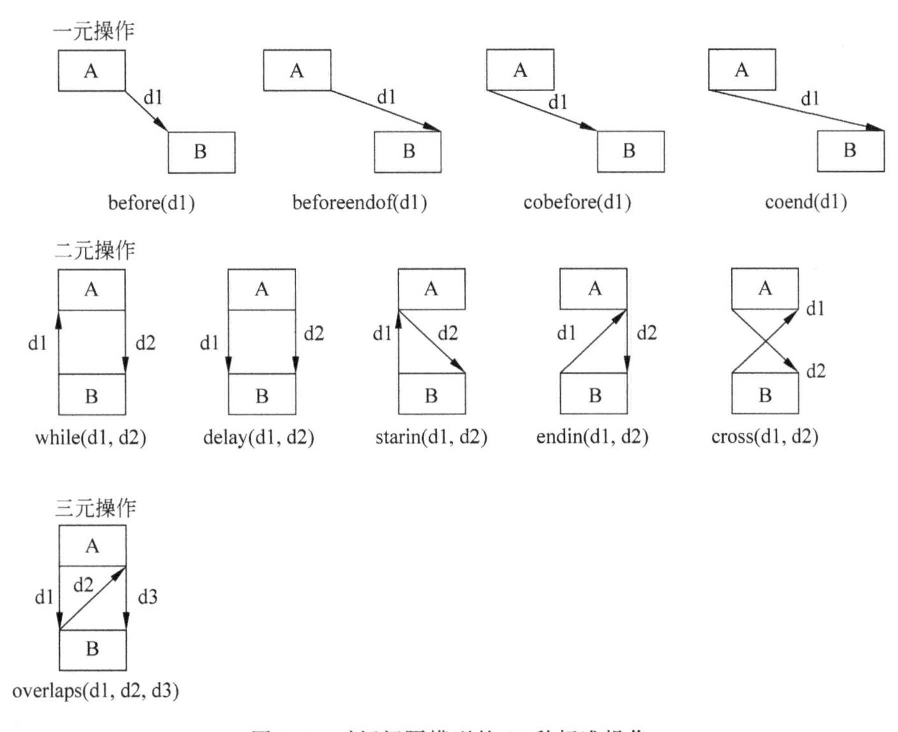

图 8-6　时间间隔模型的10种标准操作

8.3.3　层次模型

层次(Hierarchical)同步模型由最基本的两项操作构成：

(1) 串行同步，如图8-7(a)所示；

(2) 并行同步，如图8-7(b)所示。

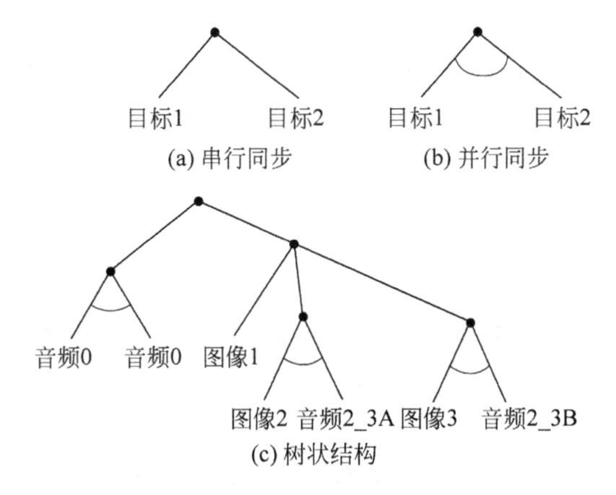

图 8-7　层次模型同步描述的同步示例

这两项基本操作描述了两个对象的同步关系。层次模型描述多个对象同步时，采用基本操作构成树状结构。层次结构的特点是并发同步对象必须同时开始、同时结束，这与实际情况不十分相符。

8.3.4 时序 Petri 网模型

时序 Petri 网模型(Timed Petri Nets)是由 Petri 网加上时间说明扩展而成的，如图 8-8 所示。时序 Petri 网有以下一些规则：

(1) 如果一个变迁的所有输入点包含非阻塞标记，则这个变迁击发；

(2) 如果一个变迁击发，则标记从每个输入点移去，且加入到每个输出点；

(3) 一个标记到达一个新的位置，将在那里阻塞赋予这个位置的时间长度。

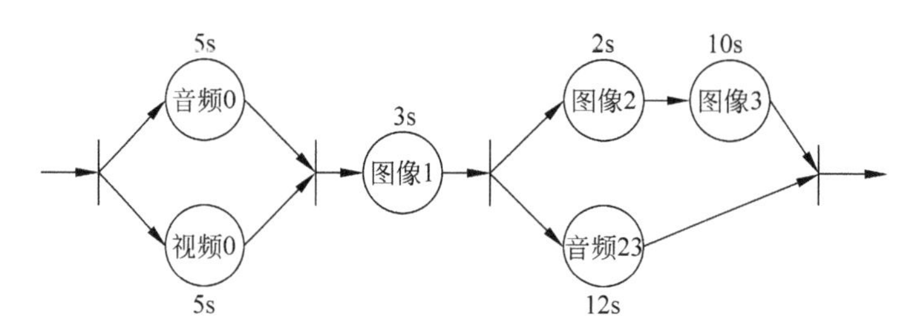

图 8-8 时序 Petri 网模型同步描述的同步示例

对于连续媒体数据，在时序 Petri 网中，每一个 LDU 用一个节点表示，如果一系列 LDU 没有与其他对象发生同步关系，则可以归纳为一个节点表示。非连续媒体数据在时序 Petri 网中根据其同步关系用一个节点表示，也可以由多个不同节点分别表示。这种同步模型描述性很强，可以用于任何同步关系。

8.4 网络环境下的流媒体同步

可以将一个多媒体系统简化为信源、信宿和信道构成的模型，分布式系统中，信源、信宿和信道都可能是一个或者多个。

按照信源和信宿的位置和分布，可分为 4 种情况(如图 8-9 所示)。在有多个信源和(或)多个信宿的情况下，流媒体同步除要考虑媒体内部和媒体间的同步，还需考虑从各个信源发出的信息是否同步到达信宿这一特殊问题，即，是否实现了组同步。

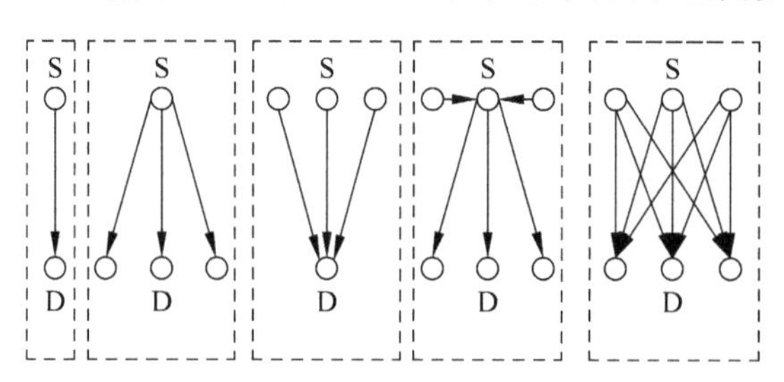

图 8-9 分布式多媒体的系统结构

8.4.1 流媒体同步关系

包含在流媒体系统里的各种媒体流之间存在着相互制约的关系(或称同步关系),概括起来为基于内容的约束关系、空域的约束关系和时域的约束关系。

(1) 基于内容的约束关系指用不同的媒体对象代表同一内容的不同表现形式时,内容与表现形式之间的约束关系。例如,同一份原始数据,分析的结果可以用报表、图形等不同形式来描述。内容同步就指系统能在相同数据的不同表现形式上自动升级。

(2) 空域约束关系指媒体播映中某一时间点上对象在输出设备上的布局关系,即不同媒体对象在显示时所处的相互位置的关系。

(3) 时域约束关系反映媒体对象在时间上的相对依赖关系,是针对时间相关媒体描述的。

三种约束关系中,时域约束关系最为重要。由于流媒体系统中必然包含一种时间相关的连续媒体流,所以狭义上所指的同步就是时间关系上的同步,这也是同步关系中最重要的一种。

8.4.2 流媒体同步的分类

1. 媒体播映同步、交互同步和通信同步

媒体播映同步、交互同步和通信同步体现为流媒体系统中不同层次的同步要求,由它们来共同实现系统中的媒体同步。播映同步和交互同步属于上层同步,即用户层同步,是由用户的需求来决定的。交互同步指不同的媒体对象和交互对象之间的同步,交互对象则为用户和计算机之间的通信,如用户用键盘或鼠标控制快进、快退、暂停等。

用户层的同步体现在同步发送时间的不确定性,同时,用户可以对各个媒体进行编排,从而决定何种媒体以何种时空关系进行播映。例如,在幻灯片演示的过程中,要对一组图像进行口头解释,这就要求在一段说明语音完成以后,才能出现下一幅图像。这是同步点处于图像段的改变点或讲解段的起始点(或结束点)上。这是对象之间的大体同步。

2. 流内同步和流间同步

流媒体通信同步可以划分为流内同步和流间同步。流内同步是指连续媒体流内部各个LDU之间的相对时间的关系,这样的时间关系是在数据获取时确定的,同时在存储、处理、传输和播放的过程中保持不变。

例如,对于一个25帧/秒的视频流,每帧播映时间为40ms。如果不能维持这样的时间关系,观众会明显感觉到画面的停顿和不流畅,影响观看效果,见图8-10。

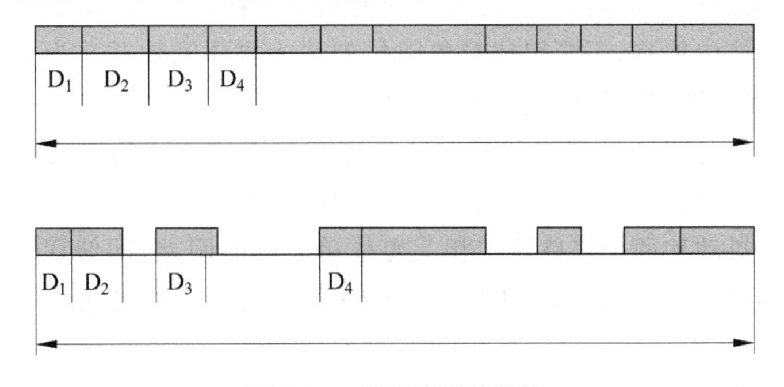

图8-10 时间关系的维持

流内同步主要是消除媒体单元在传输过程中产生的延迟抖动。流间同步指维持各个媒体对象(包括连续媒体对象及静态媒体对象)间的相对时间关系。流间同步主要是消除通信过程中所产生的媒体流间的错位。流内同步通信和流间同步通信是紧密相关的,流内同步实现是流间同步实现的基础和前提。

3. 实况同步和合成同步

依照流媒体系统中媒体时间关系的决定类型不同,可分为实时同步和合成同步。实时同步是信息在获取过程中所建立的同步关系,目的是在播放端完全展现现场的情况。合成同步则是在分别获取不同的信息之后再人为地指定同步关系,从而在播放时,系统会根据已经指定的同步关系来播放信息。合成同步的目的在于支持媒体之间灵活的同步关系。与实时同步不同,在合成同步的情况下,媒体的同步描述是被预先明确定义的。图 8-11 是一个不同媒体对象间同步的例子。

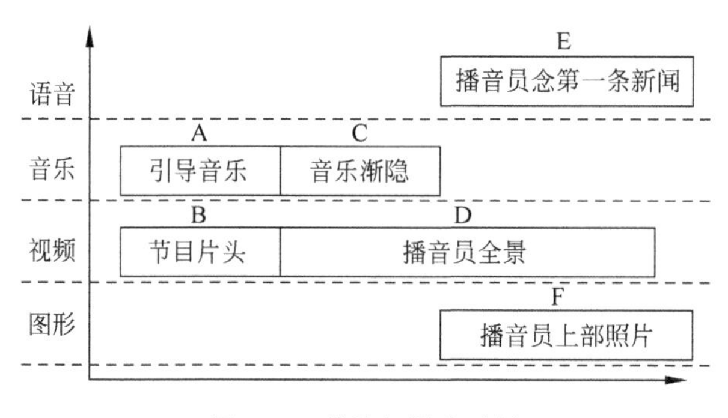

图 8-11　媒体间同步示例

8.4.3　流媒体同步规范

流媒体数据的主体是表达信息内容的不同媒体,称为媒体分量,同时流媒体数据中的各媒体对象之间存在着多种相互制约的关系,在存储和传输媒体分量的同时,必须存储和传输它们之间的关系,称为同步规范。同步规范由媒体对象播放的同步描述和同步容限组成。简单地说,同步描述数据表示成分数据间的约束关系;同步容限表示这些约束关系所允许的偏差范围。

同步容限包含了对同步机制服务质量的要求。在一个流媒体系统的运行过程中,存在着一些妨碍准确恢复时域场景的因素,如其他进程对 CPU 的抢占、缓冲区不够大、传输带宽不足等,使得恢复后的时域场景中,时域时间的相对位置发生偏移,如图 8-12 所示。同一对象内的偏移为媒体内偏移,不同媒体对象间的偏移为媒体间偏移。为了保证媒体的播放质量,采取同步机制分别实现流内同步和流间同步。

同步容限是用户与同步机制之间就偏移的许可范围所达成的协议。为了描述同步要求,实现相关的同步机制,定义了一些服务质量参数,这些参数包括单个媒体流中相邻媒体单元所经历的延时抖动和两个媒体流中相关媒体单元的时间差,即偏移。所需的服务质量具体取决于媒体和应用,对流媒体同步质量的评估方式直接影响着用户对抖动和偏移允许范围的规定。

抖动和偏移在流媒体系统的运行过程中是不可避免的,由于很难找到定义抖动和偏移

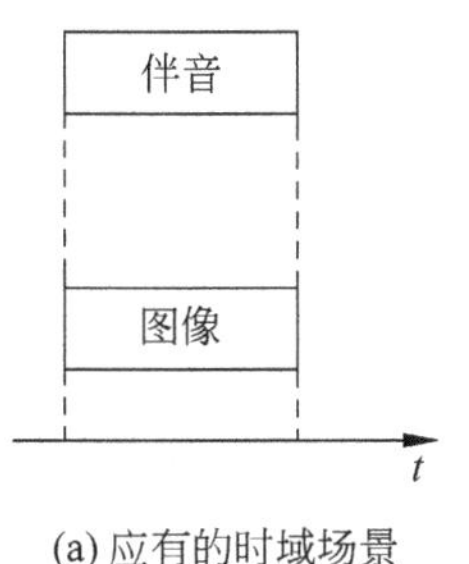

(a) 应有的时域场景

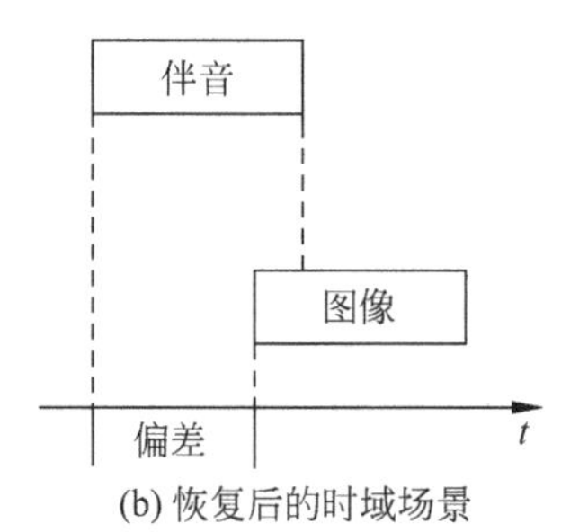

(b) 恢复后的时域场景

图 8-12 媒体间的偏差

允许范围的客观标准，一般采用主观评估的方法。人体对抖动和偏移的测量结果表明，若抖动和偏移限制在一个合适的范围内时是可以被用户所接受的，这时就认为媒体是同步的。这个 QoS 参数可以被用户感知，因此称为感知 QoS 参数。

8.4.4 多级同步机制

分布式流媒体系统中，同步通常分多步完成，它涉及系统的各个部分，包括：

(1) 采集多媒数据及存储流媒体数据时的同步；

(2) 从存储设备中提取流媒体数据时的同步；

(3) 发送流媒体数据时的同步；

(4) 流媒体数据在传输过程中的同步；

(5) 接收流媒体数据时的同步；

(6) 各类输出设备内部的同步。

其中，(1)～(4)，即发送、传输和接收过程中的同步控制是分布式系统中特有而单机系统中没有的，可总称为流媒体通信的同步机制。因传播过程中存在各种破坏同步的因素，故涉及的通信的同步机制较复杂。因静态媒体对象自身无时间特征，且静态媒体对象与连续媒体对象间的同步容限较低，两者间的同步控制较易实现，故在流媒体通信中，静态媒体对象传输及静态媒体对象和连续媒体对象间的同步控制并不是需要解决的主要问题。下面，将重点探讨连续媒体流内和流间的同步控制以及由多个信源与多个信宿所组成的系统所特有的组同步的控制问题。

8.5 影响流媒体同步的关键因素及解决方案

8.5.1 延时与抖动

流媒体同步是由流媒体数据所具有的特性而引发的问题，信源产生的流媒体数据需经各种复杂的网络传输才能到达信宿。在传输过程中，流媒体数据的同步关系可能会因某些原因遭到破坏，从而使流媒体数据不能在用户机上正确播放。系统的很多部分都可能产生延时抖动，下面对影响网络间流媒体同步的关键因素总结如下。

(1) 信源端产生的延时。信源端在采集流媒体信息时，需从流服务器的数据库中提取流媒体数据，这是由于流媒体数据在服务器中的存储位置不同而导致寻道时间的差别，使得提取各流媒体数据单元经历的延时也不尽相同。

(2) 网络传输过程中产生的延时。在传输过程中,某些流媒体数据块所经过的路径拥塞情况严重,致使转发该数据块的路由器丢弃这些流媒体数据块,导致一部分流媒体数据没有到达信宿端,这必然会破坏同步。

(3) 信宿端产生的延时。由于处理器资源有可能不足,这就会导致不同的流媒体数据块所用的处理时间不相等的情况。

(4) 由于时钟问题产生的延时。无全局时钟的情况下,因温度、湿度或其他因素的影响,流媒体系统的信源和信宿的本地时钟频率可能存在偏差。流媒体数据的播放是由信宿端的本地时钟驱动,若信宿时钟频率高于信源本地时钟频率,经一段时间后,在接收端可能产生数据不足的现象,导致连续媒体播放的不连续性;反之,可能造成接收端缓冲区溢出,引起数据丢失,长时间的收、发时钟的漂移将破坏同步。例如,假设收、发端每1秒钟内时钟漂移10^{-3}秒,若播放一个90min的视频节目,在节目最后,两端时钟之差为5.4s,显然播放质量得不到保证。若漂移为104s(目前的系统可以达到该指标),则节目的最后时钟之差为5.4ms,对媒体同步的影响便不易被察觉。信源个数多于1个时,时钟偏差问题更突出。

以上总结了由于各种原因造成的流媒体失步的情况,下面就针对这些影响流媒体同步的因素给出解决方案。

图8-13给出了延时与抖动对流媒体同步破坏的例子。从图中可以看出,延时与抖动将破坏媒体内部和各媒体间的同步关系。在信源端,视频流和音频流内各自的数据包在发送前是同步的,流间的数据包也是同步的。但经过了网络传输后,由于各个数据包所经历的网络延时不同,在信宿端,视频流和音频流内各自的数据包以及两个流间的数据包的同步关系都被破坏。

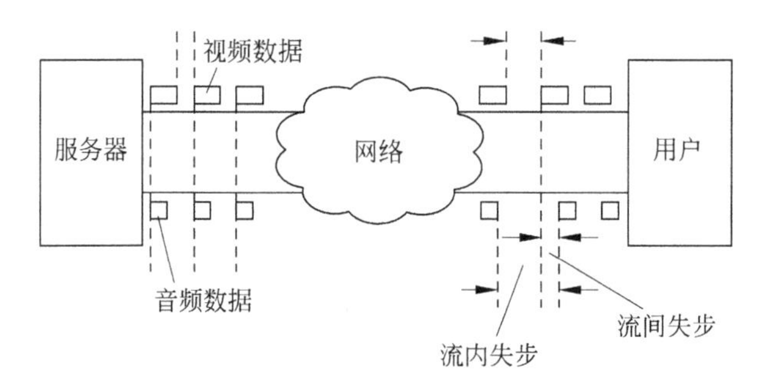

图8-13 传输延时抖动对流媒体同步的破坏

综合以上各种对于流媒体同步的讨论可以看出,延时与抖动是影响流媒体信息连续播放的重要因素。由于延时和抖动是由信源端的硬件特性和网络环境的复杂性直接引起的,并且是无法避免的,所以只能在信宿端通过某种机制来解决上述问题。

最有效也是必须使用的同步机制就是要用到缓存技术(见图8-14)。可在信宿端设置一段缓冲区。如果缓冲区足够大,以至于可让整个流媒体文件都下载到缓冲区后再进行播放,这显然不会出现不同步的问题,但此方法带来的问题是用户必须等待一个无法忍受的延时,所以此方法是行不通的。这就要求能设定一个恰当的缓冲区的大小,既能满足流媒体同步的需要,又不至于让用户等待的时间过长。

流媒体数据在从信源端传输到信宿端产生的延时与抖动是数据单元从产生到播放所经历的时间,包括信源端的数据采集延时、网络的传输延时、信宿端的缓冲延时和播放延时。

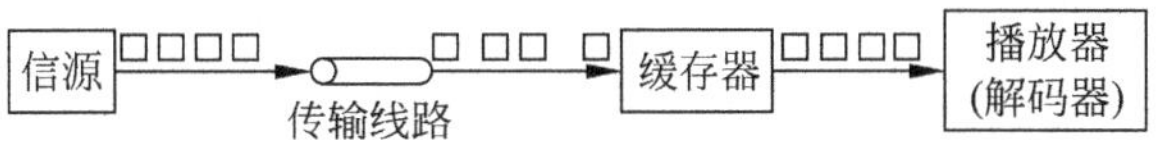

信源 □□□□ → 传输线路 □ □□ □ → 缓存器 □□□□ → 播放器(解码器)

图 8-14 缓存技术

采集延时是信源端收集并准备发送流媒体数据所需的时间；传输延时是流媒体数据在网络上传输所需的时间；缓冲延时是流媒体数据在缓冲区中的延迟时间；播放延时是信宿端的流媒体数据实际播放所需的时间。相比之下，采集延时和播放延时相对较小，所以只考虑网络延时和缓冲延时即可。

8.5.2 乱序

另一个影响流媒体同步的关键因素是媒体流的乱序问题。由于网络的复杂性，在流媒体的数据包从信源端发送到信宿端的过程中，一般不止经过一个路由器的转发，这样一来，同一信源发送的流媒体数据包并不一定由同一路径传送到信宿端，由于各条路径上的网络负载不同，在某些传输路径上可能出现网络拥塞的情况，造成一部分流媒体数据包在经过某些路由器时被阻塞一段时间后才转发，或由于网络拥塞严重而被丢弃。所以，在信源端已经排好序的流媒体数据包，在经过网络传输后很可能出现乱序的情况。一旦出现乱序，信宿端多播放的流媒体文件必然会受到影响，将会出现停顿或抖动的现象，破坏了流媒体的同步。

解决乱序问题的方法是借助 RTP/RTCP 协议。该协议中每个流媒体数据包中都有一个序列号字段来标识该包在整个流媒体文件中的位置，序列号是 2 字节长的包序号，每个 RTP 数据包按发送先后次序依次增 1，可以通过该序号来确定各个数据包在流媒体文件中的相对位置，从而可以在信宿端对收到的包进行重新排序，将收到的包放入缓冲区中流媒体文件的相应位置中。由于在信宿端的缓冲区中，流媒体数据包是用循环链表进行存储的，所以可以很方便地将新来的数据包插入到合适的位置。

借助 RTP 包中的序列号字段所提供的信息，通过在信宿端缓冲区内对收到的流媒体数据包进行重新排序，可以很好地解决流媒体数据包的乱序问题。从而避免了由于乱序而造成流媒体不同步的问题。

8.6 缓冲区容量设置及自适应带宽技术

8.6.1 自适应带宽技术

由于网络质量影响，用户的连接速率会随时发生变化，从而影响同步播放效果。智能流是有效解决这一问题的方法，它有如下特点：

(1) 多种不同速率的编码保存在一个文件或数据流中。

(2) 播放时，服务器和客户端自动确定当前可用的带宽，服务器提供适当比特率的媒体流。

(3) 播放时，如果客户端连接速率降低，服务器会自动检测带宽变化，并提供更低带宽的媒体流，如果连接速率增大，服务器将提供更高带宽的媒体流。

(4) 关键帧优先，音频数据比视频数据优先。智能流技术能够保证在很低的带宽下传输视频流，带宽降低时，用户只会收到降低质量的节目。

但是智能流技术不能完全解决多个流媒体同步播放中的问题,在多个流媒体同步播放时,各个流之间往往是具有优先级关系的,当带宽降低时,由于这种影响的不确定性,可能出现某个流以极低的速率传输,质量很差,但是另一个流却在以最高速率传输,造成主次不分的情形。

带宽自适应技术是在智能流的基础上加以改进,根据媒体流之间的优先级关系,当网络带宽降低时,均衡调整各个视频流的比特率,合理分配带宽,保证整体的播放质量,使之更符合人们观看的要求。基本方法是当带宽发生变化时,根据一定的策略为每个视频流选择适当的带宽。选择的过程遵循以下原则:

(1) 适应原则,尽可能提高带宽利用率。

(2) 优先原则,尽可能满足高优先级的媒体流的带宽要求。

(3) 跟随原则(或递减、递增原则),媒体流比特率的变化与带宽变化同向。

应用这些原则,产生以下几种主要的选择策略:

(1) 最佳适应策略,组合媒体流,每次调整减少或增加的比特率最小,从而尽可能使比特率之和最接近带宽。当存在多个解时,优先保证高优先级的媒体流具有较高的比特率。

(2) 跟随优先适应策略,比特率调整的方向与带宽变化的方向一致,在高优先级和低优先级的媒体流之间选择比特率变化最小的一个作为调整的对象,但是保证高优先级的媒体流不会在低优先级的媒体流之前消失。当存在多个解时,优先保证高优先级的媒体流具有较高的比特率。

(3) 绝对优先适应策略,当带宽减少时,降低低优先级的媒体流的比特率,低优先级的媒体流消失后再降低高优先级的媒体流的比特率;当带宽增加时,增加高优先级的媒体流的比特率,达到最大值后再增加低优先级的比特率。

8.6.2 流内同步中缓冲大小设置及自适应带宽技术

在一个多媒体系统中,存在着多个媒体流,这些媒体流中有一支是独立于其他媒体流的,称为主媒体流。在播放的过程中,其他媒体流依赖于该主媒体流,称为从媒体流。主媒体流的播放按照正常速度,为保持同步,从媒体流的播放质量可能需要有一定的牺牲。多媒体通信系统中,由于人耳对声音停顿、重复或播放速率的调整较为敏感,因此通常将音频流作为主媒体流,而将视频流及其他媒体流作为从媒体流,通过调整播放时间实现媒体间同步。通过上面的讨论可知,在对主媒体流进行同步控制以消除延时和抖动时,要用到缓冲技术,所以要设定一段大小合适的缓冲区。下面将探讨如何计算合适的缓冲区大小以满足基本要求,然后再通过自适应机制对流媒体的传输进行控制。

设任意 LDU,发送时刻为 $t(i)$,到达时刻为 $a(i)$,播放时刻为 $p(i)$,传输时延为 $d(i)$,最大延时为 $d_{\max}$,最小延时为 $d_{\min}$,播放速度为 r(每秒传送的 LDU 个数),见图 8-15。

假设在发送端连续媒体内部是同步的,即各个 LDU 的发送时间间隔为一常数。若第 i 个 LDU 的发送时刻为 $t(i)$,则其到达接收端的时刻 $a(i)$为

$$a(i) = t(i) + d(i) \tag{8-1}$$

其中,$d(i)$为传输延时。假设延时抖动限定在一个范围之内,即

$$d_{\min} \leqslant d(i) \leqslant d_{\max} \tag{8-2}$$

要保证播放的不间断,第 i 个 LDU 的播放时刻 $p(i)$必须晚于它的到达时刻,即有

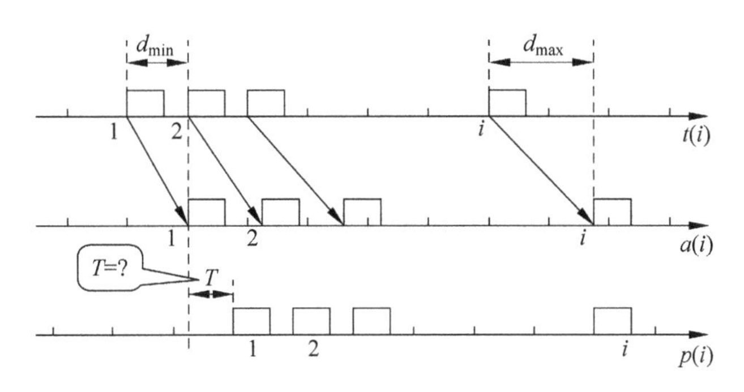

图 8-15 实时数据的发送、接收和播放时间关系

$$p(i) \geqslant a(i) \quad (i=1,2,\cdots) \tag{8-3}$$

因为播放过程必须保持数据内部原有的(即发送端的)时间约束关系,所以,对于每个LDU有如下关系

$$p(i)-p(i-1)=t(i)-t(i-1) \quad (i=1,2,\cdots) \tag{8-4}$$

有

$$p(i)-p(1)=t(i)-t(1) \quad (i=1,2,\cdots) \tag{8-5}$$

其中,$t(1)$和$p(1)$分别表示第1个LDU的发送和播放时刻。因为$a(i)=t(i)+d(i)$,所以有

$$p(i)-a(1) \geqslant [d(i)-d(1)] \quad (i=1,2,\cdots) \tag{8-6}$$

在最坏条件下,保证上式成立的条件是

$$p(1)-a(1)=\max\{[d(i)-d(1)] \mid i \in 2,3,\cdots\}=d_{max}-d_{min} \tag{8-7}$$

这也就是说,$p(i)$规定了第i个LDU到达的最后期限。

式(8-7)说明:在延时抖动已限定在一定范围的条件下,接收端在接收到第1个LDU之后,必须推迟时间$T=(d_{max}-d_{min})$再开始播放,才能保持整个播放过程不间断(T称为起始时刻偏移量或控制时间)。但在第一个包推迟播放的时间内,信宿端又会收到后面的数据包,所以要在信宿端开辟一段缓存来存放后续的数据包,即要推导出最小缓冲区大小。推导缓冲区大小的思想是:计算收到的数据包在缓存中停留时间最长时所需的缓冲区大小。这就需要两个值来计算缓存区大小,一个是音频码流在缓存中停留时间最长的数据包的缓存的时间$p(i)-a(i)$;另一个是传送数据包的速率r。设B_t为LDU的最大缓存时间,由式(8-5)和式(8-7)得到:

$$\begin{aligned}B_t &= \max\{[p(i)-a(i)] \mid i \in (2,3,\cdots)\} \\ &= (d_{max}-d_{min})-\min\{[d(i)-d(1)] \mid i \in (2,3,\cdots)\}\end{aligned} \tag{8-8}$$

当$d_1=d_{max}$,$d(i)=d_{min}$时,$[d(i)-d(1)]$具有最小值,则缓冲器的最大容量为

$$B=\lceil B_t \cdot r \rceil=\lceil 2(d_{max}-d_{min}) \cdot r \rceil \tag{8-9}$$

式中,$\lceil \cdot \rceil$为取整。

以上通过假设得到了网络延时的最大和最小值,但在实际应用中,由于网络传输的不稳定性,特别是网络拥塞时的延时波动性较大,网络延时的最大值和最小值往往会改变,这样通过以上所得的缓冲区大小并不能完全满足要求。

所以仅靠流媒体传输前经信源端与信宿端协商后在信宿端开辟一段缓存来控制同步还

不够，这仅能提供基本的同步控制保障，但所计算出的缓冲区大小可用来提供一个设置缓冲区大小的依据。

当网络状况很差时，缓存中的数据极有可能被迅速耗尽，使得播放出现抖动甚至暂停的情况；在网络状况很好时，缓存中的数据又可能会溢出。这样必然达不到好的同步效果。

所以可以用到8.6.2节提到的自适应带宽技术来实时调整带宽，将多种不同速率的编码保存在一个文件中，当网络状况发生改变时，将具有合适编码率的部分传给信宿端以满足不同网络环境下的同步要求。

8.6.3 流间同步中缓冲大小设置及自适应带宽技术

流间同步指主媒体流与从媒体流间的同步，由于流媒体同步问题主要集中在视频流与音频流之间，其他流（如文本、图像等）间的同步问题较为简单，在此不作讨论，而主要讨论音频码流（主媒体流）与视频码流（从媒体流）的同步问题。

在音频流能实现同步播放的情况下，便可以以音频流数据单元的播放时间作为时间基准，从而对视频流数据帧的播放时间进行调整来与音频流保持流间同步。所以必须要知道当播放视频流帧时对应要播放的音频流帧 f_a 的范围，这样只要在 f_a 的范围内任意时刻播放，就能达到流间同步的效果。所以，为了保持同步，也就是要求出与 R 相关的 f_a 的范围。可设音频流帧长为 A_F，视频流帧长为 V_F，音频流开始播放的时刻为 t_a，视频流开始播放的时刻为 t_v，正在播放的时刻为 t_c，则有：

$$f_a = \frac{t_c - t_a}{A_F} \tag{8-10}$$

$$f_v = \frac{t_c - t_v}{V_F} \tag{8-11}$$

进而得

$$\frac{t_c - t_v}{V_F} \leqslant f_v < \frac{t_c - t_v}{V_F} + 1 \tag{8-12}$$

$$f_v \cdot V_F + t_v \leqslant t_c < f_v \cdot V_F + t_v + V_F \tag{8-13}$$

所以有

$$\frac{f_v \cdot V_F + t_v - t_a}{A_F} \leqslant f_a < \frac{f_v \cdot V_F + t_v + V_F - t_a}{A_F} \tag{8-14}$$

已知音频流与视频流之间的最大异步时间为±80ms。设 f_{a_cur} 为IF在播放的音频帧，则为了保证同步，必须使视频帧在播放时，相应的音频帧的偏移小于80ms，有：

$$f_{a\_min} \leqslant f_{a\_cur} \leqslant f_{a\_max} \tag{8-15}$$

其中：

$$f_{a\_min} = \frac{f_v \cdot V_F + t_v - t_a}{A_F} - \frac{80}{A_F} \tag{8-16}$$

$$f_{a\_max} = \frac{f_v \cdot V_F + t_v + V_F - t_a}{A_F} + \frac{80}{A_F} \tag{8-17}$$

所以，可得到的结论是：视频帧的播放时刻，如果对应的音频帧在（f_{a_min}，f_{a_max}）区间中播放，即可满足音、视频的同步关系。

流间的自适应算法与流内的自适应算法相类似，都是要通过调整服务器端的编码率来适应网络的变化情况，只是流间的自适应算法的调换条件与流内的有所不同，这主要是因为流内的自适应算法是针对主媒体流的，调整的条件是网络的变化对主媒体流的影响；而当谈到流间的自适应算法的调整条件时，则要去分析从媒体流与主媒体流间的对应关系是否满足条件，可把调整的基准定在最后一个视频帧上。

仍然将多种不同速率的编码保存在一个文件中，根据网络的变化情况来作出相应的改动。

习题八

8-1　什么是音视频媒体间同步？

8-2　简述流媒体同步的四层参考模型及其任务。

8-3　媒体层主要完成哪两项任务？

8-4　简述同步机制的任务。

8-5　流媒体系统里的各种媒体流之间存在着哪些相互制约的关系？

8-6　什么是流媒体同步规范？它的组成部分有哪些？试阐述各组成部分的作用。

8-7　影响网络间流媒体同步的关键因素主要有哪些？

8-8　媒体流的乱序问题如何解决？

8-9　什么是带宽自适应技术？其带宽选择的原则有哪些？

8-10　什么是流间同步技术？

第9章 异构网络环境中视频处理与传输

CHAPTER 9

伴随着电信产业的全球化发展，计算机网络技术的提升，以及互联网、广播电视网、电信网“三网融合”的推进，异构网络将是通信网络发展的必然趋势。未来的流媒体系统将不可避免地面对异构环境提供服务。所谓的“异构环境”包括不同分辨率、处理能力等智能终端并存，如智能手机、笔记本、有线电视机顶盒、MID等；也包括网络的异构，即具有不同接入带宽、时延、丢包率等特性的3G、以太网、光接入网、Wi-Fi等。

目前，不同网络类型中视频内容存在较大差异，并不能互通。首先，不同终端和接入网络的带宽不同，PC的带宽早已得到扩展，相应设备基本成熟稳定，且明显高于手机等移动终端的接入带宽。随着4G的推广，这种差异逐步缩小。此外，固网的链路稳定性也高于移动网络。其次，PC的分辨率可以做得很高，而手机为了携带方便，物理上不可能做得很大，其分辨率相比于PC也比较低。因此，PC上能播放的高分辨率视频，手机等移动终端却不能正常播放。最后，PC的处理能力较手机等移动终端高很多，且解码能力也不同。最后，从资费标准来看，固定接入一般是包月不计流量，费用低廉，而移动互联网采用流量计费，用手机直接观看大码率视频将带来高额的流量费用。

总之，无论是移动互联网还是三网融合的网络，它们都是高度复杂的异构环境，使用不同终端和接入网络的用户在分辨率、带宽、处理能力以及资费等方面存在诸多差异，因此，如何为异构终端提供适配的视频质量，以及如何在异构网络上进行高效的视频传输，成为了互联网流媒体技术面临的重要挑战之一。

9.1 流媒体技术应用于异构环境主要面临的挑战

流媒体技术应用于异构环境主要面临以下挑战：

1. 信道环境复杂

异构环境包括有线网络和无线网络的融合。有线网络链路较为稳定，无线链路环境复杂，经常因为信道拥塞或者节点的移动以及其他自然因素的干扰，引起比特性错误和数据包丢失，这种不稳定程度可能会影响到网络逻辑拓扑结构的稳定性，因此会对路由策略和一些查询操作产生影响。

2. 接入带宽不同

目前应用较为广泛的移动网络技术可分为2.5G无线网络技术(如GPRS、CDMA1x)、3G移动通信技术(如TD-SCDMA、WCDMA、CDMA2000)，以及4G移动通信技术(如

FDD-LTE、TD-LTE)。在2.5G网络环境下,网络最大传输速率在144Kb/s左右。3G无线网络传输速率可以达到2Mb/s。由于多用户共享无线网络带宽,单个用户终端的带宽资源十分有限。随着4G网络的推广,虽然理论最高速率可达到100Mb/s(是3G网络的50倍),但由于无线链路不稳定,引起丢包和时延的因素较多。此外,有线网环境中,大多数PC都独享自己的带宽,不存在争夺带宽的问题。因此,对于不同的网络,适配的视频质量可能不同。例如,同一码率视频在有线网络中传输能获取较好的观看质量,但在3G网络中传输则不一定能获得同样的观看效果。

异构环境意味着不同终端的接入,包括智能手机、PC、笔记本、有线电视机顶盒、MID等。一般来说,移动终端的解码能力、屏幕尺寸、内存、电池使用时长等与PC有很大差距,因此移动终端不可能像PC那样解码高分辨率的视频。另外,移动终端受体积的限制,相对较小的屏幕分辨率无法播放较高分辨率的视频,电池的容量决定了移动终端不能长时间充当服务的角色。这些差异会影响节点选择策略以及终端质量适配等。

3. 终端处理能力各异

异构网络环境较为复杂,网络带宽经常会出现波动。如果要在异构环境中实现流媒体业务,必须使流媒体系统能够实时适应网络带宽的变化。其中,最基本的是应尽量保证播放的连续性,为终端用户提供良好的观看效果。

4. 网络带宽实时变化

异构网络环境较为复杂,网络带宽经常会出现波动。如果要在异构环境中实现流媒体业务,必须使P2P流媒体系统能够实时适应网络带宽的变化。其中,最基本的一点是应尽量保证播放的连续性,为终端用户提供良好的观看效果。

5. 业务流量计费方式

目前固网采用时间包段的计费方式,在很大程度上推动了流媒体业务的发展,但大多数移动互联网业务按照流量进行计费,这种方式会产生高昂的费用,严重制约流媒体业务在移动互联网上的发展。因此,良好的计费方式也值得研究。

总之,如何在异构网络上进行高效率的视频传输,如何为异构终端提供适配的视频质量,以及如何在异构环境中实现流媒体业务的推广,成为流媒体系统面临的重要挑战。传统的视频编码方案已不能应对此需求。空间可伸缩视频编码提供了一种应对这些应用的解决方案,由于该方案可经一次编码提供不同分辨率和质量的视频,使得同时服务这些设备成为可能。

9.2　视频质量自适应概览

国内外学者针对视频质量自适应提出了多种方案,归纳起来主要包括联播技术、转码技术、多描述编码、自适应编码。视频质量自适应提出了多种方案,归纳起来主要包括联播技术、转码技术、多描述编码、自适应编码。

联播技术将同一视频源按照不同分辨率和质量要求多次编码,生成多种码率视频流,用户端根据当前条件下载或接收不同的视频流。采用联播技术时,视频服务器的计算复杂度较低,但极大地消耗了视频服务器的存储空间。

转码技术通过动态调整视频编码参数,在可接受的时间范围内,利用视频转码器将原始视频流快速转码成符合传输和播放的视频格式或某种码率范围的视频流。在异构的家庭网络中采用转码技术可以为异构终端提供不同码率视频流，并根据网络状况的变化，实时转码做出视频质量的调整。转码技术虽然也可应用于异构环境，但加大了转码服务器的运行负载，带来了一定的转码延时，以致影响到用户的观看体验。

框架扩展的多描述编码早在1998年就已提出。后来发展了多种研究方法，如基于小波的多描述编码、基于非零系数分离的多描述编码、DC系数分离的多描述编码等，多描述编码是一种可兼顾数据传输实时性要求，同时能够解决数据失真问题的编码方案，在多径传输和多播中具有优势。

自适应编码是根据网络的实时状况，编码器使用码率控制技术，通过多种方式(例如改变分辨率、跳帧、调节量化参数等)来生成所需速率的码流。这一方法能很好地适应网络带宽变化，但计算复杂度非常高，码率的调整范围受限，重新生成码流会带来一定时延，且不适用于视频点播类应用。

由此可见，上述方法不同程度地存在计算复杂度高、灵活性不高、实时性较差等问题，将其用于异构网络环境，对实时性要求较高的流媒体视频质量适配并不会有较好的效果。

随着视频编码技术的不断发展，可扩展视频编码(Scalable Video Coding，SVC)技术逐渐受到关注。作为H.264的一个扩展，SVC技术最初由JVT在2004年开始制定，并于2007年7月获得ITU批准。其核心思想是一次性将视频数据分为一个基础层和若干增强层，其中基础层提供最基本的观看数据，能够独立解码，而增强层能够在时间、空间和质量三个维度上对基础层数据进行扩展。SVC技术不仅继承了H.264/AVC的高效性和易推广性，其分层特性更是可以灵活地提供实时的视频质量适配，满足异构网络中不同用户的服务需求。

9.3 视频可伸缩编码

9.3.1 可伸缩性编码概念

可伸缩视频编码是对目前和将来可以预见的复杂应用环境下进行视频编码的最理想解决框架。其中，网络异构性和终端设备处理及显示能力的差异对可伸缩编码体系的研究起着持续推动作用。可伸缩性的英文原文为scalability，也译作可分级性、可分层性，这是因为它是通过将单一码流分为若干层实现的。如果视频编码器经过一次性压缩后产生的码流能被解码端以不同的码率、帧率、空间分辨率和视频质量解码，则称该编解码系统具有“可伸缩性”。从这个定义可以看出，可伸缩编码只需对视频节目源编码一次，即可通过传输、提取和解码相应部分的压缩码流，重构出各种分辨率、码率或者质量级别的视频。与目前使用的联播编码方式相比，这种编码方式满足各种不同需要的能力更强，编码效率也大大提高。

可伸缩视频比特流通常由一个基本层和一个或多个增强层构成。对基本层解码得到最低分辨率的视频，而增强层包含重构高分辨率视频所需要的额外信息，每个相继增强层的分辨率等级或质量是依次递增的。其中，“分辨率”可以是时域、空域或质量意义上的分辨率。图9-1大致示意了三维伸缩性的概念。空间可伸缩性指在空间域进行的分层编码，这意味着这种编码方式下产生的层具有不同的空间分辨率。

时间可伸缩性是指编码产生的若干层具有不同的帧率，这些层结合起来可以提供与输

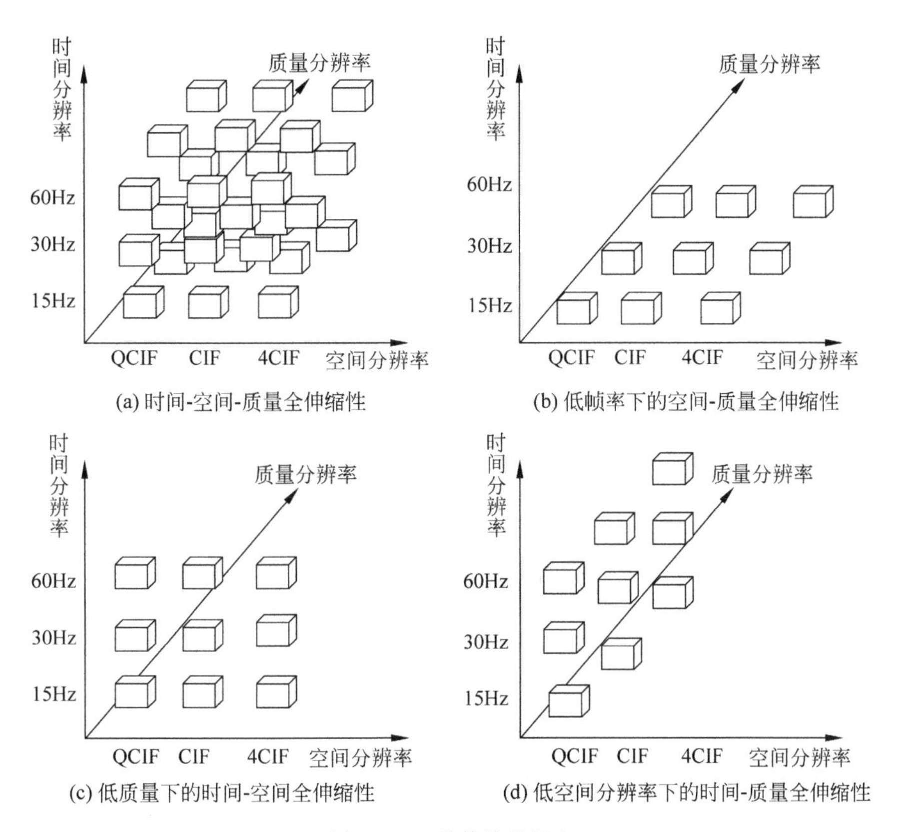

图 9-1 三维伸缩性概念

入视频相同的完全的时间分辨率。

质量也称为信噪比(Signal Noise Ratio,SNR);可伸缩性是指每层具有相同的空间和时间分辨率,但图像质量不同的分层编码。

9.3.2 可伸缩视频编码

由于网络的异构性,端到端的实际带宽受到诸多因素的影响,且会实时变化。此外,终端各方面的差异也导致不同用户对视频质量有不同的要求。因此,需要提供不同码率的视频流,才能适应网络的传输和不同的终端。针对这一问题,将传统的做法(如转码、联播等技术)应用于流媒体系统并不是最好的选择。因为它们不仅会带来一定的时延,并且增加了服务器的负担。多年来,专家们一直致力于找到一种简单、灵活的可伸缩编码方法,以满足不同应用和网络传输的要求。2004 年 MPEG 开始组织征集 SVC 技术草案,旨在开发一种全新的可伸缩视频编码标准。H. 264-SVC 标准终于在 2007 年月成为正式标准。以下将 H. 264-SVC 简称为 SVC。

SVC 分层如图 9-2 所示。SVC 是以 H. 264 标准为基础,利用了 H. 264 编解码器的各种高效算法工具,编码器只需对视频源编码一次,即可实现时间(Temporal)上,空间(Spatial)上和图像质量(Quality 或 Signal-to-Noise,SNR)上的可扩展特性(也称为可伸缩、可分层),通过传输、提取和解码部分压缩码流,重构出不同帧率、分辨率、图像质量等级的解码视频,如图 9-3 所示。SVC 采用分层编码方式实现,由一个基础层(Base Layer)和多个增强层(Enhancement Layer)组成,基础层包含基本的视频信息,实现最低分辨率、帧率、图像质量,增强层是在基础层的基础上编码时间、空间、质量的增强信息。因此,基础层数据可以独立解码,增强层数据需依赖基础层数据才能解码。

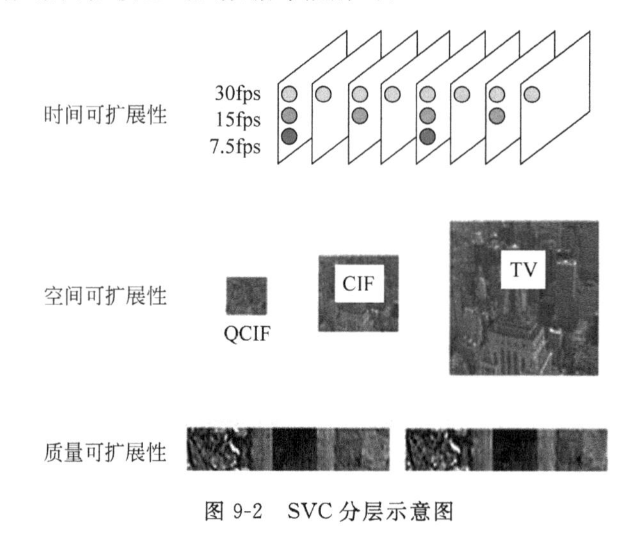

图 9-2 SVC 分层示意图

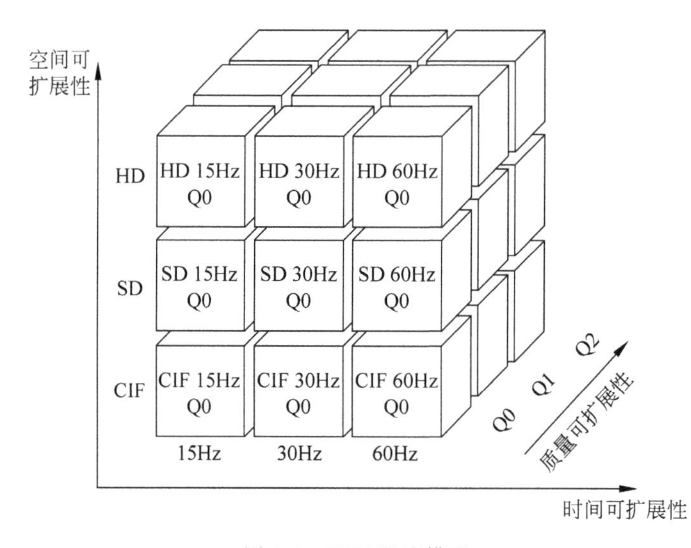

图 9-3 SVC 码流模型

如图 9-3 给出了 SVC 码流的模型,其中每个立方块代表一个分层组合。SVC 的编码原理框图见图 9-4,空间可伸缩是通过空域下采样来生成多个不同空间分辨率的数据流。每个空间层再经过层次 B 帧预测编码结构来实现时间可伸缩。低空间层的运动信息和纹理信息可用于高空间层相关信息的预测。SVC 也是基于宏块编码的,每个宏块除了可以进行帧内预测编码和帧间预测编码外,高空间层的图像还可进行层间预测编码。每个空间层中的任意时间层图像,都可采用质量可伸缩编码。

1. 时间可伸缩

视频序列就是由很多连续的图像帧组成的,当视频中每秒钟所包含的图像帧数越少(即帧率越低),视频序列播放起来就越不流畅,给人的感觉就具有延迟性,视觉效果就越差。相

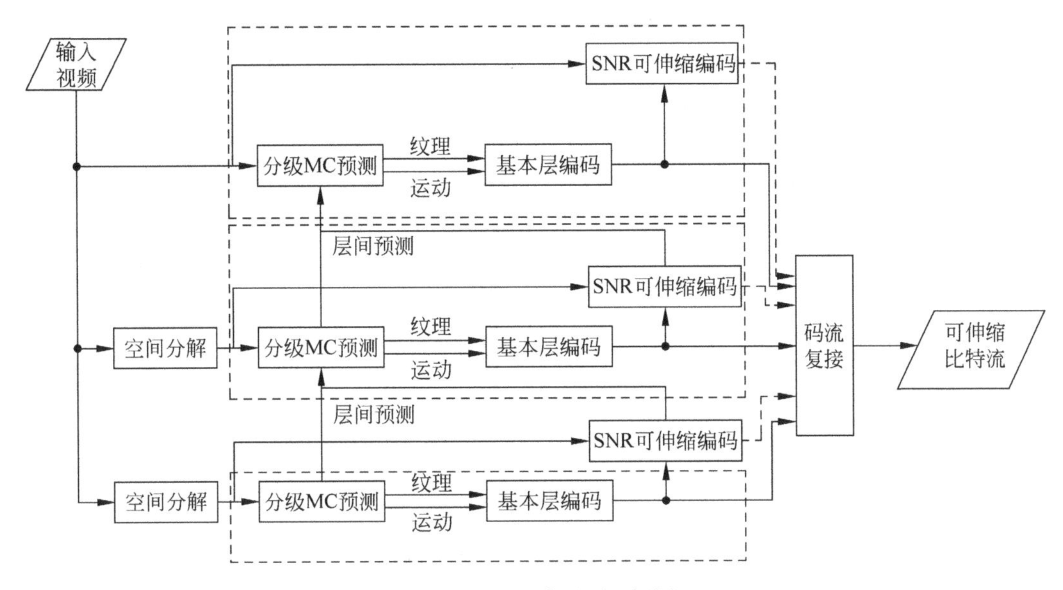

图 9-4　SVC 编码原理框图

反地，如果视频帧率越高，视频播放的效果就越好。在当前带宽资源相对匮乏的环境下，传输全帧率视频以获得高质量的视觉效果体验，一方面会增加对有限带宽的占用，另一方面也对用户终端的显示能力和处理能力提出了高要求。所以，对于有视觉要求的用户可以传输高帧率码流，而对于要求低的用户则可以对原始帧率进行降采样后传输。

面对这些挑战，时间可伸缩视频编码应运而生，它可以很好地满足人们对视频帧率的不同需求自适应的发布码流。下面以两层时间可伸缩为例，并作简要介绍，如图 9-5 所示，当带宽低时，用户可选择接受基本层码流，解码得到最基本的视频；当带宽较大或者空闲时，为了获得流畅的视频，用户可以选择接收基本层以及增强层全部的码流。

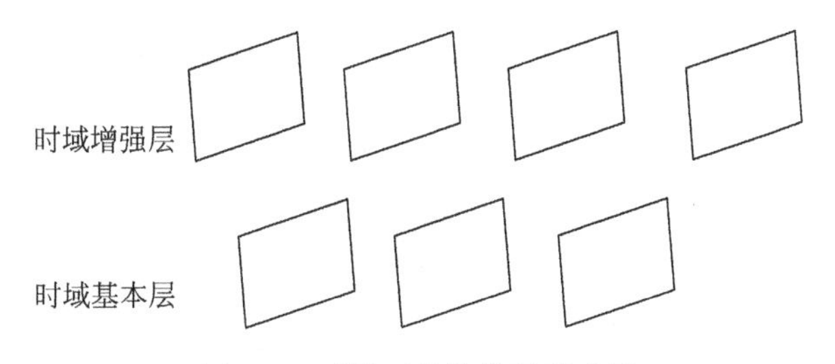

图 9-5　时域可伸缩编码示意图

在 H.264/AVC 标准的可伸缩扩展中，时间可伸缩性视频编码可以由两种办法来实现——分级 B 帧预测结构(Hierarchical B-frame Prediction Structure)和运动补偿的时间滤波(Motion Compensated Temporal Filter，MCTF)技术。相比而言，分级 B 帧预测结构的编码效率要高于 MCTF 技术，主要原因就是 MCTF 技术对重建帧的量化错误不进行补偿。鉴于此，分级 B 帧预测结构逐渐成为时间可伸缩性编码的标准编码形式。

分级 B 帧预测结构以图片组(Group of Pictures)为单位进行，图 9-6 描述了一个典型的具有{T0，T1，T2，T3}4 级时间可伸缩的分层预测结构。图中的 GOP 大小为 8，首先编码关键帧(黑色表示)，关键帧只能是 I 帧或者 P 帧，然后编码非关键帧，非关键帧只能为 P 帧或者 B 帧。这样，如果在解码端只解码关键帧，则会得到原始帧率的 1/8；如果解码到 T0 级和 T1 级，就会得到原始帧率的 1/4；如果解码 T0 级、T1 级、T2 级，则可获得原始帧率的 1/2；如果全部解码，就能够获得全帧率视频。

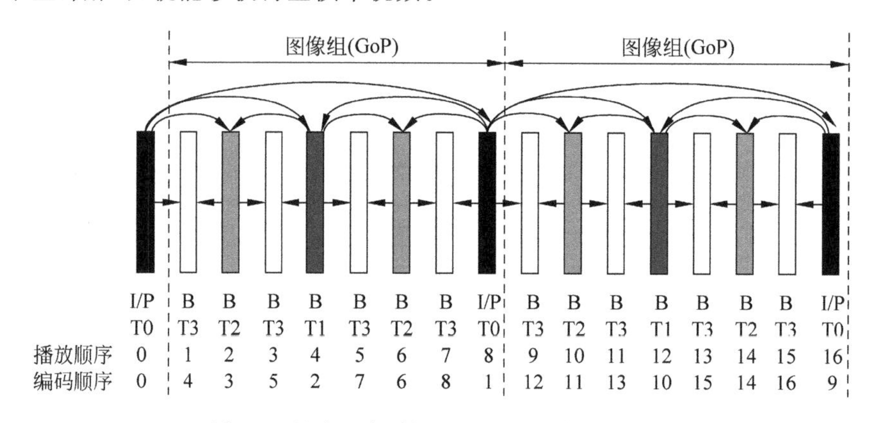

图 9-6　具有 4 个时间层的分级 B 帧预测结构

2. 空间可伸缩

空间可伸缩性(见图 9-7)是通过对基本层和增强层使用不同分辨率的视频来实现的。下面以两层空间可伸缩编码为例，其大体思想是首先对原始视频进行采样操作，以获得低分辨率的视频序列，作为基本层输入，经过编码后得到基本层码流；而增强层的输入按照原始视频不变，利用层间预测等技术，编码后产生增强层码流。在解码端，如果只能收到基本层码流，便可解码恢复出最低分辨率的视频图像；当接收到基本层和增强层全部码流时，再经过层间预测技术，便可解码得到原始分辨率的视频图像。空间可伸缩视频编码的基本示意图如图 9-8 所示。

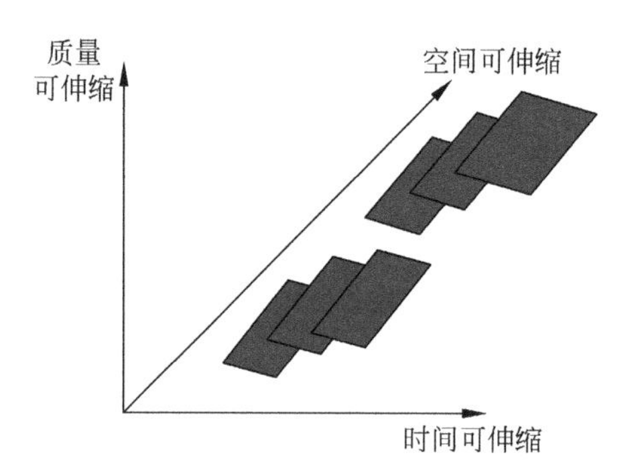

图 9-7　空间可伸缩性的概念

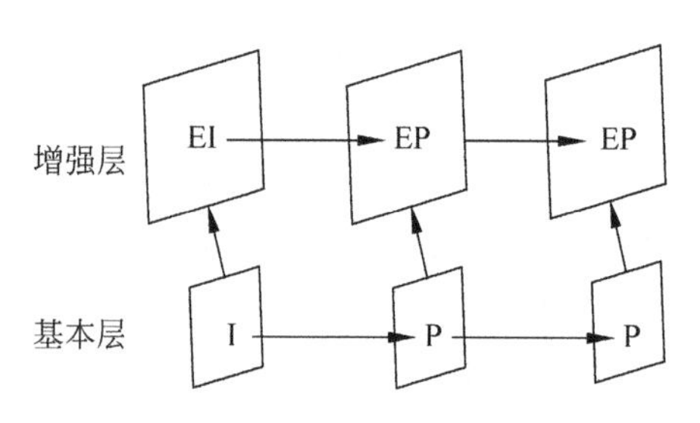

图 9-8　空间可伸缩视频编码示意图

空间可伸缩通过对原始尺寸的输入视频序列进行采样来得到较低空间分辨率的图像，在各空间层的基础上可进一步进行时间和质量的分层(见图 9-9)。

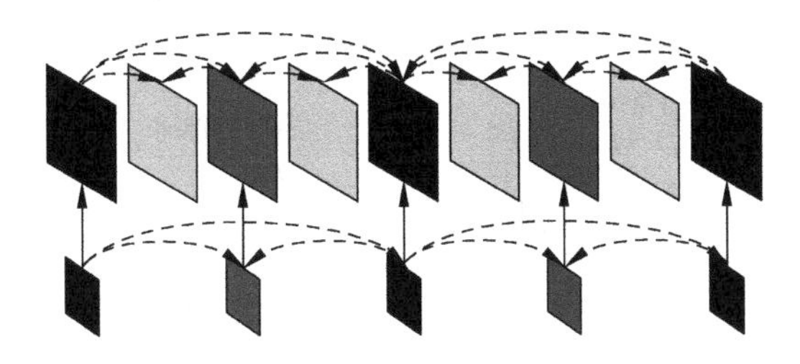

图 9-9　空间分层示意图

在相同的时间层的情况下，每一个高层帧都有与之相对应的低层帧，两者之间存在显而易见的相关性，即存在层间冗余。为了获得更高的压缩率，空间可伸缩技术的关键就在于消除层间冗余。

SVC 提供 3 种层间预测方案：

(1) 层间帧内预测，这种预测方式的宏块信息完全由层间低分辨率的参考帧上采样实现；层间的帧间预测主要是针对对应基本层宏块为帧间预测模式而言，这种情况下，增强层未编码宏块的模式、参考列表方向、参考帧索引号、运动矢量等信息都可以从对应基本层位置推导出来，因此只需要传输残差信息，从而节省了大量编码运动矢量所需的比特开销。这样一来，对于运动量较大的视频序列来说，层间的帧间预测方法极为有效。

对于增强层的宏块分割方式而言，主要是依据基本层的同一位置的 8×8 块的分割方式。以两个层空域层为例，如图 9-10 所示，如果基本层 8×8 的块没有进一步划分，则增强层对应的宏块也不需分割；否则，每个基本层 $W\times H$ 子宏块的分割对应于增强层上的一个 $2W\times 2H$ 宏块。相应地，增强层宏块的运动矢量也需要在基本层对应宏块运动矢量的基础上乘以缩放比例。

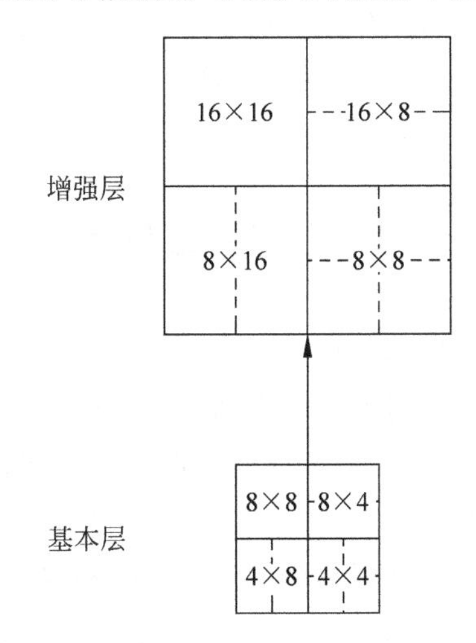

图 9-10　基本层与增强层宏块分割方式图

(2) 层间运动预测，宏块预测采用层间参考帧相应块的预测模式，其对应的运动矢量也利用层间参考帧相应块的运动信息预测编码。

(3) 层间残差预测，层间的残余预测就是利用基本层块内解码的残差数据上采样后预测增强层块的残差数据，而省去了预测这一步骤。需要注意的是，层间的残差预测的运用只有在增强层和基本层对应块的运动矢量一致或相似时才有效，否则解码重建效果不好，甚至会有下降。

3. 质量可伸缩

对于质量可伸缩性编码(见图 9-11)，其基本层和增强层的视频分辨率相同，只是解码得到的视觉质量不同。所以质量可伸缩性也被认为是空间可伸缩性的一种特殊形式。通过改变量化步长，即可得到不同视觉质量的视频图像。质量可伸缩性就是利用基本层和增强层使用不同的量化参数(Quantilization Parameters，QP)进行量化压缩，得到不同质量的视频。

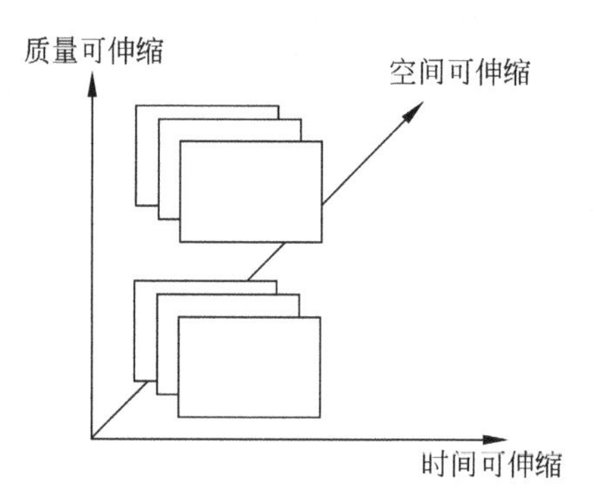

图 9-11 质量可伸缩性的概念

质量可伸缩常用的包括两种实现方案，粗粒度质量可伸缩编码(Coarse Grain Scalability，CGS)和中等粒度质量可伸缩编码(Medium Grain Scalability，MGS)。CGS 类似于空间可伸缩中的层间预测，但无须进行上采样，通过采用比 CGS 层更小的量化步长来重新量化残差，以获取更精细的纹理信息。CGS 只能在几个固定码率点上调整视频质量，缺乏灵活性。因此，JVT 提出了 MGS 方案，运用关键帧的概念来控制误差传播和质量增强层编码效率之间的折中。

9.4 流媒体视频质量自适应技术

网络环境是多变的，尤其是网络融合后的异构环境。表现之一就是网络带宽不稳定，会发生实时变化。当网络环境变差，带宽下降时，视频下载速率会变慢，当下载速率低于解码播放速率，画面就会出现停顿，影响用户观看质量；当网络环境变好，带宽上升时，虽然画面会很流畅，但用户希望充分利用带宽，获取更好的视频质量。另一方面，流媒体系统需面向不同的网络和终端提供适配的视频流，才能达到广泛的应用。

9.4.1 流媒体视频质量自适应技术概况

针对不同场景的流媒体视频质量自适应，包括转码的视频质量自适应、联播的视频质量自适应、自适应编码的视频质量自适应以及多描述编码的视频质量自适应等。

1. 转码的视频质量自适应

20 世纪 90 年代后期，转码技术是网络上多媒体视频质量自适应的核心解决方案，成为了当时的研究和应用热点。转码是指在服务器上保存一个质量足够好的压缩视频流，根据网络变化和用户端情况，对高质量视频流进行部分解码和编码，以输出合适的视频流。

主要实现方法是：在发送端和接收端之间建立一个反馈信道，接收端将网络状态(带宽、丢包率、时延等)反馈给发送端，在可接受的时间范围内，发送端转码器根据这些反馈信息选择性丢弃压缩数据中不会严重影响视频质量的部分，如选择性丢帧或丢弃 DCT 系数的高频分量，以获得较低码率/分辨率/帧率的视频流。这种转码技术虽然能够适应网络带宽的变化，但由于其需要为每个用户定制合适的码流，当大量用户点播时，会加重转码服务器运行负载，并带来少量的视频转码延时。

2. 联播的视频质量自适应

联播技术的基本思想是将同一段视频编码成多个不同分辨率、帧率和码率的压缩视频流，将这些压缩视频流用独立的组播通道发送到网络，用户根据自己的需求和网络的变化选择合适的视频流。这种方案在一定程度上解决了用户和网络的异构问题，并且服务器的计算复杂度很低，不受限于特定的编码标准。视频被编码的码流数目越多，该方案对动态网络变化的适应性就越好。但同时增加了流媒体服务器的存储空间和管理的复杂度。

3. 自适应编码的视频质量自适应

自适应编码通常采用 RTP/UDP/IP 协议，发送端将压缩视频流封装成 RTP 协议包发送给接收端，接收端监测 RTP 数据包的传输时延和丢包率等，来判断网络的实时带宽变化，并通过 RTP 协议中的 RTCP 协议将网络情况反馈给发送端，发送端根据网络带宽情况，通过多种方式(例如改变分辨率、跳帧、调节量化参数等)来生成与网络环境匹配的码流。这一方法能很好地适应网络带宽变化，但码率的调整范围受限，重新生成码流会带来一定时延，且不适用于离线的编码系统。

4. 多描述编码的视频质量自适应

多描述编码是将原始视频分成多个描述，对每个描述独立编码形成多个码流。其中任何一个码流都可以独立解码成一个满足基本质量的视频。接收端接收到的码流越多，恢复的视频质量越好。多描述编码是一种可兼顾数据传输实时性要求，同时能够解决数据失真问题的编码方案，在多径传输和多播中具有优势。

9.4.2 采用 SVC 的流媒体质量自适应技术

SVC 只需一次编码，就可生成一个基础层码流和若干个增强层码流，以自动适应网络的变化和终端设备。和其他编码方案相比，SVC 编码减少了对视频服务器资源的需求，降低了系统开销，支持多种设备和网络同时访问 SVC 视频流，提高了资源共享效率，并且在一个很宽的码率范围内都能够获得高的传输效率和解码量，为异构网络视频传输提供了一套简单、灵活的解决方案。

采用 SVC 的 P2P 流媒体系统可实现两方面的视频质量自适应：

(1) 初始视频质量自适应，即用户接入流媒体系统之初，根据自身屏幕尺寸、接入网络类型、终端解码能力和电量等选择起始适配的视频质量，并确定实时视频质量自适应的变化范围。

(2) 实时视频质量自适应，用户在下载的过程中根据网络状况和终端电量的实时变化对用户视频质量进行实时调整，例如当网络带宽和终端电量充足的时候，用户可通过下载更多增强层数据来获得更好的视频质量。反之，当网络带宽较差或终端电量不足的时候，用户可减少下载的增强层数据以换取播放的连续性或更长的播放时间。相比较而言，前者是一次性的，静态的后者是实时的、动态的，后者的研究更复杂。

9.5 视频转码

视频转码是指将视频流从一种格式转换到另一种格式，其目标是充分地利用输入视频流所包含的信息，提高视频转码的速度和转码后的视频质量。视频转码技术从 20 世纪 90 年代就已经开始得到研究者们的高度重视和普遍认可。针对视频编码标准之间的转码能够促进视频编码技术向更高更新的方向的普遍应用，而针对同一标准内部不同编码级别的转换则具有适应网络环境、终端需求等多方面应用。目前，视频转码技术已经发展成为多媒体传输领域的一项关键技术，对提升视频通信技术有着重大的意义。国内外相关学者对其的研究也不断深化。

视频转码技术可以解决格式转换、降低码率以及缩减时间和空间分辨率等诸多视频传输方面的问题，针对不同的问题，研究者们提出了多种多样的转码方案，而其基本原理都是通过先解码再编码的过程来实现。更多的研究者们将研究重点放在利用转码前端原始输入码流中解得的信息来简化再编码过程，以达到降低编码复杂度的目的，从而实现提升转码效率和性能的目标。本节将简单综述视频转码器的框架结构和技术分类。

9.5.1 视频转码器框架结构

视频转码器按其作用域可分为像素域转码器和变换域转码器，两者的适用范围和性能特点不同，转码结构也有很大的不同。

1. 级联型转码器结构

级联型转码器是指直接地级联符合需求的解码器和编码器，属于像素域转码器的一种基本形式。如图 9-12 所示，输入的视频流首先由解码器解压缩生成重建视频序列，然后根据需求进行图像处理（如分辨率调整）相关操作，最后输入到目标编码器进行压缩得到所需的新的视频流。级联转码器具有普适性和无损性的优势，可在不引入任何转码质量损失的基础上，通过设置目标编码器的编码参数完成帧率、分辨率、码率等各种需求的视频转码任务。因此，级联转码器通常被用作评价转码器转码视频质量的参考基准。然而，由于其处理速度非常慢，并不具有实用价值。

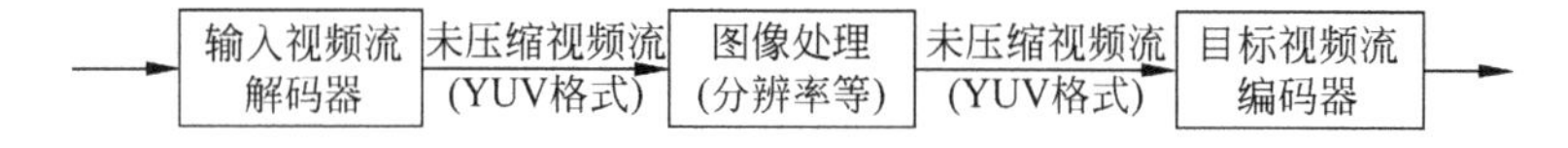

图 9-12 级联型转码器结构

由于在混合编码框架中，编码和解码的处理流程不对称，编码过程要比解码过程的计算复杂度高很多，因此，目标编码器的高复杂度是导致级联型转码器处理速度慢的主要原因。而编码器复杂度最高的部分就是运动估计和补偿，通常占到总计算量的 60%左右；对于 H.264 和 HEVC 而言，更是分别超过总量的 70%和 80%。

2. 像素域转码器结构

针对这一问题，为了减少转码计算复杂度，像素域转码器结构通过从输入视频流中提取运动矢量等信息，为目标编码器的运动估计和补偿过程提供了很好的先验预测信息，如图 9-13 所示。

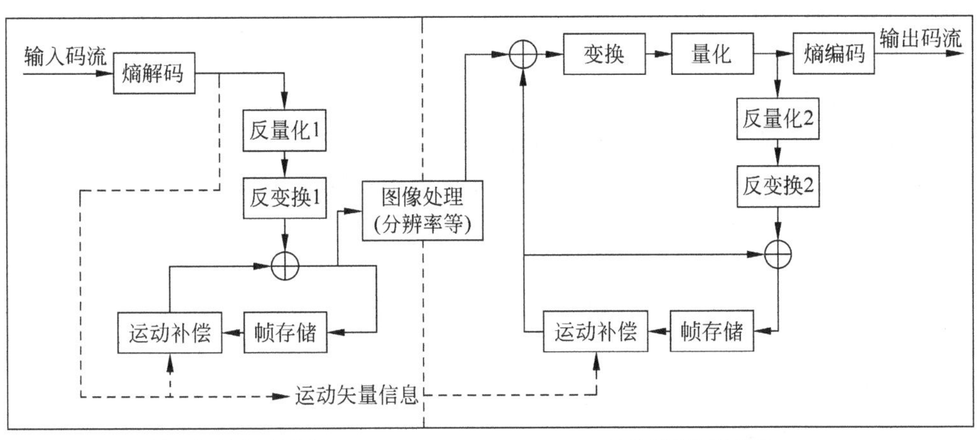

图 9-13 像素域转码器结构

像素域转码器结构不仅能够实现任何类型的视频转码，而且通过利用运动信息辅助目标编码器的运动估计和补偿过程，大大提高了转码速度。因而具有很高的实用价值。

3. 变换域转码器结构

变换域转码器是指对变换(如 DCT)编码系数直接进行重编码，进一步提升了转码速度。变换域转码器结构相比于像素域转码器而言，进一步减少了转码过程中解码器重建视频序列的时间。简单变换域转码器结构(SDDT)结构如图 9-14 所示，其重编码部分只需要对频域系数直接进行重新量化，而不需要进行 DCT 变换，然而该结构只适用于码率转码。

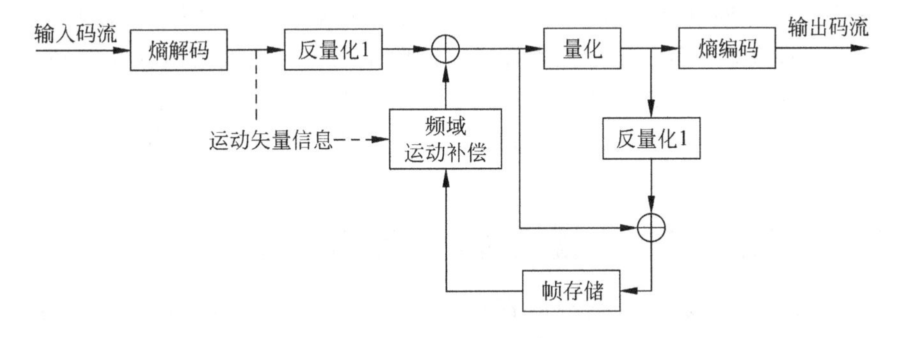

图 9-14 SDDT 结构

除了上述常用的转码器结构外，还有一些例如 Intra 宏块刷新、部分编码等转码器结构，也都有各自的优缺点和适用环境。

9.5.2 视频转码技术分类介绍

按照具体功能不同，视频转码技术可分为帧率转码技术、码率转码技术、空间分辨率转码技术和语法转码技术等几种类型。

1. 帧率转码技术

帧率转码是指根据目标帧率选择性地丢弃部分视频帧，由于在此过程中，部分运动补偿块的参考帧也可能被丢弃，因此，如何快速准确地得到这些运动补偿块的运动矢量是帧率转码研究的重要方向。通常的快速方法都是利用已有信息得到新的预测运动矢量,并在其附近做小范围搜索。

2. 码率转码技术

码率转码是指根据预先设定的码率目标值,通过改变量化参数等手段控制重编码输出的码率以使其满足需求。码率转码的研究主要从量化系数和 DCT 系数两方面入手,通过控制纹理编码的比特数来实现。

码率转码器的结构主要有三种:开环结构;像素域转码器结构;变换域转码器结构。其中,开环结构速度最快,但转码视频质量最差;像素域转码器结构速度稍慢,但质量最好;变换域转码器结构拥有接近开环结构的转码速度和稍差于像素域转码器结构的转码质量,是当前最实用的码率转码器结构。

3. 空间分辨率转码技术

分辨率转码是指根据目标分辨率调整输入视频的尺寸,然后进行重编码,以满足需求。由于编码单元大小发生改变,因此需要为每个新的运动补偿块重新寻找其对应的最佳运动矢量,该过程被称为运动矢量重建。运动矢量重建通常利用码流中包含的信息来估计运动矢量预测值,然后采用小范围搜索精化预测值。

4. 语法转码技术

语法转码是指根据目标编码器的设定将码流从一种视频标准语法格式转换到另一种视频标准语法格式,该转码技术也称为异构转码(Heterogeneous Transcoding)。由于 ITU-T 和 ISO/IEC 等组织制定了 MPEG-1、MPEG-2、MPEG-4、H. 263、H. 264 和 HEVC 等多种视频编解码标准来适应各种不同的应用需求与环境,因此,为了使得这些针对不同视频编解码标准的视频系统之间具有互通性和互操作性,需要在这些标准之间进行语法格式的转换,例如 H. 264 到 MPEG. 4 等。由于异类标准之间除了码流的语法格式存在差别,一些关键的编码工具和编码元素(例如运动补偿块的大小、参考帧的数目等)也有可能不同,因此,如何在转码过程中充分利用不同标准之间的内在联系来提高转码器的性能和效率是该领域研究的重点。

9.5.3 视觉显著性在视频转码领域的应用

在视频转码研究领域,基于视频内容和感兴趣区域的视频转码算法也取得了一定的成果。

针对多点视频会议应用,以子窗为单位通过计算运动活动性找出活动的参与者,也即视频感兴趣区域,然后动态减少非活动性区域的帧率,并将节省的码率重新分配到活动性区域,以增强感兴趣区域的主观视觉质量。

针对视觉感知的视频流转码应用,提出了视觉感知区域跟踪算法,基于人眼视觉系统(Human Visual System,HVS)的研究成果,通过分析相对运动,找出感兴趣物体、背景区域和摄像头运动规律,进而使用预测滤波器进行区域跟踪。该方法可以在各种摄像头运动下跟踪视觉感知重要的物体,并有效地应用在视频流的视觉感知转码中。

从 MPEG. 2 码流中提取运动信息,通过区域增长的方法检测出运动区域,然后对这些运动区域区别于背景区域进行编码。

采用视觉注意模型分析每帧的复杂度,以判断是否可以被跳过,避免了视觉不连续效应。人眼通常在观看一幅图像时会有一个注视点，称为 Foveation 点。人眼在该点处具有最高的敏感度，并随着该点向周围延伸而敏感度快速下降。

利用 HVS 的视觉中央凹特性，根据 HVS 中央凹对比敏感度函数来调整压缩失真，在给定的码率下获得了更好的主观感知视频转码质量。

利用 HVS 特点，视频帧的边信息、运动信息和空间频率信息在压缩域找出视觉感知的重要区域，然后对提取出的视觉感兴趣区域分配更多的码率，进而使得更吸引观察者的视频区域质量更好。

利用 MPEG.2 码流中的运动信息检测出视觉感兴趣区域，然后对感兴趣区域在转码过程中加上漂移补偿，以提高主观感知质量，而非感兴趣区域则不用漂移补偿以减少转码器的计算复杂度。

在视频转码技术中引入视觉显著性，可以使转码结果在相同的码率条件下获得更好的视频主观质量。然而，一方面，目前显著性提取的效果还并不完善，不仅显著性图(SM)的质量不够高，而且显著性信息的应用方式也还不够成熟；另一方面，针对转码到最新的压缩标准 HEVC 的最新研究中还未有利用视觉感知的转码方法。因此，如何有效利用 H.264 视频输入码流中包含的压缩域信息更加准确地提取出视觉显著性区域，并利用其指导优化 HEVC 的重编码过程，也是 H.264 到 HEVC 视频转码方法研究的重点方向之一。

习题九

9-1 流媒体技术应用于异构环境主要挑战有哪些？

9-2 视频质量自适应有哪几种方案？

9-3 简述 SVC 的编码原理。

9-4 流媒体视频质量自适应方法有哪些？

9-5 什么是视频转码？它的目的是什么？

第10章 立体视觉与三维电视技术

CHAPTER 10

立体视频能通过特殊的设备向观看者显示三维(3 Dimension,3D)空间逼真的视觉效果。越来越多的技术和产品支持3D视频,如偏振式立体电视、主动式立体电视、立体式游戏机和立体手机等。在这些技术和产品的基础上,很多业务已经开始运行,如3DTV、基于网络的3D电影和3D影院等。

但是目前的3D技术还处于初级发展阶段,很多关键问题还没有解决。如多视角视频大数据量与网络带宽的矛盾、3D视频编码技术与现有系统存在的矛盾、3D影片片源有限、观看者视觉疲劳、需要佩戴特殊眼镜等问题,都是立体视频研究领域亟待解决的问题。

10.1 三维电视的发展

1838年,英国学者Charles Wheatstone对双目视觉给出了一种解释,从而构建了一种由棱镜和镜子组成的立体镜,该装置能够融合两个不同角度的图像,使观察可以看到一幅有立体感的图像。

1844年,David Brewster爵士改进并缩小了立体镜。19世纪末,欧美许多家庭已经乐于观看新闻时事、风景或流行任务的立体静态图片了。图10-1是Charles Wheatstone与他的立体镜。

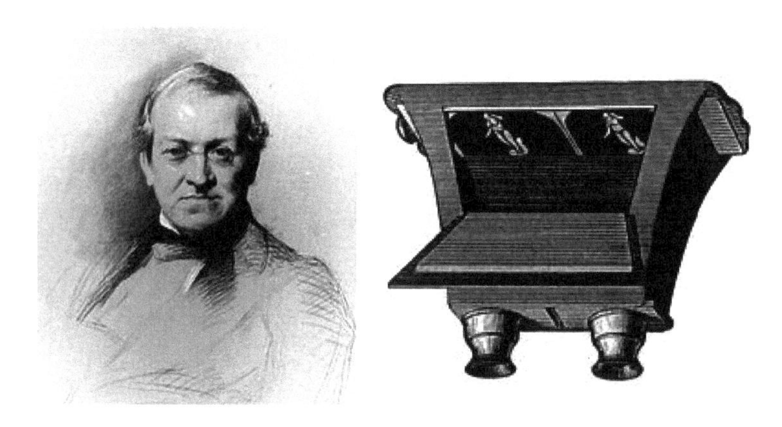

图10-1 Charles Wheatstone与他的立体镜

1903年,巴黎世界博览会上,法国的Lumiere兄弟展示了第一部三维短片(见图10-2)。但是一次放映时只能供一个人观看,并需使用一个改进的立体镜。

图 10-2　Lumiere 兄弟和第一部三维短片

1922 年，第一部完整的三维影片 *The Power of Love* 在洛杉矶 Ambassador 旅馆向观众播放，该影片通过补色立体过程将投影到左眼和右眼的图像分离。

立体电视的基本技术原理早在 20 世纪 20 年代就由英国电视先驱 John Logie Baird(见图 10-3)提出。1928 年，John Logie Baird 将立体镜的原理应用于实验电视系统，成功地把图像传送到大西洋彼岸，为卫星电视奠定了基础。

图 10-3　John Logie Baird

1952 年，三维影片 *Bawana Devil* 在洛杉矶放映(见图 10-4)。人们开始了对三维电影的狂热追捧。此后三年间，好莱坞制作了超过 65 部三维电影。随后发生了三维电影导致的头痛、眼疲劳和死亡事件，三维电影随之衰落。1953 年，美国开始第一个“实验性”三维电视广播系统的研制，历时 27 年，1980 年第一个“非实验性”付费三维电视广播系统 SelectTV 建设成功。这些三维电视节目采用补色立体技术，但是所使用的传输和显示技术低下。

20 世纪 90 年代，电视服务的传输从模拟转向数字，三维电视广播新的希望出现，欧盟基金工程(如 COST 230，RACE DISTMA 等)开始将工作目标定为三维电视标准、技术和产品设备的开发。MPEG 开发了针对立体视频的压缩技术，将其作为成熟 MPEG 标准的一部分。1998 年，日本开发了一种三维高清电视(HDTV)中继系统，通过卫星传输节目。澳大利亚动态图像深度(DDD)公司开发了一种独有离线系统，可以将普通的视频序列转换为三维效果，并大量应用于 IMAX 三维剧场中。

2003 年，五家日本公司(伊藤忠、NTT 数据、三洋电器、夏普、索尼)牵头成立了市场三维联盟，至今已有 200 多个成员，主要讨论不同的应用、不同的输入输出设备采用怎样的图

图 10-4　三维影片 *Bawana Devil*

像传输格式、开发制作三维内容的工具和内容等。MPEG 委员会成立了三维视频编码(3DAV)的特别小组，目标在于改进视频压缩技术，全方向视频，自由视点电视等。

进入 21 世纪以来，三维立体显示技术开始受到大众的广泛关注。但是，三维显示在给人们带来身临其境的观感的同时，也造成了视觉的疲劳，而且目前大多数立体显示都需佩戴相应的立体眼镜，这造成了观众的不舒适性。如何实现全方位多角度的自由立体视觉，且带给观众更好的视觉享受，裸眼 3D 技术必将成为显示技术的发展趋势。

10.2　立体视觉原理

10.2.1　单眼的视觉的局限性

图 10-5 给出了视角的定义，视角的大小决定了视网膜上成像的大小，即不论物体大小或距离远近，只要视角相等，在视网膜上的成像必然相等。

立体视觉的一个重要问题是：如何准确感知到物体的深度/距离。那视网膜像大小相等时候(见图 10-6)，我们靠的是什么来确定物体的空间距离的呢？答案是深度暗示和双眼视觉。

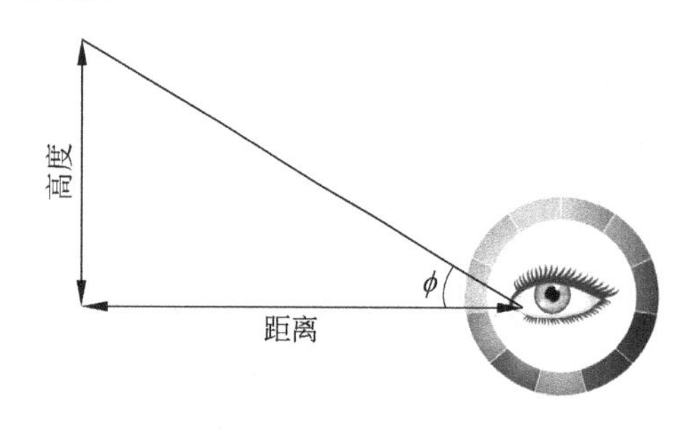

图 10-5　视角的定义

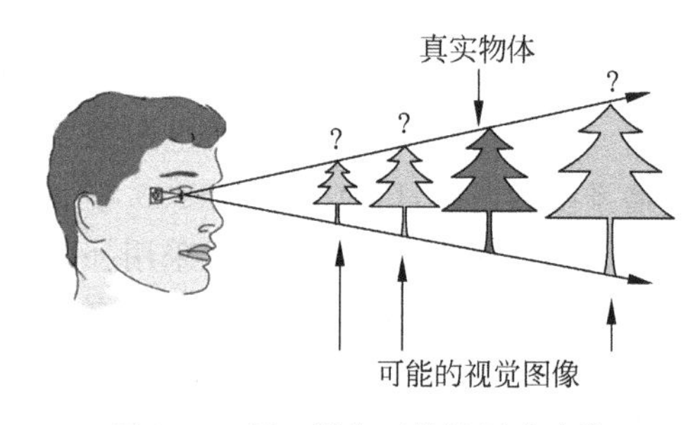

图 10-6　同一视角时的视网膜成像

10.2.2　双目视觉与深度暗示

双目视觉是指外界物体在两眼视网膜上成像，经大脑视觉中枢把两眼视觉信号分析并综合成一个完整的具有立体感的视觉信息的生理现象。人们通过双眼观看物体，获得空间立体感。人眼对获取的景象有相当的深度感知能力(Depth Perception),而这些感知能力又源自人眼可以提取出景象中的深度要素(Depth Cue)。

由于人们长期的生活经验积累,通常观看普通的2D图像时,也能判断出物体远近关系,这种特征称为**深度暗示**。深度暗示包括心理和生理两方面。心理学、医学、哲学家巴甫洛夫认为:暗示是人类最简单、最典型的条件反射。从心理机制上讲,它是一种被主观意愿肯定的假设,不一定有根据,但由于主观上已肯定了它的存在,心理上便竭力趋向于这项内容。

心理深度暗示(Psychological Depth Cue)是由于人们长期生活经验,从以往的训练中获得。主要包括以下几个方面:

1) 相对尺寸

在日常生活中,我们对于很多物体的实际尺寸已有一定程度的了解,再加上物体在视网膜的成像与距离、几何尺寸等关系,因此,在已确知对象物体大小的场合中,通过视网膜上物体的像大小,可判断物体距离的远近(见图10-7)。

图10-7 相对尺寸实例

2) 重叠效应

物体相互遮挡是判断物体前后关系的重要条件。遮挡(或重叠)是指依靠物体的遮挡判断对象的前后关系,重叠会让人产生前后位置关系(见图10-8)。

图10-8 重叠效应实例

3) 大气透视

在同一幅图像上,若远处的物体看起来有些模糊,就可增加深度感,这种现象是由于远处景物因光线被空气的微粒(如尘埃、烟雾、水汽、雾霾等)所散射而显得模糊,那么观测者会根据日常经验意识到它们所处的位置更远(见图 10-9)。

图 10-9 大气透视实例

4) 线性透视

生活中平行的事物,实际上在观看时,它们并不是平行的。其沿着这些事物的边线可以延伸以汇集到远处一交点(见图 10-10)。此点通常可以代表的是目前景物中距离最远的地方。在影像中也是这样,此点通常被称为消失点,汇集于消失点的线段被称为消失线,我们可以依据消失线与消失点的存在而大致估测出整个景物的深度信息。

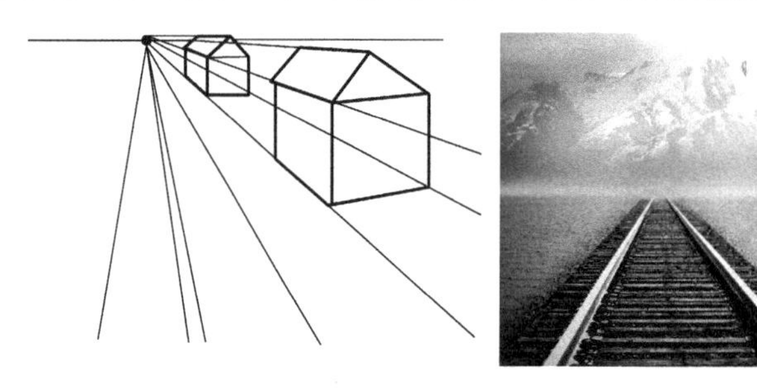

图 10-10 线性透视实例

5) 大屏显示

随着宽屏幕、超大屏幕、半球形穹顶屏幕等的出现,虽然被显示的是 2D 图像,却给人有沉浸在画面中的立体感觉(见图 10-11)。

图 10-11 大屏显示实例

6）阴影与阴暗

阴影是指由不透明或半不透明物体的阻碍所引起的表面照度的变化。由于光照对于人的意识有影响,看到阴影时会产生空间层次感(见图 10-12)。

图 10-12 阴影与阴暗实例

7）颜色和亮度

若亮度相同,长波较长的颜色看起来近一些,短波长的看起来远一些(见图 10-13)。

图 10-13 颜色与亮度实例

8）纹理梯度

最早将纹理梯度列为深度线索的是心理学家吉布森。纹理结构恒定不变的物体,其尺寸大小会和观察者的距离位置不同而不同(见图 10-14)。通常,我们在看生活周围的事物时,对于较远的事物我们比较看不清楚；对于较近的事物看得比较清楚。在影像中也是如此,距离较近的物体其纹理会比较清晰且锐利,距离较远的物体其纹理会比较模糊。

图 10-14 纹理梯度实例

9）相对高度

视野中物体的影像越接近视平线，就容易被感知为更远（见图 10-15）。

图 10-15 相对高度实例

10）运动视差

运动视差是指视觉对象不动，而头部与眼睛移动时，所给出的一种强有力的深度线索。对于近处物体，运动视差是跟头部运动方向相反；对于远处物体，运动视差是跟头部运动方向相同。

生理深度暗示（Physiological Depth Cue）是人眼的固有特征，包括单眼和双眼的深度暗示，包括单眼立体视觉暗示和双眼立体视觉暗示。

人眼的适应性调节主要是指眼睛的主动调焦行为（focusing action）。眼睛的焦距是可以通过其内部构造中的晶状体（crystal body）进行精细调节的。焦距的变化使我们可以看清楚远近不同的景物和同一景物的不同部位。一般来说，人眼的最小焦距为 1.7cm，没有上限。而晶状体的调节又是通过其附属肌肉的收缩和舒张来实现的，肌肉的运动信息反馈给大脑有助于立体感的建立。人在观看比较近的物体（10m 以内）时，通过人眼睫状肌的收缩，从而使物体清晰成像，与此同时，大脑会计算出物体的距离。

单眼移动视差是由观察者（Viewer）和景物（Object）发生相对运动（Relative Movement）所产生的，这种运动使景物的尺寸和位置在视网膜的投射发生变化，从而产生深度感。

辐合是指眼睛随物体距离的改变而将视轴会聚到被注视的物体上。双眼观看物体时，会将焦点集中于中间，从而两只眼睛分别向内侧翻转。两眼视线所形成的夹角称为集角，此角与物体距离成反比，可用于判断观看者到物体的距离。控制视轴辐合的眼肌运动提供了关于距离的信号：物体近，辐合角大；物体远，辐合角小。当该角度固定，任何介于您与辐合点的对象会感到较为靠近，而在辐合点后的对象则感到远离您。如果双眼辐合角度高于6°时，即意味着该物体靠您太近，以至于双眼难以对焦，造成不适。相反地，当该角度值太小时，表示对象太远，其立体感将会丧失。

视差是从两个不同的点查看一个物体时，视位置的移动或差异，量度的大小位是这两条线交角的角度或半角度。这个名词是源自希腊文的 παράλλαξι ς（Parallaxis），意思是“改变”。从不同的位置观察，越近的物体有着越大的视差，因此通过视差可以确定物体的距离。

双眼视觉(Binocular vision)是指生物在双眼视野范围互相重叠下,所产生的视觉。其成因是双眼因具有瞳距,而在视网膜产生有差别但又基本相似的图像,这种视觉信号传送至大脑之后,大脑将两幅图像之间的差异进行整合,即可判断出眼睛到物体之间的精准距离关系。由于人的两只眼睛存在间距(平均值为 6.5cm),因此对于同一景物,左右眼的相对位置(relative position)是不同的,这就产生了双目视差,即左右眼看到的是有差异的图像,见图 10-16。视差(Disparity)与深度(Depth)的关系如图 10-17 和图 10-18 所示。当人看物体时,由于两眼间有距离,物体在两眼视网膜上的成像部位有了差异,见图 10-19。

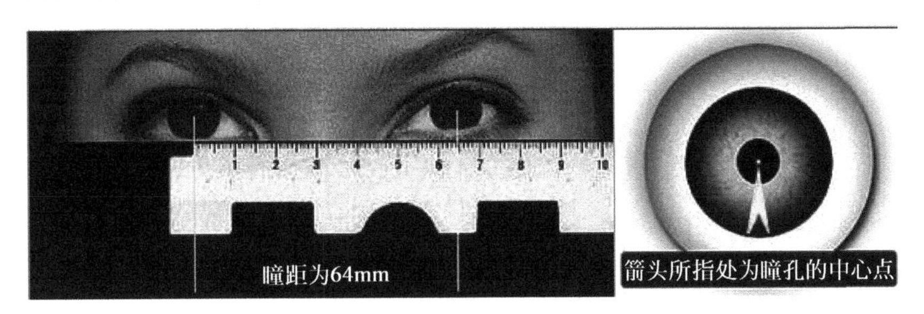

图 10-16　两眼瞳距 64mm,形成了视差

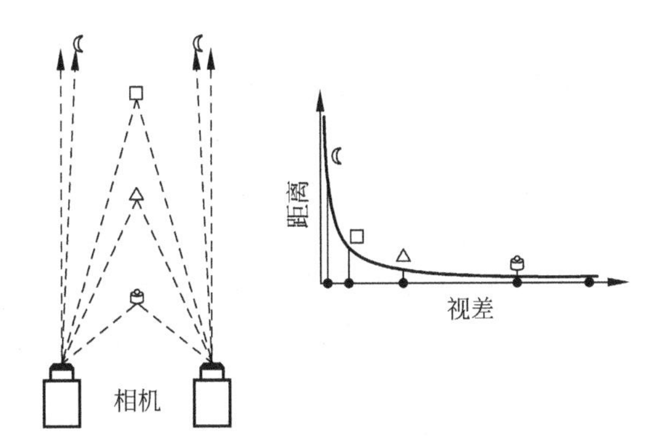

图 10-17　视差与深度的关系

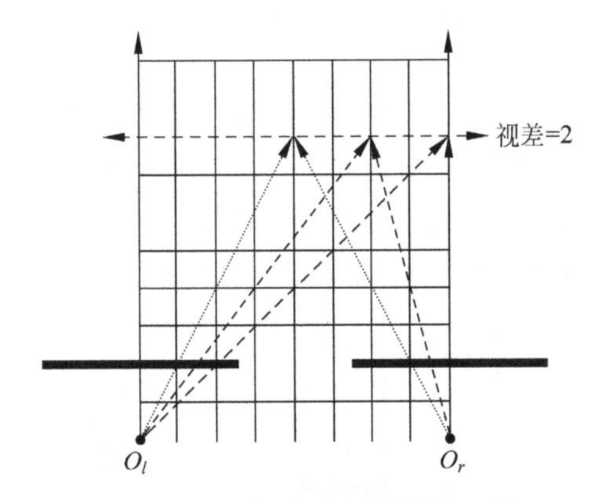

图 10-18　同一深度下的视差一样

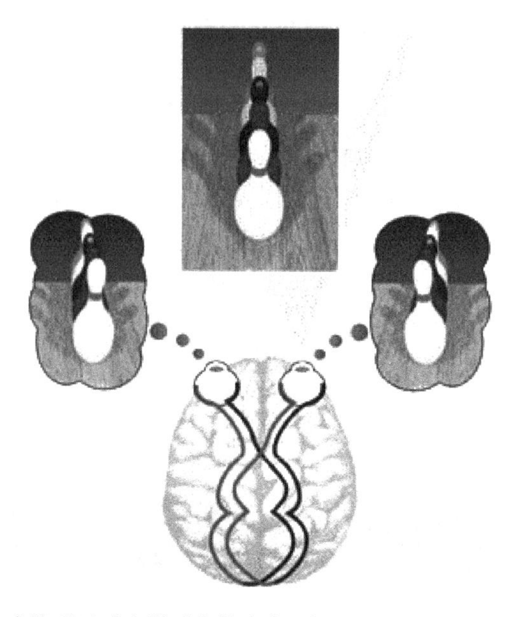

图 10-19　大脑通过对人眼采集的左右眼视差画面进行比对形成立体感

10.3　多视点裸眼 3D 显示技术

裸眼 3D 显示是需要提供对应的多视点视频图像，而这个多视点视频图像是需要由普通的 2D 图像或者双视角图像转换而来。从 2D 到 3D 视频影像获取的方式是通过将原有的 2D 视频影像进行处理转换，根据视频图像中包含的深度线索，提取出影像的深度信息，这种转换可以是实时或非实时的，取决于处理的速度和精度。从实现的技术上来说，有基于模型的方法和基于图像的方法两种技术方法。

基于模型的 2D/3D 转换方法其原理是首先提取出视频图像的片段，再利用特定的立体模型来生成具有深度信息的立体影像，采用这种方法的优点在于可以对单一视频喊进行分析计算，但是其需要大数据的训练和 3D 建模，算法复杂，计算量非常大，在实时图像处理场合不能应用。

另外一种是基于图像的方法，基于图像的 2D 视频图像转化为 3D 视频图像的方法是将 2D 图像分解为一系列较小的对象，并且为每一个对象指定对应的深度信息，然后填入封闭的空间位置。转换过程和最终生成逐个像素的深度图像，用于完成后续虚拟视点的生成过程。其转换流程主要包括以下几个步骤，如图 10-20 所示。

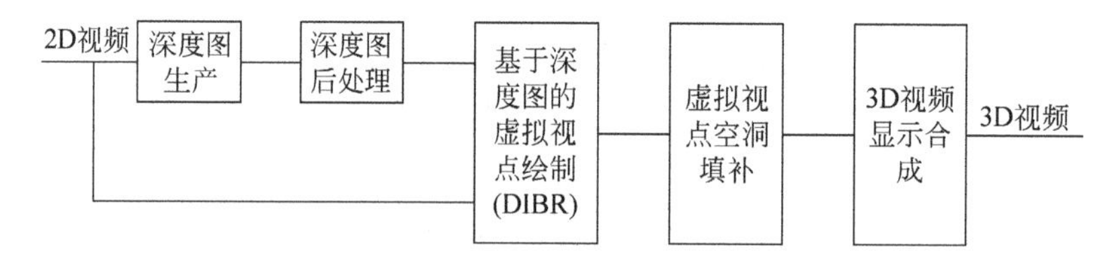

图 10-20　2D 转换 3D 技术的实现流程

① 通过分析视频图像中的深度线索，萃取得到图像对应的深度信息，并通过深度信息生成原始 2D 视频图像对应的深度图。

② 对生成达到的深度图进行后处理，进行缩放处理或滤波处理，进一步提升深度图的质量以满足后端需要。

③ 运用基于深度图的虚拟视点绘制技术方法，采用其中原始 2D 视频图像帧和其对应的深度图像，重新构建出其他视点的 2D 视频图像。

④ 在进行步骤③的过程中，由于视频影像中存在遮挡情况，重新绘制的各个视点图像可能会产生空洞现象，这样会造成无像素填充问题。为了解决这个问题，需要采用算法生成空洞内的像素点，填补空洞，得到完整的多视点视频图像。

⑤ 最后按照显示屏幕的像素点排布，将填补空洞处理后所获得的多路多视点视频图像像素点排布在正确的位置，生成一张多视点视频图像，并处理成为视频流，送往多视点 3D 显示设备进行图像显示。

可见，深度提取、DIBR 算法、空洞填补和图像映射是 2D 转成 3D 图像的 4 个关键技术。这里只简要介绍深度提取算法和 DIBR 算法。

10.3.1　深度提取算法

根据对图像视频提取深度信息的来源不同，现有的深度提取算法可以分为运动结构法(Structure From Motion，SFM)、深度线索法(Depth From Cues，DFC)和机器学习算法(Machine Learning Algorithm，MLA)等。

1. 运动结构算法

运动结构法(SFM)主要是通过对视频图像中的运动位移信息来分析获得场景深度信息，其在对无运动场景不能适用，该算法主要由 3 个步骤组成：特征跟踪、运动和场景几何重建、深度估计。SFM 技术的核心是捕捉到相机运动与图像运动之间的关系。在实际的图像中，是通过对图像中的特征来分析运动关系，所以，特征匹配是 SFM 算法的关键技术。

一个典型的运动恢复结构算法涉及以下步骤：图像特征提取；估计场景的初始结和相机运动；优化估计的结果；标定相机；得到场景的稠密描述；推导场景的几何、纹理以及反射属性。

2. 深度线索算法

深度提取算法(DFC)主要是利用 2D 视频图像中各种深度线索来分析提取场景的深度信息，其理论设计构架如图 10-21 所示。在众多深度线索中，物体的运动位移是主要常用的深度线索。

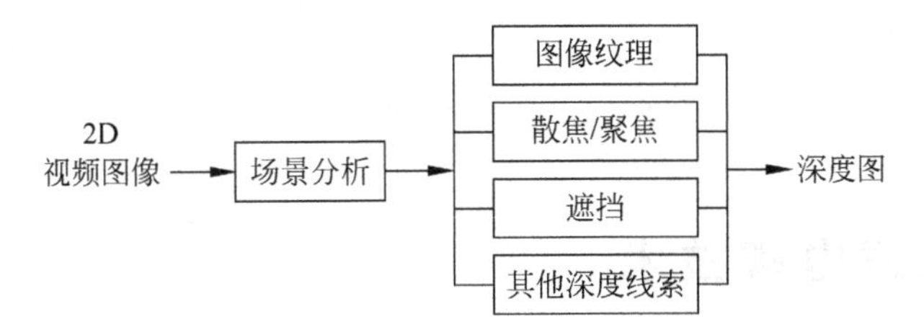

图 10-21　DFC 深度理论设计架构

目前已提出的算法主要可分为两类：基于特征运动估计和基于亮度运动估计。基于特征运动估计算法过程为：首先，建立视频图像特征点对应关系；然后，将所建立的对应关系与预先选择的运动模型进行最小平方匹配，从而获得模型参数。这种算法对于可建模的、整体运动的场景效果较好。

基于亮度运动估计算法对每个像素点进行恒定亮度假设或光流方程，估计出最满足这个约束的运动。这个算法适用于不是简单模型表征的运动。移动位移除了可使用上述两种算法，还可以使用视频编码标准所得到的移动位移量。有了移动位移，就可直接转换为图像对应的深度值。

相对于 SFM 算法来说，DFC 算法可以摆脱场景内容的限制，可以依据不同的实际情况采用不同的线索进行分析，但是，不同的线索也是不确定的，其提取的深度信息对整个场景的深度信息的具体影响也是不确定的。

3. 机器学习算法

深度提取算法(MLA)是通过机器训练学习的基础上建立的，通过对视频图像中的特征进行大数据分析，建立一定的联系，使其图像可以透过特征点进行深度对应指派，对计算机进行特殊关键的训练后，得到归类信息，随后可对其他输入进行归类、深度指派，这种算法需要进行大数据的原始训练，不能应用在实时的场合。

10.3.2 DIBR 算法

DIBR(Depth Image Based Rendering)在影像合成中具有高效率传送和储存的优点，最早被飞利浦公司的产品设计中被提出，因为在 DIBR 中只需要 2D 视频图像与对应的深度图信息，而深度图是用来表示深度值的一个二维函数，因此不会给原始 2D 视频图像增加太多的储存容量。提供原始的 2D 视频图像和其相对应的深度信息后，就可以在虚拟图像平面上根据深度信息将视频图像像素点重新投影，以产生出相邻视角的图像。根据所重新投影的视角图像数目的不同，DIBR 可以用在双视角的眼镜式立体显示器或是多视角裸眼立体显示器上。但由于存在遮蔽效应会导致因为视角的不同而出现视频图像缺口，这些视频图像的缺口是由于物体的不同视角所延伸出来的部分和新的视角的背景所造成的，尤其在较大角度的情况下，对缺口的填补方法需要特别的处理。最后，对于不同的裸眼 3D 显示器，我们必须将产生出来的多视点视频图像做多视点交错排列，才能将正确的视频图像送到显示器上进行显示，完整的多视点视频图像合成流程如图 10-22 所示。

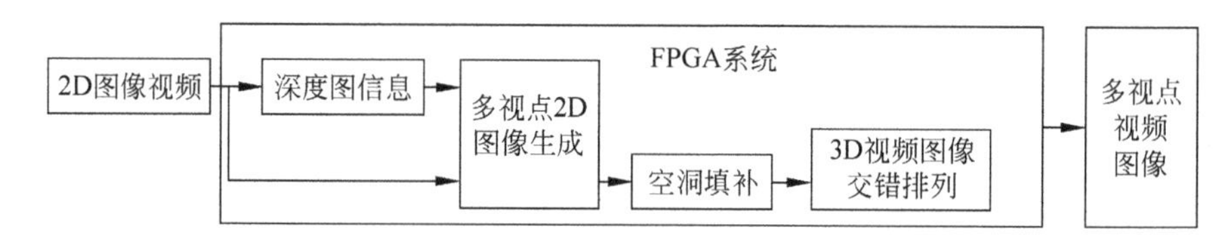

图 10-22 基于 DIBR 的多视点视图生成处理架构

10.4 三维电视技术

电视技术自问世以来，已经经历了黑白电视、彩色电视以及数字高清电视技术三个重要阶段。近年来，随着广播电视技术的迅速发展，人们对于电视的逼真效果以及互动性有了更高的要求，游戏、动画、广告传媒等众多领域都迫切需要更好的电视技术作为支撑。其中，三维电视（Three-dimensional Television），简称 3DTV，被视为继高清晰度电视（HDTV）之后电视发展的一个新方向（如图 10-23 所示）。三维电视又称立体电视（Stereoscopic Television），能够更加逼真地显示场景，使观众在观看电视节目的同时产生身临其境的感觉，在娱乐、广告、信息呈现、科学形象化、远程操作和艺术等诸多应用领域有巨大的潜力。

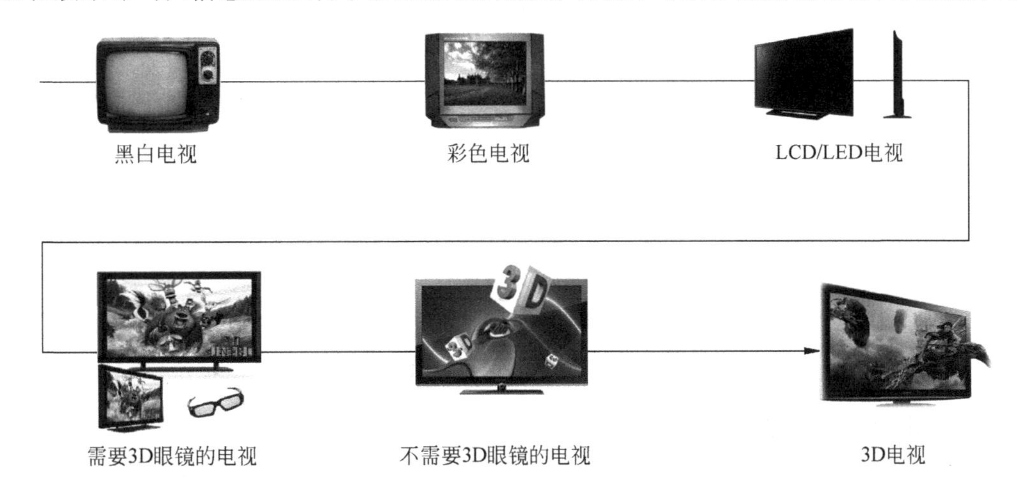

图 10-23　电视机的演化发展过程

3DTV 技术作为国内外的研究热点，有许多高校以及实验室都对其进行了大量的研究，并有相应的研究成果出现。三维电视系统从发送端信号源制作、传输编码到接收端立体显示，包括很多不同的研究重点。目前，大多数三维电视在观看时都需要佩戴相应的立体眼镜，如红蓝立体镜、偏光立体镜等，这造成了观看三维电视节目的不便，并容易造成视觉疲劳，这些问题的存在在很大程度上对于三维电视的普及造成了影响。为了实现多角度全方位的电视观赏效果，并达到无须佩戴辅助设备即可观看立体视频的效果，裸眼三维电视系统发展了起来，目前国内外很多科研院校及 3D 厂商都在进行相关研究。

要实现多角度自由观赏，在 3D 节目源制作时需多个摄像机从不同角度拍摄场景，这就造成了传输带宽问题，在有限的带宽下要传输多个视点的彩色图像，这是不切实际的。因此采用了“视频信息＋深度信息”的编码传输方式，这样大大减少了彩色图像的传输，节省了带宽。

未来播放三维视频系统的需求有：

- 能够兼容现在的二维彩色电视；
- 需要较低的存储和传输开销；
- 支持自动立体化的、单用户和多用户的三维显示；
- 能够根据观看者的喜好灵活地选择重现深度；
- 在制作大量高质量的三维内容时能尽量简单。

10.4.1　3DTV 系统架构

3DTV 系统是由 3D 内容的获取、预处理、编码、传输、解码/视点合成和显示共 6 部分组成，如图 10-24 所示。根据不同的环境需求，可选择不同的传输方式。图 10-24 包含了三种类型的 3DTV 系统。

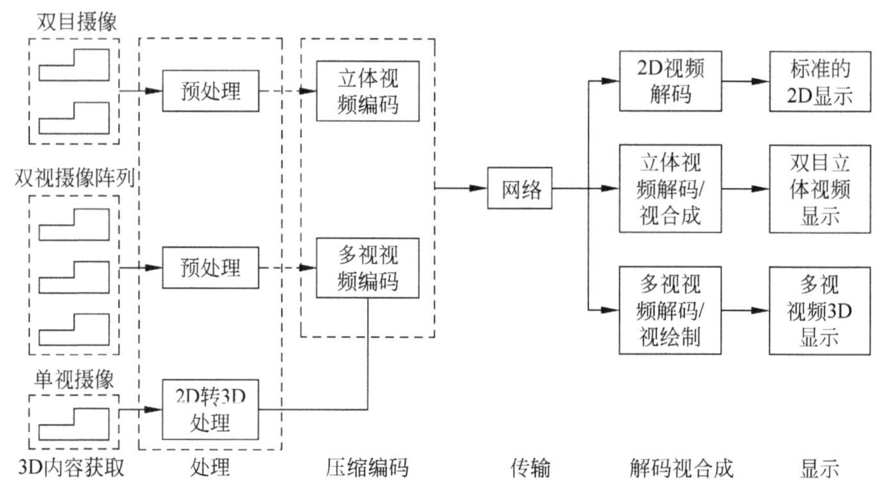

图 10-24 3DTV 系统组成

1. 双目(双视)3DTV 系统

双目 3DTV 系统使用间距为 6.5cm 的 2 个内部参数完全相同的摄像机同时对场景进行拍摄。由于在实际拍摄操作中,两台摄像机的拍摄视角难免存在差异,因此,需要对这两路视频图像进行预处理校正等,使其在几何位置、亮度、色度等达到一致。然后,经压缩编码转为视频流进行通信传输,并在解码端还原为两路视频流。最后,通过合成出不同视差的"立体对"视频,输入到立体显示器,供显示播放。为了兼容现有的 2D 电视接收机,可将解码后其中一路视频作为 2D 显示器的输入。由于双目 3DTV 系统技术较成熟,在技术实现上相对简单,因此,被国内外 3D 频道广泛采用;但缺点是,用户在观看时需佩戴特殊眼镜。

2. 多视点 3DTV 系统

多视点 3DTV 系统是由多台同类型的摄像机对同一场景从不同的角度、同时进行拍摄的,摄像机的个数一般在 8~16 之间。所得到的场景图像经过几何参数校正、亮度/色度补偿等预处理,并进行压缩编码成视频流传输,在接收端进行虚拟视点的绘制,并合成"立体对视"。与其他 3DTV 系统比较,多视点 3DTV 系统的优点在于:观众可观看的立体视角范围大;观看的自由度高(观众可在显示器前自由走动,无须佩戴眼镜);观看的 3D 内容更加丰富(观众可观看到不同角度的拍摄场景)。

3. 2D 至 3D 视频转换的 3DTV 系统

2D 至 3D 视频转换的 3DTV 系统是基于 2D 至 3D 视频转换技术,通过将单个摄像机拍摄的 2D 视频转换为 3D 视频来实现 3D 视频内容的生成。该系统利用传统的 2D 视频片源来获取 3D 视频,在多视点拍摄技术尚未很好解决的前提下,这是一种获得 3D 内容的折中方式。2D 至 3D 视频转换的核心技术是利用场景中存在的深度线索,并将各深度线索与场景的深度值对应起来,从而恢复出 2D 视频场景的深度信息。最后通过基于深度图像绘制(Depth Image Based Rendering, DIBR)技术,绘制出 3D 立体视频。

10.4.2 3DTV 立体显示技术

3DTV 立体显示技术主要分为裸眼立体显示和佩戴眼镜的立体显示技术。下面分别就这两种显示技术进行介绍。

1. 佩戴眼镜立体显示技术

目前存在的眼镜有色差式、偏光式和便携式三类。色差式眼镜即是常见的镜片颜色为红绿、红蓝的3D眼镜。通过对色彩进行过滤，形成视差，产生3D立体效果。偏光式眼镜通过对影像进行偏振过滤，使得左右眼看到不同角度的拍摄场景来产生视差，形成3D立体影像。

便携式立体显示技术又称为快门式3D眼镜，每个镜片上安装了小的LED屏幕，通过两个不同的画面在视网膜上产生的微小视差，产生3D立体效果。由于镜头内置于眼镜，无须额外的空间，佩戴上即可享受3D立体视频。图10-25给出了蔡司(Zeiss)公司研制的便携式立体眼镜。

图10-25　蔡司(Zeiss)公司研制的便携式立体眼镜

2. 裸眼立体显示技术

裸眼立体显示技术是指显示设备不要求观众佩戴辅助设备(如眼镜)，不给观众任何附加束缚。裸眼立体显示主要适合多人观看，观看的亮度与视角有极大的限制。目前技术主要有三种：透镜显示技术、视差挡板显示技术、切片堆积显示技术。

1) 透镜显示技术

透镜显示面是由圆柱透镜阵列组成的，通过将不同的2D图像投射向不同的观看区域，产生自动立体3D图像。当观众的头部处于正确的位置时，即可观看到不同区域内的图像，得到双目视差，从而产生立体视觉。该显示技术的优点是：不受亮度的影响，有很好的3D技术显示效果；缺点是：由于制作工艺与现有的工艺不兼容，需要新的设备和生产线，成本高。

2) 视差挡板显示技术

视差挡板显示技术是在显示器前垂直放置平板，对每只眼都阻挡部分屏幕。挡板的作用与透镜类似，但是它是部分显示，不是像透镜那样进行屏幕图像导引，因此，显示的立体图像较暗。例如，观察者左眼通过挡板能够看到图像的奇数列，右眼能够看到图像的偶数列，两眼观看到两幅具有水平视差的图像，最终经大脑合成，得到一幅具有立体效果图像。

3）切片堆积显示技术

切片堆积显示技术称为多平面显示，是由多层切片平面构成的 3D 立体图像，主要利用视觉暂留原理，在人脑形成立体画面。例如，高速旋转的发光二极管，其旋转线可以产生 3D 立体图像。通过高速运动产生的运动轨迹面，从而产生 3D 立体图像。由于利用该显示技术的生成成本较高，并未能实现市场化。

10.4.3 3DTV 系统的 3D 数据表示

随着 3DTV 系统技术的进一步发展和研究深入，曾用于 3DTV 系统的 3D 数据表现形式主要有以下几种：

(1) 传输两路 2D 视频。在现在比较流行的影院里面播放的立体电影以及各大公司生产的立体电视基本上都采用这种传输两路 2D 视频的表达方式。此种方式一般适用于普通的双目立体显示系统，现在的 IMAX 影院基本上采用该种方式播放电影。

(2) 传输一路 2D 视频和一路深度。此种数据表现形式的压缩效率比较高，可通过基于深度的绘制技术来实现虚拟视点的绘制，因而满足多视角的立体显示。但是，被遮挡的背景信息无法得到，绘制质量不高，从而影响观看效果和视角范围。

(3) 传输一路 2D 视频、一路深度以及被遮挡背景的视频及相应的深度。相对于第(2)种形式来说，这种方法解决了遮挡暴露的问题，但是对于遮挡区域的数据的处理不是很方便，因为它并不适应于普通的编码结构。

(4) 传输多路彩色视频。此种数据格式不需要提取深度信息，比较容易实现，对于那些需要大视角范围、深度场景的层次比较丰富的视频都能给出较完整的视频信息，适合于多视角的自由立体显示。但是其数据格式的数据量较大，传输和存储有一定的困难，由于视点个数固定，不方便生成其他视点的视频信号。

(5) 多路视频及深度(Multi-view Plus Depth，MVD)。此种数据表示可以让观众看到比较广的视角范围，具有更丰富的深度层次感和逼真的视频信息，同时可以应用于多视角的自由立体显示。由于增加了深度的数据，深度信息和彩色视频信息之间可以进行联合编码，不同视点之间的自由切换和虚拟视点的绘制，将提高编码和传输的效率，并且具有很好的显示质量，能够很好地与自由立体显示器配合，也便于生成其他视点视频信号，实现 FTV。

10.4.4 3DTV 视频编码技术

近些年来，许多国家高校、科研机构以及各大公司等都投入巨额资金进行 3DTV 的研究，如美国的科研机构信息部、英国以及德国科技部、欧盟、韩国、日本等，国际标准组织也在做 3DTV 的相关标准制定和研究工作。整个 3DTV 视频系统包含了采集、编码、最终的显示等多个环节，编码在其中起到了至关重要的作用。因为 3DTV 通常其通道大于 2，其数据量相比于传统的 2D 视频要庞大得多，因此，如何充分地对 3DTV 视频进行压缩，成为了现如今的一个研究热点。

1. 双通道立体视频压缩

对于基于两路视频信号的立体视频数据表示格式，主要是通过两个摄像机对同一场景进行拍摄得到两路视频，由于两个视频之间具有很强的相关性，因此具有很强的立体感。基于 MPEG-4 的两路立体视频编码方案是由国际标准组织提出的，利用了空间相关性和时间相关性、MPEG-4 时域分级编码等。

如图 10-26 所示为基于 MPEG-4 的左右两路通道编码方案。两路视频单独编码，在该方案中，左通道图像和右通道图像进行独立的 MPEG-4 编码，在该结构的系统中，它只利用了时间上和空间上的相关性，在该编码结构中可以看出，它并没有充分地利用左右图像之间的相似性，编码效率不高。

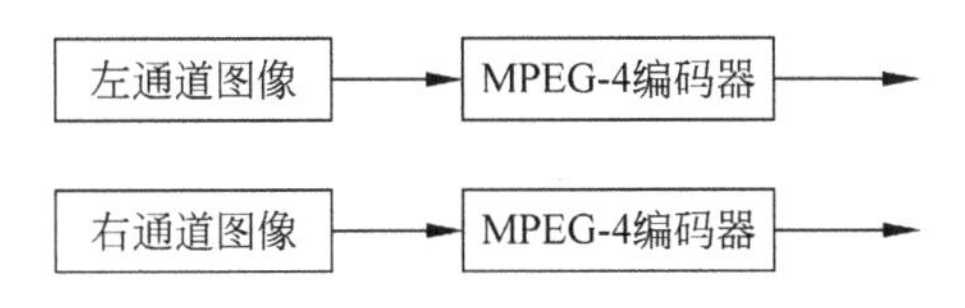

图 10-26 基于 MPEG-4 的左右通道独立编码

图 10-26 中并没有考虑和利用到视点间的相关性，图 10-27 表示的是基于 MPEG-4 的立体视频编码方案：考虑左右通道相关性，不考虑残差。在该方案中，对于左通道视频采用传统的 MPEG-4 编码，左右图像之间做视差估计，得到视差矢量，这里只传视差矢量，不考虑残差数据，该方案的缺点是解码端重建的右通道的质量不是很高。

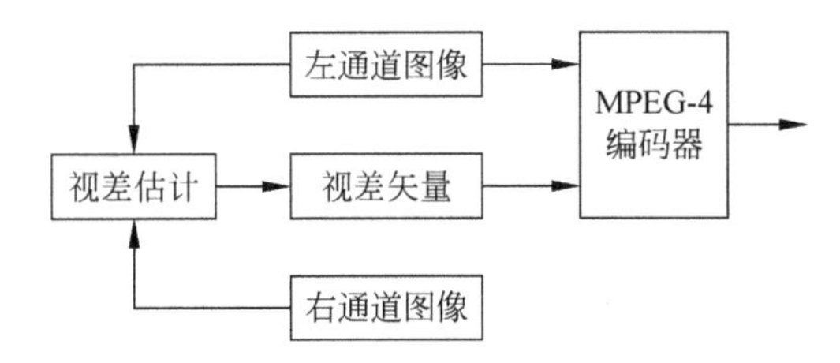

图 10-27 基于 MPEG-4 的左右通道相关性，不考虑残差

图 10-27 方案只是考虑了左右两个通道的视差矢量，但是却没有考虑右视点的残差数据。

如图 10-28 所示是在如图 10-27 所示方案的基础上进行了改进，主要是考虑了右通道视频序列的时间上的相关性，这样可以得到高效率的视频编码压缩和视觉效果。图 10-29 是相比于图 10-28 增加了左右视点预测的残差。使用该种方案可以在解码端得到高质量的右通道重建图像，但是其还是没有充分利用右通道视频序列的相关性。

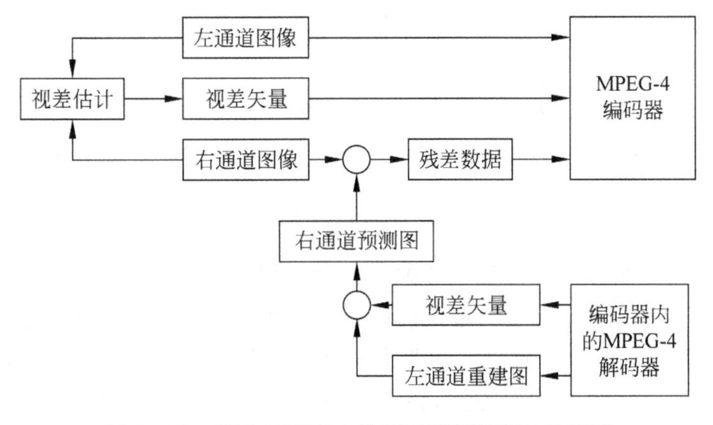

图 10-28 基于 MPEG-4 的两路视频编码方案框架

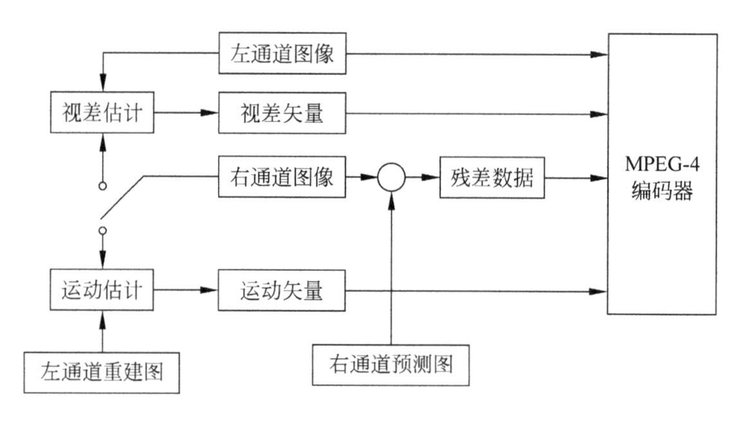

图 10-29 基于 MPEG-4 的利用 MPEG-4 的时域分级编码

VCEG 和 MPEG 共同组织的 JVT 正在征集 H.264/MVC 议题下的立体视频编码标准的最新提案。图 10-30 表示的是基于非对称的立体视频编码方案；它利用了人眼对立体图像中的视觉效应，通过直接降低视点的分辨率来达到节约编码码率的目的，该方法比较适用于移动 3DTV。

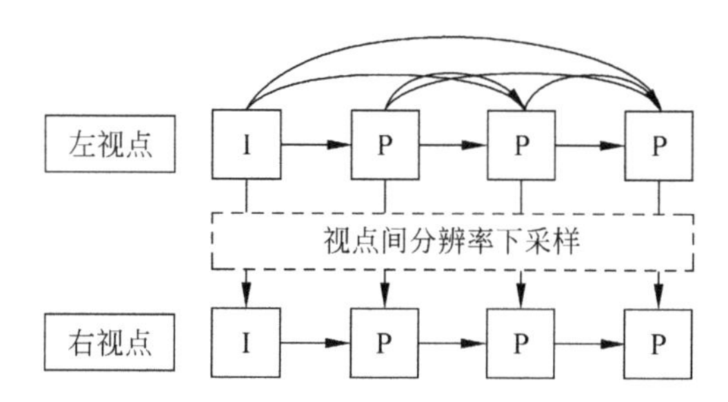

图 10-30 基于非对称的立体视频编码方案

一些学者也测试了基于 HBP 结构的立体视频编码方案，相比于普通的编码结构，该方案的压缩效率高，但是复杂度非常高。如图 10-31 所示。

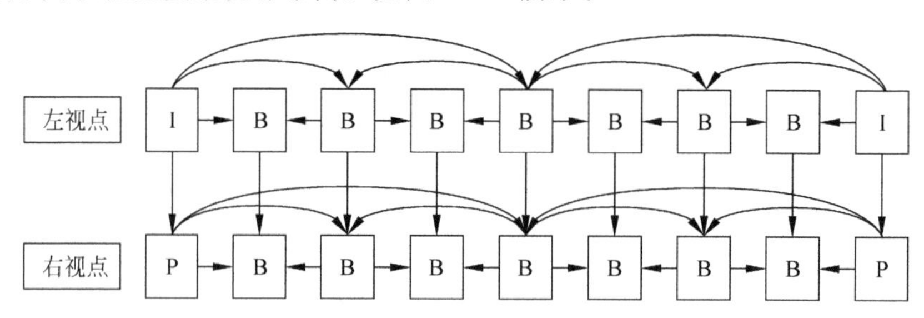

图 10-31 基于 HBP 结构的立体视频编码

2. 多路彩色视频加多路深度图的 3DTV 视频编码

未来的 3DTV 电视不仅只是满足人们单独的立体显示效果的要求，同时在视点的选择和不同的欣赏角度等方面也有着更高的要求。基于此种考虑，提出一种基于多路彩色视频加多路深度图的 3DTV 视频编码方案，该方案具有很多优点，不仅具有 3D 显示的效果，同样还给用户增加了很多选择。

图 10-32 表示的是一个基于多视点视频与深度图的 3DTV 视频编码框架。

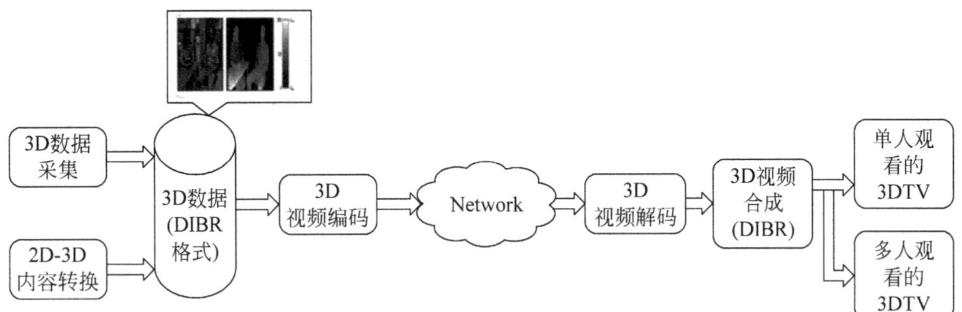

图 10-32 基于多视点视频与深度图的 3DTV 视频编码系统

多视点视频信号不同于普通的视点信号，它具有更大的数据量，需要更高效的压缩编码技术。因此，它也具有其不同于二维视频的特性，而是采用视差估计和运动估计联合的预测编码结构。运动估计主要用于消除时间上的冗余信息，视差估计主要用于消除视点间的冗余。如何充分利用这两种估计来达到压缩的目的？合理的编码结构就显得尤为重要。例如，顺序预测结构、Simulcast 结构、基于 M-picture 的多视点编码结构、Group-of-GOP (GoGOP)结构和基于分层 B 帧的编码结构(Hierarchical B Picture，HBP)。

习题十

10-1 心理深度暗示主要有哪几个方面？

10-2 生理深度暗示包含哪几个方面？

10-3 视差与深度的关系是什么？

10-4 简述基于图像的方法的 2D 转 3D 技术。

10-5 3DTV 立体显示技术主要分为哪几类？试分别说明它们的基本原理。

10-6 简述深度模型模式的四种模式。

参考文献

[1] 艾媒咨询. 2013年中国移动互联网发展报告[OL]. http://www. iimedia. cn/36963. html.

[2] 张春红,裘晓峰,弭伟,等. P2P技术全面解析[M]. 北京:人民邮电出版社,2010.

[3] 刘玲玲. SVC-P2P流媒体视频质量自适应技术研究[D]. 重庆:重庆大学,2014.

[4] Hu H, Guo Y, Liu Y. Peer-to-peer Streaming of Layered Video: Efficiency, Fairness and Incentive [J]. IEEE Transactions on Circuits and Systems for Video Technology, 2011, 21(8): 1013-1026.

[5] S Wang, A Sekey, A Gersho. An Objective Measure for Predicting Subjective Quality of Speech Coders[J]. IEEE Journal on Selected Areas in Communications, 1992, 10(5): 819-829.

[6] 蔡莲红,黄德智,蔡锐,等. 现代语音技术基础与应用[M]. 北京:清华大学出版社,2003.

[7] Blauert J and Jekoseh U. Sound-quality Evaluation-a Multi-layered Problem[J]. Acta Acustica United with Acustica, 1997, 83(5): 747-753.

[8] 翟青泉. 声质量客观评价方法研究[D]. 合肥:合肥工业大学,2005.

[9] 沈壕,范宝元,韩秀苓,等. 音频工程基础[M]. 北京:北京工业大学出版社,2002.

[10] Cormack L K. Computational Models of Early Human Vision [M]. 2nd ed. New York: Academic Press, 2005.

[11] Buchsbaum G. An analytical Derivation of Visual Nonlinearity[J]. IEEE Transactions on Biomedical Engineering, 1980, 27 (5): 237-242.

[12] Yang X K, Ling W S, Lu Z K, et al. Just Noticeable Distortion Model and Its Applications in Video Coding[J]. Signal Processing Image Communication, 2005, 20(7): 662-680.

[13] Harris L R Jenkin M. Vision and Attention[M]. 2nd ed. Berlin, Springer, 2001.

[14] Campbell F W. The Human Eye As an Optical Filter[J]. Proceeding of the IEEE, 1968, 59(6): 1009-1014.

[15] 蒋炜. H.264到HEVC视频转码技术研究[D]. 杭州:浙江大学博士,2013.

[16] 张正全. 一种多制式视频格式转换接口电路的设计与实现[D]. 成都:电子科技大学,2006.

[17] 王清雅. 复合视频信号全数字处理系统[D]. 上海:华东师范大学,2011.

[18] 蔡安妮. 多媒体通信技术基础[M]. 2版. 北京:电子工业出版社,2008.

[19] National Instruments. 视频信号测量与发生基础[OL]. http://www. ni. com/white-paper/4750/zhs/.

[20] 胡威捷,唐顺青,朱正芳. 现代颜色技术原理及应用[M]. 北京:北京理工大学出版社,2007.

[21] 徐艳芳. 色彩管理原理与应用[M]. 北京:文化发展出版社,2011.

[22] 刘武辉. 印刷色彩管理[M]. 北京:化学工业出版社,2011.

[23] 刘浩学,梁炯,武兵,等译. 色彩管理[M]. 北京:电子出版社,2005.

[24] Specification ICC. 1: 2010 Image Technology Colour Management-Architecture, Profile Format and Data Structure. http://www. color. org/specification/ICC1v43_2010-12. pdf.

[25] T Moriya. Technologies for Speech and Audio Coding [C]. IEEE International Symposium on Consumer Electronics, Kyoto, Japan. 2009: 148-149.

[26] M Neuendorf, M Multrus, N Rettelbach, et al. MPEG Unified Speech and Audio Coding-the ISO/MPEG Standard for High-efficiency Audio Coding of All Content Types [C]. Proc. on 132nd Convention, Budapest, Hungary, 2012: 1-22.

[27] T Painter, A Spanias Perceptual Coding of Digital Audio [J]. Proceedings of the IEEE, April 2000,

88(4): 451-515.
[28] 李晓明.语音与音频信号的通用编码方法研究[D].北京：北京工业大学,2014.
[29] 冯锦娟.基于 DSP 的 G.729 协议的优化及实现[D].南京：南京邮电大学,2013.
[30] 李晓明.语音与音频信号的通用编码方法研究[D].北京：北京工业大学,2014.
[31] 李乐.针对 HEVC 视频编码标准的帧间快速算法研究[D].武汉：华中科技大学,2013.
[32] 郭勇.基于视频新标准 HEVC 的硬件熵编码器的研究与设计[D].青岛：山东科技大学,2014.
[33] Sullivan G J, Ohm J R. Recent Developments in Standardization of High Efficiency Video Coding (HEVC) [J]. Proc SPIE,2010,7798(1): 731-739.
[34] 熊家继.HEVC 中的量化矩阵与码率控制[D].武汉：华中科技大学,2013.
[35] Sullivan G J, Wiegand T. Rate-distortion Optimization for Video Compression[J]. IEEE Signal Processing Magazine,1998,15(6): 74-90.
[36] Lainema J,Bossen F,Han W J,et al. Intra Coding of the HEVC Standard[J]. IEEE Transactions on Circuits and Systems for Video Technology,2012,22(12): 1792-1801.
[37] 王张欣.新型视频编码标准 HEVC 帧内预测优化技术研究[D].厦门：华侨大学,2014.
[38] 吴刚.基于 HEVC 标准的可伸缩视频编码技术研究[D].北京：北京工业大学,2014.
[39] 盛希.基于 HEVC 视频编码标准的后处理技术[D].北京：北京工业大学,2013.
[40] Yuen M, Wu H R. A Survey of Hybrid MC/DPCM/DCT Video Coding Distortions[J] . Signal Processing,1998,70(3): 247-278.
[41] T Wed, H G Musmann. Motion and Aliasing Compensated Prediction for Hybrid Video Coding[J]. IEEE Transactions on Circuits and Systems for Video Technology,2003,13(7): 577-586.
[42] 毕厚杰.新一代视频压缩编码标准-H.264/AVC[M].2 版.北京：人民邮电出版社,2005.
[43] 葛镜.基于 RTP 协议的视频流媒体实时传输[D].武汉：华中师范大学,2007.
[44] 陈锋锋.基于 RTSP 的流媒体传输系统的应用开发[D].南京：南京邮电大学,2013.
[45] 詹雪峰.流媒体系统同步机制和缓冲机制的研究与应用[D].西安：西安电子科技大学,2006.
[46] 龚海刚,刘明,谢立.P2P 流媒体传输的研究进展综述[J].计算机科学,2004,31(9): 20-22.
[47] 刘国卿.基于 RTCP 的实时流式传输拥塞控制算法研究[D].成都：四川大学,2006.
[48] 陈锋锋.基于 RTSP 的流媒体传输系统的应用开发[D].南京：南京邮电大学,2013.
[49] 蒋建国,苏兆品,李援,等.RTP/RTCP 自适应流量控制算法[J].电子学报,2006,34(9): 1659-1662.
[50] 杨戈,廖建新,朱晓民,等.流媒体分发系统关键技术综述[J].电子学报,2009,37(1): 137-145.
[51] 吴炜.Internet 上连续媒体的同步技术研究[D].西安：西安电子科技大学,2005.
[52] 贾杰,常义林,杨付正,等.H.323 同步控制实现研究[J].通信学报,2004,5: 67-74.
[53] 徐强.基于视频监控系统的音视频同步技术的设计与实现[D].杭州：杭州电子科技大学,2012.
[54] Linle T D C, Ghafoor A. Synchronization and Storage Models for Multimedia Objects[J]. IEEE Journal on Selected Areas in Communications,2006,8(3): 413-427.
[55] 刘俊.流媒体系统中同步技术的研究[D].武汉：武汉理工大学,2006.
[56] R Steinmetz. Human Perception of Jitter and Media Synchronization[J]. IEEE Journal on Selected Areas in Communications,2001,14(1): 61-72.
[57] 刘玲玲.SVC-P2P 流媒体视频质量自适应技术研究[D].重庆：重庆大学,2014.
[58] Furht B,Westwater R,Ice J. Multimedia Broadcasting Over the Internet: Part II-Video Compression [J]. IEEE Multimedia,1999,6(1): 85-89.
[59] Tamer S,Mohammed G. Heterogeneous Video Transcoding to Lower Spatio-temporal Resolutions and Different Encoding Formats[J]. IEEE Transactions on Multimedia,2000,2(2): 101-110.
[60] 张洋,张楠,等.多描述编码研究现状[J].计算机学报,2007,30(9): 1612-1624.
[61] 蒋炜.H.264 到 HEVC 视频转码技术研究[D].杭州：浙江大学论文,2013.
[62] Khan J I,Guo Z. Fast Perceptual Region Tracking with Coding-depth Sensitive Access for Stream

Transcoding[J]. Journal of Visual Communication and Image Representation, 2008, 19(6): 355-371.
[63] Lievens J, Lambert Peter P, Barbarien J, et al. Compressed-domain Motion Detection for Efficient and Error-resilient MPEG-2 to H. 264 Transcoding[J]. Proc Spie, 2007.
[64] Liu S, Bovik A C. Foveation Embedded DCT Domain Video Transcoding[J]. Journal of Visual Communication and Image Representation, 2005, 1 6(6): 643-667.
[65] 芮明昭. 多视点裸眼 3D 电视技术及其应用系统开发[D]. 厦门：厦门大学, 2014.
[66] 赵文杰. 基于三维电视深度图提取算法的研究[D]. 济南：山东大学, 2015.
[67] 王平. 2D 至 3D 视频转换中深度提取研究[D]. 上海：上海大学, 2012.
[68] Merkle P, Muller K, Wiegand T. 3D Video: Acquisition, Coding, and Display[J]. IEEE Transactions on Consumer Electronics, 2010, 56(2): 946-950.
[69] 孙凤飞. 三维电视中编码技术研究[D]. 宁波：宁波大学, 2012.
[70] 吕朝, 辉安平, 张兆扬. 一种基于立体图像的中间视生成方法[J]. 中国图像图形学报, 2003, 8: 252-256.
[71] 张勇东. 立体视频图像编码与视图合成技术的研究[D]. 天津：天津大学, 2002.
[72] Balasubramaniyam B, Edirisinghe E. An Extended H. 264 CODEC for Stereoscopic Video[J]. Electronic Imaging, 2005, 5664: 116-126.
[73] Cho S, Yun K, Ahn C, Lee S. Disparity-compensated Stereoscopic Video Coding Using the MAC in MPEG-4[J]. ETRI Journal, 2005, 27(3): 326-329.
[74] 杨铀, 郁梅, 蒋刚毅. 交互式三维视频系统研究进展[J]. 计算机辅助设计与图形学学报, 2009, 21(5): 569-578.
[75] 张岳欢. 3D 视频编码中深度信息优化及场景背景编码技术研究[D]. 哈尔滨：哈尔滨工业大学, 2015.
[76] Ugur K, Alshin A, E Alshina, et al. Motion Compensated Prediction and Interpolation Filter Design in H. 265/HEVC[J]. IEEE Journal of Selected Topics in Signal Processing, 2013, 7(6): 946-956.
[77] Song Y, Ho Y S. Unified Depth Intra Coding for 3D Video Extension of HEVC[J]. Signal, Image and Video Processing, 2014, 8(6): 1031-1037.
[78] Ho Y S. Advances in Image and Video Technology[M]. 1st Ed. Berlin, Springer, 2006.
[79] Muller K R, Schwarz H, Marpe D. 3D High-efficiency Video Coding for Multi-view Video and Depth Data[J]. IEEE Transactions on Image Processing, 2013, 22(9): 3366-3378.
[80] 邓勤耕. 基于视觉感知的图像与视频质量评估算法[D]. 西安：西安电子科技大学, 2009.